U0160853

基于 SSM 框架的互联网应用开发技术

单广荣　主编

科 学 出 版 社

北 京

内 容 简 介

本书详细讲解了当前 Java EE 开发流行的 SSM 框架，重点讲述 Spring、MyBatis、Spring MVC 三大框架的知识与原理以及实际应用，以及 Spring+Spring MVC+MyBatis 三大框架的整合应用。本书也介绍了 Spring Boot 技术。全书共 19 章，第 1~4 章是 MyBatis 部分，第 5~10 章为 Spring 部分，第 11~14 章为 Spring MVC 部分，第 15 章为 SSM 整合部分，第 16~19 章为 Spring Boot 部分。本书每章都配有案例项目，将理论知识融合到项目案例中，使读者能更加容易地理解 SSM 框架关键技术。

本书可供计算机科学与技术、软件工程等相关专业的研究生、高年级本科生阅读，也可供软件开发工程技术人员参考。

图书在版编目（CIP）数据

基于 SSM 框架的互联网应用开发技术 / 单广荣主编. — 北京：科学出版社，2021.9

ISBN 978-7-03-069816-2

Ⅰ. ①基… Ⅱ. ①单… Ⅲ. ①JAVA 语言－程序设计 Ⅳ. ①TP312.8

中国版本图书馆 CIP 数据核字(2021)第 185142 号

责任编辑：任 静 / 责任校对：胡小洁

责任印制：吴兆东 / 封面设计：迷底书装

科 学 出 版 社 出版

北京东黄城根北街 16 号

邮政编码：100717

http://www.sciencep.com

北京中石油彩色印刷有限责任公司 印刷

科学出版社发行 各地新华书店经销

*

2021 年 9 月第 一 版 开本：787×980 1/16

2021 年 9 月第一次印刷 印张：20

字数：486 000

定价：138.00 元

（如有印装质量问题，我社负责调换）

编委会成员

主　编　单广荣

编　者　孙静伟　马　君　马　宁

　　　　许　燕　徐　涛　赵　彦

前　言

在当今基于互联网领域的应用开发技术中，SSM 框架技术已经成为企业开发技术的主流，在使用 Java 语言开发的应用软件中，大部分都使用 SSM 框架。SSM 框架整合开发也是当今 MVC 开发模式的典型应用。本书讲解的 SSM 框架是以企业需求为导向，以任务驱动的讲解方式，以实战项目来讲解技术。

互联网应用开发主要涉及前端开发、业务处理和数据持久化，而 SSM 框架是这个领域最佳实践。本书主要讲解了 Spring 模块、Spring MVC 模块和 MyBatis 模块，还介绍了 Spring Boot 模块。Spring 模块重点讲解了控制反转、依赖注入、面向切面编程、Spring 持久化技术、Spring 测试，以及从 XML 配置到注解配置再到 Java 配置的逐步优化。MyBatis 模块主要讲解了 MyBatis 架构、对象关系映射、全局配置、输入映射、输出映射、Mapper 接口开发、动态 SQL 语句，以及关联查询、缓存、逆向工程，还对 MyBatis 框架的配置进行了详细讲解。Spring MVC 模块讲解了 Spring MVC 架构、相关的组件、Web 请求流程，重点解析了前端控制器 DispatcherServlet、处理器适配器 HandlerAdapter、处理器映射器 HandlerMapping、后端控制器 Controller，以及 Spring MVC 开发中各种常用的注解，还讲解了 Spring MVC 的拦截器和视图解析器。在本书的最后介绍了 SSM 框架的整合过程、Spring Boot 模块讲解了微服务、Spring Boot 启动过程、Spring Boot 自动配置、Spring Boot JSP 视图、Spring Boot 数据访问。

本书可作为高等院校本专科计算机软件相关专业 Java 相关课程教材及社会培训机构教材，也适合 Java 技术爱好者学习或参考。

单广荣

2020-12-12

目　　录

第 1 章　走进 MyBatis

【本章内容】

1. MyBatis 简介
2. 传统 JDBC 的问题
3. MyBatis 示例程序

【能力目标】

1. 能够搭建 MyBatis 运行环境
2. 使用 MyBatis 添加数据
3. 使用 MyBatis 修改数据
4. 使用 MyBatis 查询数据
5. 使用 MyBatis 删除数据

现在国内的软件公司在开发软件时都使用框架技术进行开发，因此框架技术是十分重要的。为更好地理解框架的概念，现在思考一个问题。

企业的 HR 一般让面试者按照企业的简历模板填写简历，这样做有哪些好处呢？

不用考虑布局、排版等问题，提高了简历制作效率；可专心将精力放在简历的内容上，使得简历质量更有保障；应聘者的简历结构统一，HR 阅读简历会很方便，使用了简历模板，新手也可以做出很专业的简历。

如同制作简历一样，软件开发中的框架是一个应用程序的半成品，框架是成熟的、可复用的、不断升级的组件。框架已经帮我们实现了应用程序中的共性问题，我们只需要在框架上完成应用程序中的个性问题。使用框架，开发人员可以专心在业务逻辑的实现上，保证核心业务逻辑的开发质量。使用框架，使得程序开发结构统一、易于学习、易于维护。框架体现了前人的经验和智慧，可以帮助新手写出稳健、性能优良的高质量程序。

本书讲解时下流行的 MyBatis 框架、Spring 框架、Spring MVC 框架，这三个框架的整合用于开发 Web 应用程序，业界称这三个框架的组合为 SSM 框架。

1.1　什么是 MyBatis

MyBatis 是一款优秀的持久层框架，它支持定制化 SQL、存储过程以及高级映射。MyBatis 避免了几乎所有的 JDBC 代码和手动设置参数以及获取结果集。MyBatis 可以使用简单的

XML 或注解来配置和映射原生信息，将接口和 Java 的 POJO(Plain Old Java Objects，普通的 Java 对象)映射成数据库中的记录。

MyBatis 本是 Apache 的一个开源项目 iBatis，2010 年这个项目由 Apache Software Foundation 迁移到了 Google Code，并且改名为 MyBatis，实质上 MyBatis 对 iBatis 进行一些改进。

MyBatis 通过 XML 或注解的方式将要执行的各种 statement(statement、preparedStatemnt、CallableStatement)配置起来，并通过 Java 对象和 statement 中的 SQL 进行映射生成最终执行的 SQL 语句，最后由 MyBatis 框架执行 SQL 并将结果映射成 PO(persisent object)并返回。本书的案例是基于 MyBatis 3.4.5 版本基础上讲解的。

MyBatis 中文官网网址是 http://www.mybatis.org/mybatis-3/zh/index.html，官网提供了大量的学习资源，如图 1.1 所示。

图 1.1 MyBatis 官网学习资源

1.2 传统 JDBC 编程的问题

既然 MyBatis 是持久层框架，而传统的持久层是由 JDBC 实现的，那么我们就来分析传统 JDBC 存在哪些问题。传统 JDBC 程序是指直接使用 JDBC 组件操作数据库的程序，下面的代码展示了在 Java 应用程序开发中，使用传统 JDBC 程序开发操作数据库的代码。

```
public static void main(String[] args) {
    Connection connection = null;
    PreparedStatement preparedStatement = null;
    ResultSet rs = null;
    try {
        //加载数据库驱动
        Class.forName("com.mysql.jdbc.Driver");
        //创建数据库连接对象
        connection = DriverManager.getConnection("jdbc:mysql://
            localhost:3306/dbname","root","root");
        //定义 sql 语句
        String sql = "select * from userInfo where username = ?";
        //创建 statement 对象
        preparedStatement = connection.prepareStatement(sql);
        //设置 SQL 语句参数值
        preparedStatement.setString(1, "林冲");
        //执行 SQL 语句并获取结果
        rs =preparedStatement.executeQuery();
        //解析查询结果集
        while(rs.next()){
            System.out.println(rs.getString("id");
            System.out.println(rs.getString("username");
        }
    } catch (Exception e) {
        e.printStackTrace();
    }finally{
        //释放资源
        if(rs!=null){
            try {
                rs.close();
            } catch (SQLException e) {
                e.printStackTrace();
            }
        }
        if(preparedStatement!=null){
            try {
                preparedStatement.close();
            } catch (SQLException e) {
                e.printStackTrace();
            }
        }
```

```
            if(connection!=null){
                try {
                    connection.close();
                } catch (SQLException e) {
                    e.printStackTrace();
                }
            }
        }
    }
```

传统的 JDBC 编程步骤如下：

(1)加载数据库驱动；

(2)创建数据库连接对象；

(3)定义 SQL 语句；

(4)创建 statement 对象；

(5)设置 SQL 语句参数值；

(6)执行 SQL 语句并获取结果；

(7)解析查询结果集；

(8)释放资源。

通过传统 JDBC 程序分析，发现如下问题：

(1)数据库连接对象的创建、释放频繁造成系统资源浪费，从而影响系统性能。

(2)SQL 语句编写在 Java 代码中，这种硬编码造成代码不易维护，当 SQL 语句变动时需要修改 Java 源代码。

(3)使用 PreparedStatement 接口向占位符传参数存在硬编码。因为 SQL 语句的 where 条件中占位符的个数可能会变化，修改 SQL 还要修改 Java 源代码，系统不易维护。

(4)对结果集解析存在硬编码。SQL 语句若发生变化会导致解析结果集的代码也要随之变化，系统不易维护。

1.3 MyBatis 架构

MyBatis 是优秀的持久层框架，它能够解决 JDBC 编程中存在的问题。接下来先了解 MyBatis 的架构，如图 1.2 所示。

图 1.2 是 MyBatis 的整体架构，从上至下依次的作用如下：

(1)SqlMapConfig.xml 是配置文件，此文件作为 MyBatis 的全局配置文件，配置了 MyBatis 的运行环境信息。

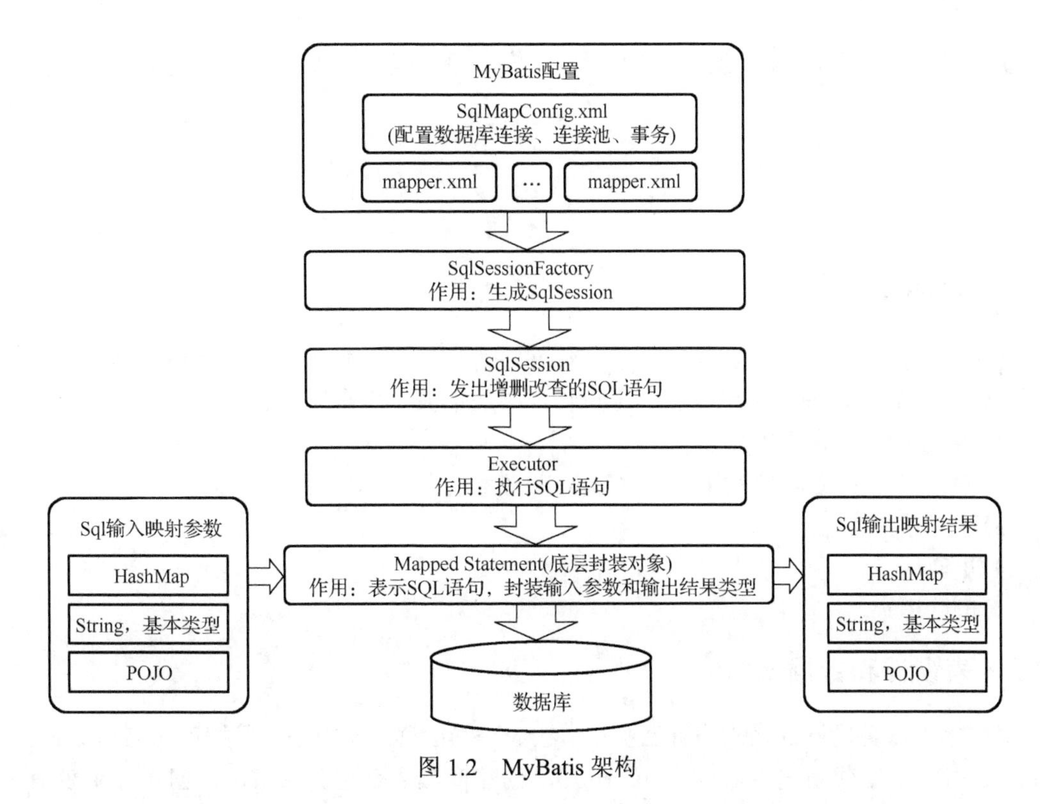

图 1.2 MyBatis 架构

(2) mapper.xml 是映射文件，在映射文件中配置了操作数据库的 SQL 语句。映射文件需要在配置文件 SqlMapConfig.xml 中加载。

(3) 通过 MyBatis 环境配置信息构造 SqlSessionFactory 对象，SqlSessionFactory 是会话工厂对象，用于创建 SqlSession 对象。

(4) SqlSession 是会话对象，会话对象用于执行 SQL 语句。

(5) MyBatis 底层自定义了 Executor 执行器接口来操作数据库，Executor 接口有两个实现，一个是基本执行器、一个是缓存执行器。

(6) Mapped Statement 也是 MyBatis 的一个底层封装对象，它包装了 MyBatis 配置信息及 SQL 映射信息等。mapper.xml 文件中一个 SQL 语句对应一个 Mapped Statement 对象，SQL 语句的 id 就是 Mapped Statement 对象的 id。

(7) 输入参数映射。Mapped Statement 对象对 SQL 语句的输入参数进行映射，输入参数的类型包括 HashMap、基本类型、POJO。Executor 通过 Mapped Statement 在执行 SQL 语句前将输入的 Java 对象映射至 SQL 语句中。输入参数映射就是 JDBC 编程中对 preparedStatement 设置参数。

(8) 输出参数映射。Mapped Statement 对象对 SQL 语句的输出参数进行映射，输出参数的类型包括 HashMap、基本类型、POJO。Executor 通过 Mapped Statement 在执行 SQL 语句后将输出结果映射至 Java 对象中。输出结果映射过程相当于 JDBC 编程中对结果集的解析处理过程。

1.4 MyBatis 示例程序

1.4.1 需求描述

接下来以开发在线订购商品的电子商务网站为例讲解 MyBatis。电子商务网站的功能包括用户管理、商品管理、订单管理。用户管理模块的具体业务包括：

(1) 根据用户 id 查询用户；

(2) 根据用户名模糊查询用户；

(3) 添加用户；

(4) 更新用户；

(5) 删除用户。

1.4.2 表设计和数据初始化

根据电子商务网站的需求设计数据库。在 MySQL 数据库中创建数据库命名为 eshop，在 eshop 数据库中创建用户表命名为 userInfo，创建商品表命名为 goods，创建订单表命名为 orders，创建订单明细表命名为 orderDetail。表结构设计如图 1.3 所示。

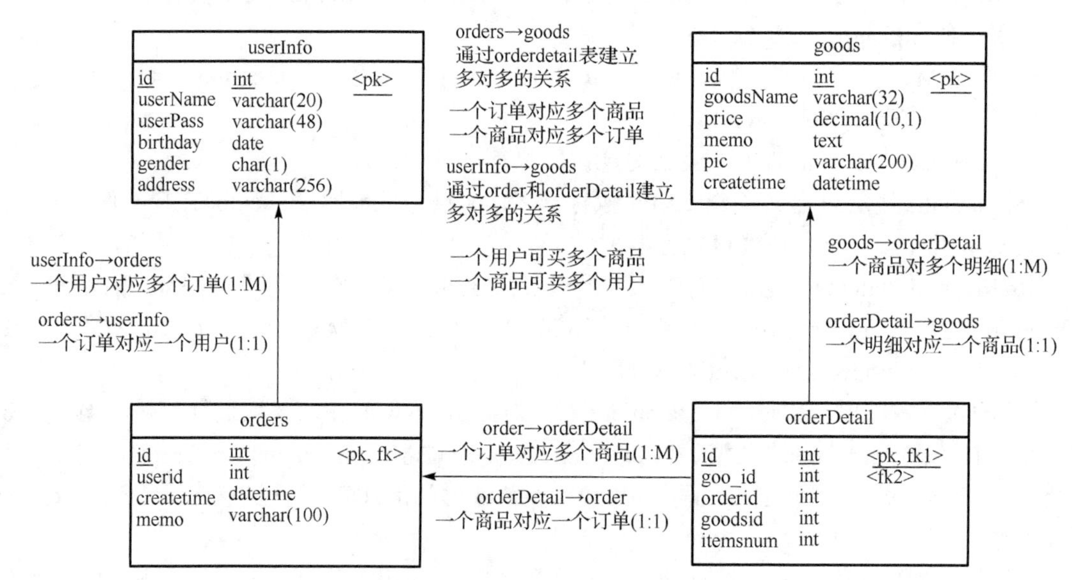

图 1.3 电子商务网站表结构设计

userInfo 表与 orders 表建立一对多的关系，一个用户可以下多个订单。orders 表与 orderDetail 表建立一对多的关系，一个订单中可以购买多个商品。orderDetail 表与 goods 表建立一对一关系，订单明细中的一个商品对应商品表中的一个商品。创建数据库、数据表、用户信息、商品信息、订单信息初始化代码如下。

```
#创建数据库 eshop
CREATE DATABASE eshop;

#使用数据库 eshop
USE eshop;

#创建用户表
CREATE TABLE userInfo (
  id INT NOT NULL AUTO_INCREMENT PRIMARY KEY,
  userName VARCHAR(20) NOT NULL ,             #用户名称
  userPass VARCHAR(48) NOT NULL,              #用户密码
  birthday DATE DEFAULT NULL ,                #生日
  gender CHAR(1) DEFAULT NULL ,               #性别
  address VARCHAR(256) DEFAULT NULL           #地址
);

#创建商品表
CREATE TABLE goods (
  id INT AUTO_INCREMENT PRIMARY KEY,
  goodsname VARCHAR(32),                      #商品名称
  price FLOAT(10,1),                          #商品定价
  memo TEXT ,                                 #商品描述
  pic VARCHAR(200) ,                          #商品图片
  createtime DATETIME                         #生产日期
);

#创建订单表
CREATE TABLE orders (
  id INT AUTO_INCREMENT PRIMARY KEY,          #订单号
  userid INT ,                                #下单用户 id
  createtime DATETIME NOT NULL,               #创建订单时间
  memo VARCHAR(100)                           #备注
);

#设置表关系：orders 表的 userid 引用表 userInfo 表的 id
ALTER TABLE orders ADD CONSTRAINT fk_orders_userInfo_id FOREIGN KEY (userid)
```

```
    REFERENCES userInfo (id);

    #创建订单明细表
    CREATE TABLE orderDetail (
      id INT AUTO_INCREMENT PRIMARY KEY,
      orderid INT NOT NULL ,                        #订单 id
      goodsid INT NOT NULL ,                        #商品 id
      itemsnum INT DEFAULT NULL                     #商品购买数量
    );

    #设置表关系：orderDetail 表的 ordersid 引用表 orders 表的 id
    ALTER TABLE orderDetail ADD CONSTRAINT fk_orderDetail_orders_id FOREIGN KEY
(orderid)
    REFERENCES orders (id);
    #设置表关系：orderDetail 的 goodsid 引用表 goods 表的 id
    ALTER TABLE orderDetail ADD CONSTRAINT fk_orderDetail_goods_id FOREIGN KEY
(goodsid)
    REFERENCES goods (id);

    #初始化用户数据
    INSERT INTO userInfo(userName,userPass,birthday,gender,address)
        VALUES('admin','admin','1980-10-10','男','陕西西安');
    INSERT INTO userInfo(userName,userPass,birthday,gender,address)
        VALUES('林冲','lichong','1982-11-10','男','河南开封');
    INSERT INTO userInfo(userName,userPass,birthday,gender,address)
        VALUES('扈三娘','husanniang','1981-03-10','女','山东聊城');
    INSERT INTO userInfo(userName,userPass,birthday,gender,address)
        VALUES('孙二娘','sunerniang','1979-03-10','女','山东曾头市');

    #初始化商品数据
    INSERT INTO goods(goodsname,price,memo,pic,createtime)
        VALUES('平谷大桃','33.6','产自河北','pinggudatao.jpg','2020-12-12 12:12:12');
    INSERT INTO goods(goodsname,price,memo,pic,createtime)
        VALUES('油桃','17.6','产自河北','youtao.jpg', '2020-12-13 12:12:12');
    INSERT INTO goods(goodsname,price,memo,pic,createtime)
        VALUES('水蜜桃','39.6','产自河北','shuimitao.jpg', '2020-12-14 12:12:12');
    INSERT INTO goods(goodsname,price,memo,pic,createtime)
        VALUES('蟠桃','33.6','产自河北','pantao.jpg', '2020-12-11 12:12:12');
    INSERT INTO goods(goodsname,price,memo,pic,createtime)
        VALUES('毛桃','31.6','产自河北','maotao.jpg', '2020-10-12 12:12:12');
    INSERT INTO goods(goodsname,price,memo,pic,createtime)
```

```
    VALUES('樱桃','43.6','产自河北','yingtao.jpg', '2020-11-22 12:12:12');
  #初始化一条订单
  INSERT INTO orders(userid,createtime,memo) VALUES(2, '2020-09-21 16:26:51','
要新鲜的');
  #初始化订单明细
  INSERT INTO orderDetail(orderid,goodsid,itemsnum)VALUES(1,1,3);
  INSERT INTO orderDetail(orderid,goodsid,itemsnum)VALUES(1,2,2);
  #初始化一条订单
  INSERT INTO orders(userid,createtime,memo)VALUES(2,'2020-09-22 16:26:50','
和上次的一样');
  #初始化订单明细
  INSERT INTO orderDetail(orderid,goodsid,itemsnum)VALUES(2,1,3);
  INSERT INTO orderDetail(orderid,goodsid,itemsnum)VALUES(2,2,2);
```

1.4.3 搭建开发环境

Maven 是项目自动化构建工具，接下来在 Eclipse 开发工具中使用 Maven 构建 MyBatis 项目。

第一步：创建 Maven 项目

在 Eclipse 中创建 maven-archetype-quickstart 项目，groupId 为 cn.itlaobing，artifactId 为 MyBatis，version 为 0.0.1-SNAPSHOT。

第二步：设置 pom.xml 文件

```
<dependencies>
    <dependency>
        <groupId>junit</groupId>
        <artifactId>junit</artifactId>
        <version>4.10</version>
        <scope>test</scope>
    </dependency>
    <!-- mybatis 依赖的 jar 包 -->
    <dependency>
        <groupId>org.mybatis</groupId>
        <artifactId>mybatis</artifactId>
        <version>3.4.5</version>
    </dependency>
    <!-- 数据库驱动 jar 包 -->
    <dependency>
        <groupId>mysql</groupId>
        <artifactId>mysql-connector-java</artifactId>
        <version>5.1.43</version>
```

```
        </dependency>
        <!-- 日志 jar 包 -->
        <dependency>
            <groupId>log4j</groupId>
            <artifactId>log4j</artifactId>
            <version>1.2.17</version>
        </dependency>
    </dependencies>
```

第三步：创建 MyBatis 配置文件

在项目中创建 Source Folder，命名为 src/main/resources，在该目录下创建 MyBatis 配置文件，命名为 SqlMapConfig.xml（该配置文件的文件名可自定义，建议使用 SqlmapConfig.xml），具体配置如下：

```
<?xml version="1.0" encoding="UTF-8" ?>
<!DOCTYPE configuration
PUBLIC "-//mybatis.org//DTD Config 3.0//EN"
"http://mybatis.org/dtd/mybatis-3-config.dtd">
<configuration>
    <environments default="development">
        <environment id="development">
            <!-- 由 MyBatis 管理 JDBC 事务管理 -->
            <transactionManager type="JDBC" />
            <!-- 由 MyBatis 管理数据库连接池 -->
            <dataSource type="POOLED">
                <property name="driver" value="com.mysql.jdbc.Driver" />
                <property name="url"
                    value="jdbc:mysql://localhost:3306/eshop?character-
                           Encoding=utf8" />
                <property name="username" value="root" />
                <property name="password" value="root" />
            </dataSource>
        </environment>
    </environments>
    <!-- 加载映射文件 -->
    <mappers>
        <mapper resource="userInfo.xml" />
    </mappers>
</configuration>
```

dataSource 元素的 type 属性设置为 POOLED 表示使用连接池管理连接对象，property 元素的 driver 属性设置数据库驱动类，url 属性设置数据库连接字符串，username 属性设置数据库访问用户名，password 属性设置数据库访问密码，mappers 元素的 resource 属性用于加载映射文件。

第四步：创建映射文件

在 src/main/resources 目录下创建映射文件，命名为 userInfo.xml，具体配置如下：

```
<?xml version="1.0" encoding="UTF-8" ?>
<!DOCTYPE mapper
PUBLIC "-//mybatis.org//DTD Mapper 3.0//EN"
"http://mybatis.org/dtd/mybatis-3-mapper.dtd">
<!-- namespace 用于隔离 SQL 语句，不同 namespace 中的 SQL 语句可以定义相同的 id 值 -->
<mapper namespace="eshop">

</mapper>
```

mapper 元素的 namespace 属性用于设置命名空间，命名空间用于隔离 SQL 语句，不同 namespace 中的 SQL 语句可以定义相同的 Mapped Statement ID 属性，Mapped Statement ID 属性用于标识映射文件中的 SQL 语句。本例中 namespace 属性的值设置为 eshop。

第五步：创建日志文件

在 src/main/resources 目录下创建日志文件 log4j.properties，将日志级别设置为 debug，具体配置如下：

```
log4j.rootLogger=debug,stdout,file
log4j.appender.stdout=org.apache.log4j.ConsoleAppender
log4j.appender.stdout.Target=System.out
log4j.appender.stdout.layout=org.apache.log4j.PatternLayout
log4j.appender.stdout.layout.ConversionPattern=%d{ABSOLUTE} %5p %c{1}:%L - %m%n

log4j.appender.file=org.apache.log4j.RollingFileAppender
log4j.appender.file.MaxFileSize=1MB
log4j.appender.file.MaxBackupIndex=1024
log4j.appender.file.File=c\:/eshop.html
log4j.appender.file.layout=org.apache.log4j.HTMLLayout
log4j.appender.file.layout.ConversionPattern=%d{yyyy-MM-dd HH\:mm\:ss}
[%c]-[%-5p] %m%n%n
```

1.4.4 任务 1：根据用户 id 查询用户

第一步：创建 POJO 类

POJO（普通 Java 对象，只有属性及其 set/get 方法）是与表对应的实体类，类名与表名对应，类的属性与表的列名对应，类的对象与表中的记录对应。POJO 的作用是建立与 MyBatis 的输入映射和输出映射。

在 src/main/java 目录中创建包 cn.itlaobing.mybatis.model，在该包下创建 POJO 类 UserInfoModel，代码如下：

```
public class UserInfoModel implements Serializable{
    private int id;
    private String userName;
    private String userPass;
    private Date birthday;
    private String gender;
    private String address;
    @Override
    public String toString() {
        return this.id+"--"+this.userName +"--"+this.userPass+"--"+this.birthday+
        "--"+this.gender+"--"+this.address;
    }
    //省略 get/set 方法
}
```

第二步：配置 SQL 映射

每一张表对应一个映射文件，在映射文件中配置对表中数据操作的 SQL 语句，通常映射文件的文件名与表名一致。为 userInfo 表创建映射文件，映射文件命名为 userInfo.xml。

```
<?xml version="1.0" encoding="UTF-8" ?>
<!DOCTYPE mapper
PUBLIC "-//mybatis.org//DTD Mapper 3.0//EN"
"http://mybatis.org/dtd/mybatis-3-mapper.dtd">
<mapper namespace="eshop">
    <!-- 需求：根据 id 查询用户 -->
    <select id="findUserInfoById" parameterType="int"
        resultType="cn.itlaobing.mybatis.model.UserInfoModel">
        SELECT * FROM userInfo WHERE id=#{id}
    </select>
</mapper>
```

在映射文件中配置 select 标签，select 标签用于配置查询语句。id 属性用于唯一地标识一个 SQL 语句，parameterType 属性指定输入参数的类型，resultType 属性指定 SQL 查询结果所映射的 POJO 类型，#{}表示一个占位符号，相当于预编译 SQL 语句中的?，#{id}中的 id 表示接收输入的参数，如果输入参数是简单类型，#{}中的参数名可以任意。

第三步：创建单元测试类

在 src/test/java 目录中创建包 cn.itlaobing.mybatis.test，在该包下创建单元测试类 TestEshop，代码如下：

```
package cn.itlaobing.mybatis.test;
import java.io.IOException;
import java.io.InputStream;
import org.apache.ibatis.io.Resources;
import org.apache.ibatis.session.SqlSession;
import org.apache.ibatis.session.SqlSessionFactory;
import org.apache.ibatis.session.SqlSessionFactoryBuilder;
import org.junit.Before;
import org.junit.Test;
import cn.itlaobing.mybatis.model.UserInfoModel;
public class TestEshop {
    //定义会话工厂对象 sqlSessionFactory
    private SqlSessionFactory sqlSessionFactory = null;
    @Before
    public void setUp() throws IOException {
        //加载 MyBatis 配置文件
        String resource = "SqlMapConfig.xml";
        InputStream inputStream = Resources.getResourceAsStream(resource);
        //创建会话工厂，传入 MyBatis 的配置文件信息
        sqlSessionFactory = new SqlSessionFactoryBuilder().build(inputStream);
    }
    @Test
    public void testFindUserInfoById() {
        //通过会话工厂得到 SqlSession 对象
        SqlSession sqlSession = sqlSessionFactory.openSession();
        /*
         * 通过 SqlSession 操作数据库，sqlSession.selectOne 用于从库中查出一条记录
         * 第一个参数：Mapped Statement ID，其值为 namespace+"."+id
         * 第二个参数：指定和映射文件中所匹配的 parameterType 类型的参数
         * 返回值：sqlSession.selectOne 的返回值与映射文件中 resultType 类型的值一致
         */
        UserInfoModel model = sqlSession.selectOne("eshop.findUserInfoById", 1);
        //关闭 sqlSession 对象
        sqlSession.close();
        System.out.println(model.getId() + "-" + model.getUserName());
    }
}
```

单元测试类中首先定义了会话工厂对象 sqlSessionFactory，在 setUp 方法中创建了 sqlSessionFactory 对象。在 testFindUserInfoById()单元测试方法中创建了 sqlSession 对象，sqlSession 对象调用 selectOne 方法实现从数据库中查询单条数据。selectOne 方法的第一个参数值为 namespace+"."+id，第二个参数指定和映射文件中所匹配的 parameterType 类型的参数，其值被传递到#{id}中。selectOne 方法的返回值与映射文件中 resultType 类型的值一致。sqlSession.close()方法用于关闭会话对象。

第四步：单元测试

运行单元测试，控制台输出日志如下：

```
    log4j:WARN No such property [conversionPattern] in
org.apache.log4j.HTMLLayout.
    12:20:20,852 DEBUG LogFactory:135 - Logging initialized using 'class
org.apache.ibatis.logging.log4j.Log4jImpl' adapter.
    12:20:20,977 DEBUG PooledDataSource:335 - PooledDataSource forcefully
closed/removed all connections.
    12:20:20,977 DEBUG PooledDataSource:335 - PooledDataSource forcefully
closed/removed all connections.
    12:20:20,977 DEBUG PooledDataSource:335 - PooledDataSource forcefully
closed/removed all connections.
    12:20:20,977 DEBUG PooledDataSource:335 - PooledDataSource forcefully
closed/removed all connections.
    12:20:21,055 DEBUG JdbcTransaction:137 - Opening JDBC Connection
    12:20:21,289 DEBUG PooledDataSource:406 - Created connection 811587677.
    12:20:21,305 DEBUG JdbcTransaction:101 - Setting autocommit to false on JDBC
Connection [com.mysql.jdbc.JDBC4Connection@305fd85d]
    12:20:21,305 DEBUG findUserInfoById:159 - ==> Preparing: SELECT * FROM userInfo
WHERE id=?
    12:20:21,336 DEBUG findUserInfoById:159 - ==> Parameters: 1(Integer)
    12:20:21,352 DEBUG findUserInfoById:159 - <==      Total: 1
    12:20:21,352 DEBUG JdbcTransaction:123 - Resetting autocommit to true on JDBC
Connection [com.mysql.jdbc.JDBC4Connection@305fd85d]
    12:20:21,367 DEBUG JdbcTransaction:91 - Closing JDBC Connection
[com.mysql.jdbc.JDBC4Connection@305fd85d]
    12:20:21,367 DEBUG PooledDataSource:363 - Returned connection 811587677 to
pool.
    1--admin--admin--1980-10-10--男--陕西西安
```

(1)日志中输出了执行的 SQL 语句为 SELECT * FROM userInfo WHERE id=?，占位符?的值来自于映射文件中的#{id}的值。

(2) 传入参数是 Parameters: 1(Integer)，其中的 1 是输入参数，它会被 MyBatis 传入到映射文件中的#{id}中。

(3) 输出结果是 Total：1，其中的 1 表示查询出 1 条数据。

(4) sqlSession.selectOne() 返回单条记录对应的 POJO 对象。

(5) sqlSession.selectOne("eshop.findUserInfoById", 1) 与映射文件之间的关系如图 1.4 所示。

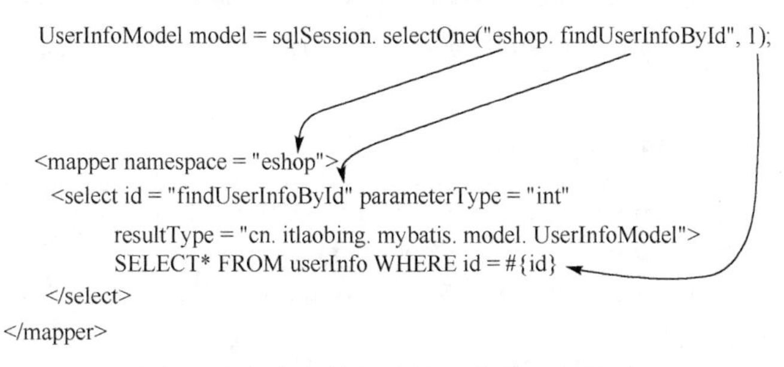

图 1.4 查询参数与映射文件的对应关系

1.4.5 任务 2：根据用户名模糊查询用户

第一步：创建 Mapped Statement ID

在映射文件 userinfo.xml 中添加 Mapped Statement ID，代码如下：

```
<mapper namespace="eshop">
    <!--根据用户名模糊查询用户-->
    <select id="findUserInfoByName" parameterType="java.lang.String"
        resultType="cn.itlaobing.mybatis.model.UserInfoModel">
        SELECT * FROM userInfo WHERE userName LIKE '%${value}%'
    </select>
</mapper>
```

${}:表示输入参数，MyBatis 将接收到的参数内容不加任何修饰地拼接在 SQL 语句中。${value}：如果传入参数是简单类型，${}中只能使用 value。

第二步：编写单元测试

在 TestEshop 单元测试类中添加单元测试方法 testFindUserInfoByName()，代码如下：

```
@Test
public void testFindUserInfoByName() {
    SqlSession sqlSession = sqlSessionFactory.openSession();
    List<UserInfoModel> list =
sqlSession.selectList("eshop.findUserInfoByName","娘");
    sqlSession.close();
```

```
        System.out.println(list);
    }
```

sqlSession 对象的 selectList()方法用于查询多条记录，返回 List<T>集合。selectList()方法的第一个参数是值为 namespace+"."+id，第二个参数指定和映射文件中所匹配的 parameterType 类型的参数，其值被传递到${value}中。selectList()方法的返回值与映射文件中 resultType 类型的值一致。sqlSession.close()方法用于关闭会话对象。

第三步：单元测试

运行单元测试，控制台输出日志如下：

```
    log4j:WARN No such property [conversionPattern] in
org.apache.log4j.HTMLLayout.
    14:24:20,842 DEBUG LogFactory:135 - Logging initialized using 'class
org.apache.ibatis.logging.log4j.Log4jImpl' adapter.
    14:24:20,982 DEBUG PooledDataSource:335 - PooledDataSource forcefully
closed/removed all connections.
    14:24:20,982 DEBUG PooledDataSource:335 - PooledDataSource forcefully
closed/removed all connections.
    14:24:20,982 DEBUG PooledDataSource:335 - PooledDataSource forcefully
closed/removed all connections.
    14:24:20,982 DEBUG PooledDataSource:335 - PooledDataSource forcefully
closed/removed all connections.
    14:24:21,076 DEBUG JdbcTransaction:137 - Opening JDBC Connection
    14:24:21,341 DEBUG PooledDataSource:406 - Created connection 648525677.
    14:24:21,341 DEBUG JdbcTransaction:101 - Setting autocommit to false on JDBC
Connection [com.mysql.jdbc.JDBC4Connection@26a7b76d]
    14:24:21,341 DEBUG findUserInfoByName:159 - ==>  Preparing: SELECT * FROM
userInfo WHERE userName LIKE '%娘%'
    14:24:21,372 DEBUG findUserInfoByName:159 - ==> Parameters:
    14:24:21,419 DEBUG findUserInfoByName:159 - <==      Total: 2
    14:24:21,419 DEBUG JdbcTransaction:123 - Resetting autocommit to true on JDBC
Connection [com.mysql.jdbc.JDBC4Connection@26a7b76d]
    14:24:21,419 DEBUG JdbcTransaction:91 - Closing JDBC Connection
[com.mysql.jdbc.JDBC4Connection@26a7b76d]
    14:24:21,419 DEBUG PooledDataSource:363 - Returned connection 648525677 to
pool.
    [3--扈三娘--husanniang--1981-03-10--女--山东聊城, 4--孙二娘--sunerniang--
1979-03-10--女--山东曾头市]
```

(1) 日志中输出了执行的 SQL 语句为 SELECT * FROM userInfo WHERE userName LIKE '%娘%'。

(2) 传入参数是：Parameters:。

(3) 输出结果是：Total：2，其中的 2 表示查询出 2 条数据。

(4) sqlSession.selectList() 返回多条记录对应的 List 泛型集合类型。

为 Mapped Statement ID 中的 SQL 语句传入参数时，可以使用#{}占位符，也可以使用${}占位符，两者区别如下：

#{ }：被解析为一个 JDBC 预编译语句的参数占位符?。

例如：SELECT * FROM userInfo WHERE userName = #{ userName };

解析为：SELECT * FROM userInfo WHERE userName = ?;

${}：被解析为 SQL 拼接符号。

例如：SELECT * FROM userInfo WHERE userName = '${ userName }';

当传入的参数为"admin"时，解析为：SELECT * FROM userInfo WHERE userName ='admin';

1.4.6　任务 3：添加用户

第一步：创建 Mapped Statement ID

在映射文件 userInfo.xml 中添加 Mapped Statement ID，代码如下：

```
    <!-- 定义 Mapped Statement ID，添加用户 -->
    <insert id="insertUserInfo" parameterType="cn.itlaobing.mybatis.model.
UserInfoModel">
        <selectKey keyProperty="id" order="AFTER" resultType="java.lang.
Integer">
            SELECT LAST_INSERT_ID()
        </selectKey>
        INSERT INTO userInfo(userName,userPass,birthday,gender,address)
VALUES(#{userName},#{userPass},#{birthday},#{gender},#{address});
    </insert>
```

在映射文件中配置 insert 标签，insert 标签用于配置插入语句。id 属性用于唯一的标识一个 SQL 语句，parameterType 属性指定输入参数的类型，#{}表示一个占位符号，相当于预编译 SQL 语句中的?，#{ }中的值是 parameterType 属性指定的参数类型的属性名称。

selectKey 标签用于获取 insert 语句的主键值。SELECT LAST_INSERT_ID() 用于获取新增记录的自增长主键值。keyProperty 属性用于指定将查询到的主键值保存到 parameterType 指定对象的哪个属性。Order 属性设置 SELECT LAST_INSERT_ID() 相对于 insert 语句的执行顺序，其值可以是 AFTER 和 BEFORE。resultType 属性指定 SELECT LAST_INSERT_ID() 的结果类型。

第二步：编写单元测试

在 TestEshop 单元测试类中添加单元测试方法，代码如下：

```
@Test
public void testInsertUser() {
    //通过工厂得到 SqlSession
    SqlSession sqlSession = sqlSessionFactory.openSession();
    //插入用户对象
    UserInfoModel model = new UserInfoModel();
    model.setUserName("宋江");
    model.setUserPass("songjiang");
    model.setBirthday(new Date());
    model.setGender("男");
    model.setAddress("山东郓城");
    sqlSession.insert("eshop.insertUserInfo", model);
    //提交事务
    sqlSession.commit();
    //获取用户信息主键
    System.out.println(model.getId());
    //关闭会话
    sqlSession.close();
}
```

sqlSession 对象的 insert() 方法用于添加记录。insert() 方法的第一个参数值为 namespace+"."+id，第二个参数指定和映射文件中所匹配的 parameterType 类型的参数，若参数为 POJO 类型，MyBatis 将根据 POJO 属性名称与#{ }中的名称匹配原则传入参数。sqlSession 对象的 commit() 方法用于提交事务，sqlSession.close() 方法用于关闭会话对象。

第三步：单元测试

运行单元测试，控制台输出日志如下：

```
log4j:WARN No such property [conversionPattern] in org.apache.log4j.
HTMLLayout.
15:22:10,646 DEBUG LogFactory:135 - Logging initialized using 'class
org.apache.ibatis.logging.log4j.Log4jImpl' adapter.
15:22:10,755 DEBUG PooledDataSource:335 - PooledDataSource forcefully
closed/removed all connections.
15:22:10,755 DEBUG PooledDataSource:335 - PooledDataSource forcefully
closed/removed all connections.
15:22:10,755 DEBUG PooledDataSource:335 - PooledDataSource forcefully
closed/removed all connections.
15:22:10,755 DEBUG PooledDataSource:335 - PooledDataSource forcefully
closed/removed all connections.
15:22:10,833 DEBUG JdbcTransaction:137 - Opening JDBC Connection
15:22:11,068 DEBUG PooledDataSource:406 - Created connection 1150538133.
```

```
    15:22:11,068 DEBUG JdbcTransaction:101 - Setting autocommit to false on JDBC
Connection [com.mysql.jdbc.JDBC4Connection@4493d195]
    15:22:11,068 DEBUG insertUserInfo:159 - ==>  Preparing: INSERT INTO
userInfo(userName,userPass,birthday,gender,address) VALUES(?,?,?,?,?);
    15:22:11,100 DEBUG insertUserInfo:159 - ==> Parameters: 宋江(String),
songjiang(String), 2020-09-22 15:22:10.833(Timestamp), 男(String), 山东郓城
(String)
    15:22:11,100 DEBUG insertUserInfo:159 - <==    Updates: 1
    15:22:11,100 DEBUG insertUserInfo!selectKey:159 - ==>  Preparing: SELECT
LAST_INSERT_ID()
    15:22:11,100 DEBUG insertUserInfo!selectKey:159 - ==> Parameters:
    15:22:11,115 DEBUG insertUserInfo!selectKey:159 - <==      Total: 1
    15:22:11,115 DEBUG JdbcTransaction:70 - Committing JDBC Connection
[com.mysql.jdbc.JDBC4Connection@4493d195]
    新增记录的主键值是:5
    15:22:11,131 DEBUG JdbcTransaction:123 - Resetting autocommit to true on JDBC
Connection [com.mysql.jdbc.JDBC4Connection@4493d195]
    15:22:11,131 DEBUG JdbcTransaction:91 - Closing JDBC Connection
[com.mysql.jdbc.JDBC4Connection@4493d195]
    15:22:11,131 DEBUG PooledDataSource:363 - Returned connection 1150538133 to
pool.
```

(1) 日志中输出了执行的 SQL 语句为 INSERT INTO userInfo (userName,userPass,birthday, gender,address) VALUES (?,?,?,?,?)；

(2) 传入参数是 Parameters: 宋江 (String)，songjiang (String)，2020-09-22 15:22:10.833 (Timestamp)，男 (String)，山东郓城 (String)；

(3) 输出结果是：Updates: 1。

1.4.7 任务 4：更新用户

第一步：创建 Mapped Statement ID

在映射文件 userInfo.xml 中添加 Mapped Statement ID，代码如下：

```
    <!-- 定义 Mapped Statement ID，更新用户 -->
    <update id="updateUserInfo" parameterType="cn.itlaobing.mybatis.model.
UserInfoModel">
        update userInfo set userName=#{userName},birthday=#{birthday},
gender=#{gender},
            address=#{address} where id=#{id}
    </update>
```

在映射文件中配置update标签，update标签用于配置更新语句。id属性用于唯一地标识一个SQL语句，parameterType属性指定输入参数的类型，#{}表示一个占位符号，相当于预编译SQL语句中的?，#{ }中的值是parameterType属性指定的参数类型的属性名称。

第二步：编写单元测试

在TestEshop单元测试类中添加单元测试方法，代码如下：

```
@Test
public void testUpdateUserInfo() {
    //通过工厂得到SqlSession
    SqlSession sqlSession = sqlSessionFactory.openSession();
    //插入用户对象
    UserInfoModel model = new UserInfoModel();
    model.setId(5);
    model.setUserName("宋江江");
    model.setUserPass("songjiang");
    model.setBirthday(new Date());
    model.setGender("男");
    model.setAddress("山东郓城");
    sqlSession.update("eshop.updateUserInfo", model);
    //提交事务
    sqlSession.commit();
    //关闭会话
    sqlSession.close();
}
```

sqlSession对象的update()方法用于更新记录。update()方法的第一个参数值为namespace+"."+id，第二个参数指定和映射文件中所匹配的parameterType类型的参数，若参数为POJO类型，MyBatis将根据POJO属性名称与#{ }中的名称匹配原则传入参数。sqlSession对象的commit()方法用于提交事务，sqlSession.close()方法用于关闭会话对象。

第三步：单元测试

运行单元测试，控制台输出日志如下：

```
    log4j:WARN No such property [conversionPattern] in
org.apache.log4j.HTMLLayout.
    15:50:39,104 DEBUG LogFactory:135 - Logging initialized using 'class
org.apache.ibatis.logging.log4j.Log4jImpl' adapter.
    15:50:39,229 DEBUG PooledDataSource:335 - PooledDataSource forcefully
closed/removed all connections.
    15:50:39,229 DEBUG PooledDataSource:335 - PooledDataSource forcefully
closed/removed all connections.
```

```
    15:50:39,229 DEBUG PooledDataSource:335 - PooledDataSource forcefully closed/removed all connections.
    15:50:39,229 DEBUG PooledDataSource:335 - PooledDataSource forcefully closed/removed all connections.
    15:50:39,338 DEBUG JdbcTransaction:137 - Opening JDBC Connection
    15:50:39,572 DEBUG PooledDataSource:406 - Created connection 1150538133.
    15:50:39,572 DEBUG JdbcTransaction:101 - Setting autocommit to false on JDBC Connection [com.mysql.jdbc.JDBC4Connection@4493d195]
    15:50:39,572 DEBUG updateUserInfo:159 - ==>  Preparing: update userInfo set userName=?,birthday=?,gender=?,address=? where id=?
    15:50:39,619 DEBUG updateUserInfo:159 - ==> Parameters: 宋江江(String), 2020-09-22 15:50:39.322(Timestamp), 男(String), 山东郓城(String), 5(Integer)
    15:50:39,619 DEBUG updateUserInfo:159 - <==    Updates: 1
    15:50:39,619 DEBUG JdbcTransaction:70 - Committing JDBC Connection [com.mysql.jdbc.JDBC4Connection@4493d195]
    15:50:39,619 DEBUG JdbcTransaction:123 - Resetting autocommit to true on JDBC Connection [com.mysql.jdbc.JDBC4Connection@4493d195]
    15:50:39,619 DEBUG JdbcTransaction:91 - Closing JDBC Connection [com.mysql.jdbc.JDBC4Connection@4493d195]
    15:50:39,619 DEBUG PooledDataSource:363 - Returned connection 1150538133 to pool.
```

(1) 日志中输出了执行的 SQL 语句为 update userInfo set userName=?,birthday=?,gender=?, address=? where id=?。

(2) 传入参数是宋江江(String)，2020-09-22 15:50:39.322(Timestamp)，男(String)，山东郓城(String), 5(Integer)。

(3) 输出结果是：Updates: 1。

(4) 查看数据库，宋江的名字更改为宋江江。

1.4.8 任务 5：删除用户

第一步：创建 Mapped Statement ID

在映射文件 userInfo.xml 中添加 Mapped Statement ID，代码如下：

```
<!-- 定义Mapped Statement ID，删除用户 -->
<delete id="deleteUserInfo" parameterType="java.lang.Integer">
    delete from userInfo where id=#{id}
</delete>
```

在映射文件中配置 delete 标签，delete 标签用于配置删除语句。id 属性用于唯一地标识一个 SQL 语句，parameterType 属性指定输入参数的类型，#{}表示一个占位符号，相当于预编译 SQL 语句中的?，#{ }中的值是 parameterType 属性指定的参数类型的属性名称。

第二步：编写单元测试

在 TestEshop 单元测试类中添加单元测试方法，代码如下：

```
@Test
public void testDeleteUserInfo() {
    //通过工厂得到 SqlSession
    SqlSession sqlSession = sqlSessionFactory.openSession();
    //传入被删除记录的主键值 5
    sqlSession.delete("eshop.deleteUserInfo", 5);
    //提交事务
    sqlSession.commit();
    //关闭会话
    sqlSession.close();
}
```

sqlSession 对象的 delete() 方法用于删除记录。delete() 方法的第一个参数值为 namespace+"."+id，第二个参数指定和映射文件中所匹配的 parameterType 类型的参数。sqlSession 对象的 commit() 方法用于提交事务，sqlSession.close() 方法用于关闭会话对象。

第三步：单元测试

运行单元测试，控制台输出日志如下：

```
log4j:WARN No such property [conversionPattern] in
org.apache.log4j.HTMLLayout.
15:59:11,538 DEBUG LogFactory:135 - Logging initialized using 'class
org.apache.ibatis.logging.log4j.Log4jImpl' adapter.
15:59:11,663 DEBUG PooledDataSource:335 - PooledDataSource forcefully
closed/removed all connections.
15:59:11,678 DEBUG PooledDataSource:335 - PooledDataSource forcefully
closed/removed all connections.
15:59:11,678 DEBUG PooledDataSource:335 - PooledDataSource forcefully
closed/removed all connections.
15:59:11,678 DEBUG PooledDataSource:335 - PooledDataSource forcefully
closed/removed all connections.
15:59:11,772 DEBUG JdbcTransaction:137 - Opening JDBC Connection
15:59:12,006 DEBUG PooledDataSource:406 - Created connection 1150538133.
15:59:12,006 DEBUG JdbcTransaction:101 - Setting autocommit to false on JDBC
Connection [com.mysql.jdbc.JDBC4Connection@4493d195]
15:59:12,021 DEBUG deleteUserInfo:159 - ==>  Preparing: delete from userInfo
where id=?
15:59:12,059 DEBUG deleteUserInfo:159 - ==> Parameters: 5(Integer)
```

```
    15:59:12,069 DEBUG deleteUserInfo:159 - <==    Updates: 1
    15:59:12,070 DEBUG JdbcTransaction:70 - Committing JDBC Connection
[com.mysql.jdbc.JDBC4Connection@4493d195]
    15:59:12,083 DEBUG JdbcTransaction:123 - Resetting autocommit to true on JDBC
Connection [com.mysql.jdbc.JDBC4Connection@4493d195]
    15:59:12,083 DEBUG JdbcTransaction:91 - Closing JDBC Connection
[com.mysql.jdbc.JDBC4Connection@4493d195]
    15:59:12,084 DEBUG PooledDataSource:363 - Returned connection 1150538133 to
pool.
```

(1) 日志中输出了执行的 SQL 语句为“delete from userInfo where id=?”。

(2) 传入参数是 5(Integer)。

(3) 输出结果是：Updates: 1。

(4) 查看数据库，id=5 的用户被删除。

1.5 MyBatis 解决了 JDBC 编程的问题

通过以上对用户的添加、删除、修改、查询的例子，发现 MyBatis 框架让程序开发人员将精力集中在 SQL 本身，而不必将精力放在例如加载驱动、创建 connection、创建 statement、设置参数、结果集检索等 JDBC 繁杂的过程里。解决了 JDBC 编程的问题，具体过程如下：

(1) 数据库连接对象的创建、释放频繁，造成系统资源浪费从而影响系统性能，如果使用数据库连接池可解决此问题。在 SqlMapConfig.xml 中配置数据连接池，使用连接池管理数据库连接。

(2) SQL 语句写在代码中造成代码不易维护，SQL 变动需要修改 Java 源代码。MyBatis 框架将 SQL 语句配置在映射文件中与 Java 代码分离。

(3) 传入参数烦琐，SQL 语句的 where 条件中占位符的个数可能会变化，MyBatis 自动将 Java 对象映射至 SQL 语句，通过 statement 中的 parameterType 定义输入参数的类型。

(4) 对结果集解析烦琐，SQL 变化导致解析代码变化，且解析前需要遍历，MyBatis 自动将 SQL 执行结果映射至 POJO 对象，通过 statement 中的 resultType 定义输出结果的类型。

第 2 章　DAO 的开发

【本章内容】

1. 原生 DAO 开发
2. Mapper 代理 DAO 开发

【能力目标】

1. 能够在 MyBatis 中使用原生 DAO 开发
2. 能够在 MyBatis 中使用 Mapper 代理开发 DAO
3. 掌握 Mapper 代理开发 DAO 的规范

MyBatis 属于持久化层，因此 MyBatis 需要完成 DAO(Data Access Object) 的开发。MyBatis 有两种方法开发 DAO，第一种是原生 DAO 开发，第二种是使用 Mapper 接口开发。

原生 DAO 开发是指需要程序员编写 DAO 接口和 DAO 实现类。Mapper 接口 DAO 开发是指需要程序员定义 Mapper 接口(相当于 DAO 接口)，由 MyBatis 框架根据 Mapper 接口的定义来创建 Mapper 接口的动态代理对象(相当于 DAO 的实现类)，由代理对象执行数据库操作。

本章的案例以第 1 章的“MyBatis 示例程序”为基础，讲解 DAO 开发。

2.1　原生开发 DAO

2.1.1　开发需求

使用原生开发 DAO，实现根据用户 id 查询用户信息业务，实现用户注册业务。

2.1.2　创建 DAO 接口

创建 cn.itlaobing.mybatis.dao 包，在该包下创建 DAO 接口，命名为 IUserInfoDao，接口定义如下：

```
package cn.itlaobing.mybatis.dao;
import cn.itlaobing.mybatis.model.UserInfoModel;
public interface IUserInfoDao {
```

```
    //根据 id 查询用户
    public UserInfoModel findByUserId(int id) throws Exception;
    //用户注册
    public void insertUserInfo(UserInfoModel model) throws Exception;
}
```

在 IUserInfoDao 接口中定义了 findByUserId()抽象方法用于根据 id 查询用户，定义了 insertUserInfo()抽象方法用于用户注册。

2.1.3 创建 DAO 实现类

创建 cn.itlaobing.mybatis.dao.impl 包，在该包下创建 DAO 接口的实现类，命名为 UserInfoDaoImpl，该类定义如下：

```
package cn.itlaobing.mybatis.dao.impl;
import org.apache.ibatis.session.SqlSession;
import org.apache.ibatis.session.SqlSessionFactory;
import cn.itlaobing.mybatis.dao.IUserInfoDao;
import cn.itlaobing.mybatis.model.UserInfoModel;
public class UserInfoDaoImpl implements IUserInfoDao {
    //定义会话工厂对象，该对象从外部通过构造函数注入
    private SqlSessionFactory sqlSessionFactory;
    public UserInfoDaoImpl(SqlSessionFactory sqlSessionFactory) {
        this.sqlSessionFactory = sqlSessionFactory;
    }
    public UserInfoModel findUserInfoById(int id) throws Exception {
        //通过会话工厂创建会话对象 sqlSession
        //注意 sqlSession 必须定义为方法内部的局部变量
        //若 sqlSession 定义为属性，会导致非线程安全
        SqlSession sqlSession = sqlSessionFactory.openSession();
        //执行查询
        UserInfoModel model = sqlSession.selectOne("eshop.findUserInfoById", 1);
        //关闭会话
        sqlSession.close();
        //返回查询结果
        return model;
    }
    public void insertUserInfo(UserInfoModel model) throws Exception {
        //通过会话工厂创建会话对象 sqlSession
        SqlSession sqlSession = sqlSessionFactory.openSession();
        //添加记录
        sqlSession.insert("eshop.insertUserInfo", model);
```

```
            //提交事务
            sqlSession.commit();
            //获取用户信息主键
            System.out.println("新增记录的主键值是:" + model.getId());
            //关闭会话
            sqlSession.close();
        }
    }
```

UserInfoDaoImpl 类是 IUserInfoDao 接口的实现类。UserInfoDaoImpl 类通过构造函数注入了 sqlSessionFactory 对象。在 findUserInfoById()方法中通过注入的 sqlSessionFactory 对象创建了 sqlSession 对象，sqlSession 对象调用 selectOne()方法实现了根据 id 查询用户信息。在 insertUserInfo()方法中通过注入的 sqlSessionFactory 对象创建了 sqlSession 对象，sqlSession 对象调用 insert ()方法实现了用户注册。

2.1.4 单元测试

在 cn.itlaobing.mybatis.test 包下创建单元测试类，命名为 TestDao，代码如下：

```
package cn.itlaobing.mybatis.test;
//省略导入代码
public class TestDao {
    //定义会话工厂对象 sqlSessionFactory
    private SqlSessionFactory sqlSessionFactory = null;
    @Before
    public void setUp() throws IOException {
        //加载 MyBatis 配置文件
        String resource = "SqlMapConfig.xml";
        InputStream inputStream = Resources.getResourceAsStream(resource);
        //创建会话工厂，传入 MyBatis 的配置文件信息
        sqlSessionFactory = new SqlSessionFactoryBuilder().build(inputStream);
    }
    //测试根据用户 id 查询用户信息
    @Test
    public void testFindUserInfoById() throws Exception {
        //向 DAO 注入 sqlSessionFactory
        IUserInfoDao userInfoDao =new UserInfoDaoImpl(sqlSessionFactory);
        UserInfoModel model = userInfoDao.findUserInfoById(1);
        System.out.println(model);
    }
    //测试用户注册业务
    @Test
    public void testInsertUser() throws Exception {
```

```
        //向 dao 注入 sqlSessionFactory
        IUserInfoDao userInfoDao =new UserInfoDaoImpl(sqlSessionFactory);
        UserInfoModel model = new UserInfoModel();
        model.setUserName("华容");
        model.setUserPass("huarong");
        model.setBirthday(new Date());
        model.setGender("男");
        model.setAddress("山东郓城");
        userInfoDao.insertUserInfo(model);
    }
}
```

(1) 在单元测试类 TestDao 中定义了属性 sqlSessionFactory，并在 setUp() 方法中创建了 SqlSessionFactory 对象。

(2) testFindUserInfoById() 方法用于测试根据 id 查找用户。testFindUserInfoById() 方法内部实现了在创建 userInfoDao 对象时将 SqlSessionFactory 对象注入到 UserInfoDaoImpl 类中，最后由 userInfoDao 对象调用 findUserInfoById() 方法实现根据 id 查询用户。

(3) testInsertUser() 方法用于测试用户注册。testInsertUser() 方法内部实现了在创建 userInfoDao 对象时将 SqlSessionFactory 对象注入到 UserInfoDaoImpl 类中，最后由 userInfoDao 对象调用 insertUserInfo() 方法实现用户注册。

(4) DAO 设计架构如图 2.1 所示，SqlSessionFactoryBuilder 创建 SqlSessionFactory，SqlSessionFactory 被注入到每个 DAO 的实现类中，DAO 实现类的方法中的局部变量 SqlSession 由注入的 SqlSessionFactory 创建。

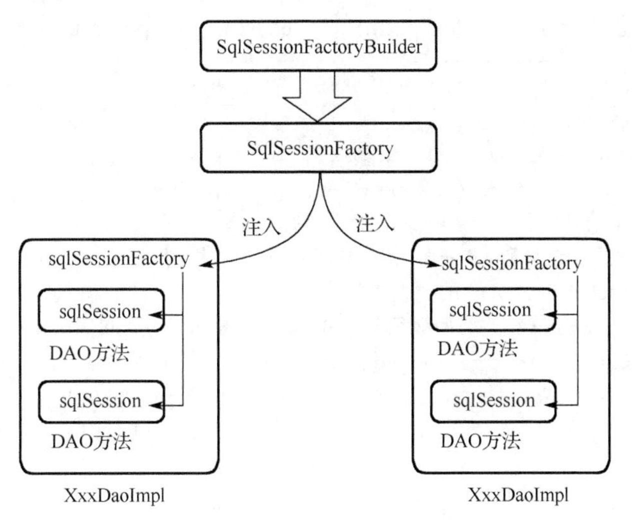

图 2.1　原生 DAO 开发架构

2.2 Mapper 接口开发 DAO

2.2.1 Mapper 接口开发 DAO 规范

Mapper 接口开发 DAO 是指需要程序员定义 Mapper 接口（相当于 DAO 接口），由 MyBatis 框架根据 Mapper 接口的定义来创建 Mapper 接口的动态代理对象（相当于 DAO 的实现类），由代理对象执行数据库操作。

Mapper 接口开发需要遵循以下规范：

（1）mapper.xml 文件中的 namespace 与 Mapper 接口的路径相同。

（2）Mapper 接口方法名和 mapper.xml 中定义的每个 mapper statement 的 id 相同。

（3）Mapper 接口方法的输入参数类型和 mapper.xml 中定义的每个 sql 的 parameterType 的类型相同。

（4）Mapper 接口方法的输出参数类型和 mapper.xml 中定义的每个 sql 的 resultType 的类型相同。

Mapper 接口开发 DAO 需要两步：一是定义 mapper.xml 映射文件，映射文件的文件名可自定义，建议以表名称+Mapper 结尾；二是定义 Mapper 接口，建议使用表名称+Mapper 作为接口名。

2.2.2 定义映射文件

在 src/main/resources 目录下创建映射文件，命名为 userInfoMapper.xml，并将 userInfoMapper.xml 加载 SqlMapConfig.xml 中，userInfoMapper.xml 的配置如下：

```
<?xml version="1.0" encoding="UTF-8" ?>
<!DOCTYPE mapper
PUBLIC "-//mybatis.org//DTD Mapper 3.0//EN"
"http://mybatis.org/dtd/mybatis-3-mapper.dtd">
<!-- 规范 1: namespace 等于 Mapper 接口路径 -->
<!-- 规范 2: id 的值必须和 Mapper 接口中的方法名称相同 -->
<!-- 规范 3: parameterType 的类型必须与 Mapper 接口方法的输入参数类型相同 -->
<!-- 规范 4: resultType 的类型必须与 Mapper 接口方法的返回值类型相同 -->
<mapper namespace="cn.itlaobing.mybatis.mapper.IUserInfoMapper">
    <select id="findUserInfoById" parameterType="int"
        resultType="cn.itlaobing.mybatis.model.UserInfoModel">
        select * from userInfo where id=#{id}
    </select>
    <insert id="insertUserInfo" parameterType="cn.itlaobing.mybatis.
model.UserInfoModel">
```

```
        <selectKey keyProperty="id" order="AFTER" resultType="java.lang.
Integer">
            select last_insert_id()
        </selectKey>
        insert into userInfo(userName,userPass,birthday,gender,address)
        values(#{userName},#{userPass},#{birthday},#{gender},#{address});
    </insert>
</mapper>
```

2.2.3 将映射文件加载到配置文件中

将 userInfoMapper.xml 加载到 SqlMapConfig.xml 配置文件中：

```
<mappers>
    <mapper resource="userInfoMapper.xml" />
</mappers>
```

2.2.4 定义 Mapper 接口

在项目的 src/main/java 中创建包 cn.itlaobing.mybatis.mapper，在该包下创建 Mapper 接口，命名为 IUserInfoMapper。

```
package cn.itlaobing.mybatis.mapper;
import java.util.List;
import cn.itlaobing.mybatis.model.UserInfoModel;
/*
规范 1：Mapper 接口路径必须与映射文件中的 namespace 的值相同
规范 2：Mapper 接口中的方法名称必须与映射文件中 mapper statement id 的值相同
规范 3：Mapper 接口方法的输入参数类型必须与映射文件中 parameterType 的值相同
规范 4：Mapper 接口方法的返回值类型与映射文件中 resultType 的值相同
*/
public interface IUserInfoMapper {
    public UserInfoModel findUserInfoById(int id) throws Exception;
    public void insertUserInfo(UserInfoModel model) throws Exception;
}
```

2.2.5 单元测试

在 src/test/java 中的 cn.itlaobing.mybatis.test 包中创建单元测试类，命名为 TestMapper，在 TestMapper 中编写单元测试方法。

```
package cn.itlaobing.mybatis.test;
//省略导入包的代码
```

```
public class TestMapper {
    //定义会话工厂对象 sqlSessionFactory
    private SqlSessionFactory sqlSessionFactory = null;
    @Before
    public void setUp() throws IOException {
        //加载 MyBatis 配置文件
        String resource = "SqlMapConfig.xml";
        InputStream inputStream = Resources.getResourceAsStream(resource);
        //创建会话工厂，传入 MyBatis 的配置文件信息
        sqlSessionFactory = new SqlSessionFactoryBuilder().build(inputStream);
    }
    @Test
    public void testFindUserInfoById() throws Exception {
        SqlSession sqlSession = sqlSessionFactory.openSession();
        //创建 IUserInfoMapper 对象，MyBatis 自动生成 IUserInfoMapper 的代理对象
        IUserInfoMapper userInfoMapper =
            sqlSession.getMapper(IUserInfoMapper.class);
        UserInfoModel model = userInfoMapper.findUserInfoById(1);
        sqlSession.close();
        System.out.println(model);
    }
    @Test
    public void testInsertUser() throws Exception {
        SqlSession sqlSession = sqlSessionFactory.openSession();
        //创建 IUserInfoMapper 对象，MyBatis 自动生成 IUserInfoMapper 的代理对象
        IUserInfoMapper userInfoMapper =
            sqlSession.getMapper(IUserInfoMapper.class);
        UserInfoModel model = new UserInfoModel();
        model.setUserName("李应");
        model.setUserPass("liying");
        model.setBirthday(new Date());
        model.setGender("男");
        model.setAddress("山东聊城");
        userInfoMapper.insertUserInfo(model);
        sqlSession.commit();
        sqlSession.close();
    }
}
```

(1) 使用 Mapper 接口开发 DAO 需要定义映射文件和 Mapper 接口，并使得二者遵循 4 条规范，4 条规范的映射关系如图 2.2 所示：

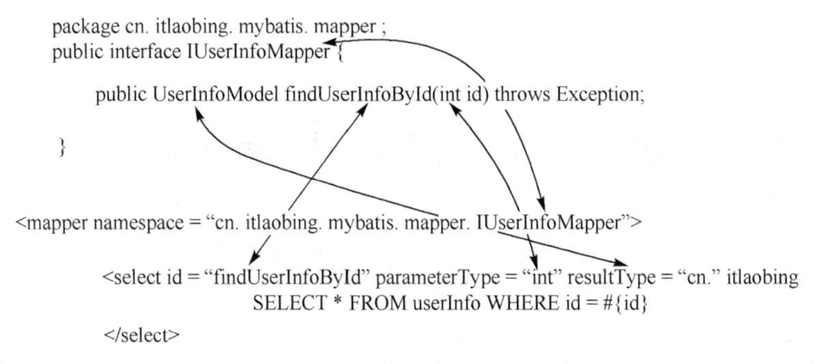

图 2.2 Mapper 接口开发规范示意图

(2) 由于使用 Mapper 代理方法时，输入参数必须与映射文件中的 parameterType 一致，而 parameterType 只能设置一个参数，因此 Mapper 代理方法只能定义一个输入参数，可以使用 POJO 对象或 Map 对象作为 Mapper 代理方法的输入参数，以保证 DAO 的通用性。

(3) 使用 Mapper 接口开发 DAO 只需定义 Mapper 接口，由 MyBatis 生成代理 Mapper 接口的代理对象，由代理对象操作数据库。MyBatis 官方推荐使用 Mapper 代理方法开发 Mapper 接口。调试程序可发现 userInfoMapper 对象是代理对象，如图 2.3 所示，$Proxy4 就是代理对象。

```
IUserInfoMapper userInfoMapper = sqlSession.getMapper
UserInfoModel mc   userInfoMapper= $Proxy4 (id=65)
model.setUserNar     h= MapperProxy<T> (id=70)
model.setUserPa:
```

图 2.3 Mapper 接口生成的代理对象

(4) sqlSession 对象的 getMapper 方法用于获取 Mapper 接口生成的代理对象。

(5) 测试 testFindUserInfoById 的结果如下：

```
Preparing: SELECT * FROM userInfo WHERE id=?
Parameters: 1(Integer)
Total: 1
1--admin--admin--1980-10-10--男--陕西西安
```

(6) 测试 testInsertUser 的结果如下：

```
    Preparing: INSERT INTO userInfo(userName,userPass,birthday,gender,address)
VALUES(?,?,?,?,?);
    Parameters: 李应(String), liying(String), 2017-09-23 20:43:09.511(Timestamp),
男(String), 山东聊城(String)
    Updates: 1
    Preparing: SELECT LAST_INSERT_ID()
    Parameters:
    Total: 1
```

第 3 章　MyBatis 配置详解

【本章内容】

1. MyBatis 全局配置
2. MyBatis 输入映射
3. MyBatis 输出映射
4. 动态 SQL 语句

【能力目标】

1. 能够对输入映射的 parameterType 配置
2. 能够对输出映射的 resultType 配置
3. 能够对输出映射的 resultMap 配置
4. 能够使用动态 SQL 拼写 SQL 语句

MyBatis 的配置文件所包含的设置和属性信息会影响 MyBatis 行为。本章的案例以第一章的“MyBatis 示例程序”为基础，讲解 MyBatis 配置。

3.1　全局配置 SqlMapConfig

SqlMapConfig.xml 是 MyBatis 的全局配置文件，其配置的内容和顺序如下。

(1) properties (属性)。

(2) settings (全局配置参数)。

(3) typeAliases (类型别名)。

(4) typeHandlers (类型处理器)。

(5) objectFactory (对象工厂)。

(6) plugins (插件)。

(7) environments (环境集合属性对象)。

(8) environment (环境子属性对象)。

(9) transactionManager (事务管理)。

(10) dataSource (数据源)。

(11) mappers (映射器)。

3.1.1 properties(属性)

properties 属性可以加载数据库配置信息，实现将数据库的配置信息保存在单独的配置文件中。配置文件是以 properties 为扩展名的存储键值对的文本文件。在 src/main/resources 中创建 db.properties 文件，内容如下所示：

```
jdbc.driver=com.mysql.jdbc.Driver
jdbc.url=jdbc:mysql://localhost:3306/eshop?characterEncoding=utf8
jdbc.username=root
jdbc.password=root
```

在 SqlMapConfig.xml 中加载 db.properties

```
<?xml version="1.0" encoding="UTF-8" ?>
<!DOCTYPE configuration
PUBLIC "-//mybatis.org//DTD Config 3.0//EN"
"http://mybatis.org/dtd/mybatis-3-config.dtd">
<configuration>
    <!-- 加载数据库配置信息 -->
    <properties resource="db.properties"></properties>
    <environments default="development">
        <environment id="development">
            <transactionManager type="JDBC" />
            <dataSource type="POOLED">
                <property name="driver" value="${jdbc.driver}" />
                <property name="url" value="${jdbc.url}" />
                <property name="username" value="${jdbc.username}" />
                <property name="password" value="${jdbc.password}" />
            </dataSource>
        </environment>
    </environments>
</configuration>
```

Properties 元素的 resource 属性用于加载数据库配置文件。${key}用于读取配置文件中的信息，其中的 key 是配置文件中的键。

3.1.2 settings(全局配置)

settings 是 MyBatis 全局配置参数，settings 是 MyBatis 中极为重要的调整设置，它会改变 MyBatis 的运行时行为。

```
    <settings>
        <!-- 该配置影响的所有映射器中配置的缓存的全局开关，默认值 true。 -->
        <setting name="cacheEnabled" value="true"/>
        <!--延迟加载的全局开关。当开启时，所有关联对象都会延迟加载。特定关联关系中可通过设置
fetchType 属性来覆盖该项的开关状态，默认值 false。 -->
        <setting name="lazyLoadingEnabled" value="true"/>
        <!-- 是否允许单一语句返回多结果集(需要兼容驱动)，默认值 true。 -->
        <setting name="multipleResultSetsEnabled" value="true"/>
        <!-- 使用列标签代替列名，默认值 true。 -->
        <setting name="useColumnLabel" value="true"/>
        <!-- 允许 JDBC 支持自动生成主键，默认值 false。 -->
        <setting name="useGeneratedKeys" value="false"/>
        <!--指定 MyBatis 应如何自动映射列到字段或属性。NONE 表示取消自动映射；PARTIAL 只会
自动映射没有定义嵌套结果集映射的结果集。FULL 会自动映射任意复杂的结果集，默认值 PARTIAL。-->
        <setting name="autoMappingBehavior" value="PARTIAL"/>
        <!--配置默认的执行器。SIMPLE 是普通的执行器，REUSE 执行器会重用预处理语句(prepared
statements)，BATCH 执行器将重用语句并执行批量更新，默认 SIMPLE。-->
        <setting name="defaultExecutorType" value="SIMPLE"/>
        <!-- 设置超时时间，它决定驱动等待数据库响应的秒数。-->
        <setting name="defaultStatementTimeout" value="25"/>
        <!-- 允许在嵌套语句中使用分页，默认值 False。 -->
        <setting name="safeRowBoundsEnabled" value="false"/>
        <!-- 是否开启自动驼峰命名规则映射，默认 false。 -->
        <setting name="mapUnderscoreToCamelCase" value="false"/>
        <!-- MyBatis 利用本地缓存机制防止循环引用和加速重复嵌套查询。默认值为 SESSION，这
种情况下会缓存一个会话中执行的所有查询。若设置值为 Statement，本地会话仅用在语句执行上，对相
同 SqlSession 的不同调用将不会共享数据。 -->
        <setting name="localCacheScope" value="SESSION"/>
        <!-- 当没有为参数提供特定的 JDBC 类型时，为空值指定 JDBC 类型。某些驱动需要指定列的
JDBC 类型，其值可以是 NULL、VARCHAR 或 OTHER。-->
        <setting name="jdbcTypeForNull" value="OTHER"/>
        <!-- 指定哪个对象的方法触发一次延迟加载。-->
        <setting name="lazyLoadTriggerMethods"
value="equals,clone,hashCode,toString"/>
    </settings>
```

3.1.3 typeAliases（类型别名）

Mapper Statement 中的 parameterType 和 resultType 的值是类的全路径，例如

```
    <insert parameterType="java.lang.String" resultType="java.lang.Integer">
```

其中的 java.lang.String 和 java.lang.Integer 是类的全路径。使用类的全路径在开发中不方便，使用 typeAliases 可以为类的全路径起一个简单的别名，方便使用。例如

```
<insert parameterType="string" resultType="int">
```

其中的 string 是 java.lang.String 的别名，int 是 java.lang.Integer 的别名。MyBatis 默认支持的别名如表 3.1 所示：

表 3.1 MyBatis 默认支持的别名

别名	对应的类
_byte	byte
_long	long
_short	short
_int	int
_integer	int
_double	double
_float	float
_boolean	boolean
string	java.lang.String
byte	java.lang.Byte
long	java.lang.Long
short	java.lang.Short
int	java.lang.Integer
integer	java.lang.Integer
double	java.lang.Double
float	java.lang.Float
boolean	java.lang.Boolean
date	java.util.Date
decimal	java.lang.BigDecimal
bigdecimal	java.lang.BigDecimal
object	java.lang.Object
map	java.util.Map
hashmap	java.util.HashMap
list	java.util.List
arraylist	java.util.ArrayList
collection	java.util.Collection
iterator	java.util.Iterator

针对 POJO 类型需要自定义别名时，通过 typeAliases 为 POJO 定义别名。

```
<typeAliases>
  <!-- 单个定义别名 -->
  <typeAlias alias="userInfoModel" type="cn.itlaobing.mybatis.model.
UserInfoModel"/>
  <!-- 批量定义别名，扫描整个包下的类，别名为类名(首字母大写或小写都可以) -->
  <package name="cn.itlaobing.mybatis.model"/>
</typeAliases>
```

typeAlias 元素的 type 属性用于设置需要定义别名的类完整路径，alias 属性用于定义别名。本例中定义了 userInfoModel 为 cn.itlaobing.mybatis.model.UserInfoModel 的别名。package 元素的 name 属性用于为指定包中的类批量定义别名，别名为类名首字母小写。

在 parametertype 和 resulttype 中指定输入或输出参数时可以直接使用别名，例如：

```
<!–使用别名 -->
<select id="finduserInfobyid" parametertype="int"
resulttype="userInfoModel">
    select * from userInfo where id=#{id}
</select>
```

3.1.4 typeHandlers(类型处理器)

typeHandlers 用于 Java 类型和 JDBC 类型映射，例如在 Java 中 String 表示字符串，而在数据库中 varchar 表示字符串，typeHandlers 用于将 Java 中的 String 类型映射为数据库中的 varchar 类型。MyBatis 提供的 typeHandlers 已满足大部分开发需要，通常开发人员不需要自定义 typeHandlers。MyBatis 提供的默认 typeHandlers 如表 3.2 所示。

表 3.2 MyBatis 提供的默认 typeHandlers

类型处理器	Java 类型	JDBC 类型
BooleanTypeHandler	Boolean，boolean	任何兼容的布尔值
ByteTypeHandler	Byte，byte	任何兼容的数字或字节类型
ShortTypeHandler	Short，short	任何兼容的数字或短整型
IntegerTypeHandler	Integer，int	任何兼容的数字和整型
LongTypeHandler	Long，long	任何兼容的数字或长整型
FloatTypeHandler	Float，float	任何兼容的数字或单精度浮点型
DoubleTypeHandler	Double，double	任何兼容的数字或双精度浮点型
BigDecimalTypeHandler	BigDecimal	任何兼容的数字或十进制小数类型
StringTypeHandler	String	CHAR 和 VARCHAR 类型

续表

类型处理器	Java 类型	JDBC 类型
ClobTypeHandler	String	CLOB 和 LONGVARCHAR 类型
NStringTypeHandler	String	NVARCHAR 和 NCHAR 类型
NClobTypeHandler	String	NCLOB 类型
ByteArrayTypeHandler	byte[]	任何兼容的字节流类型
BlobTypeHandler	byte[]	BLOB 和 LONGVARBINARY 类型
DateTypeHandler	Date（java.util）	TIMESTAMP 类型
DateOnlyTypeHandler	Date（java.util）	DATE 类型
TimeOnlyTypeHandler	Date（java.util）	TIME 类型
SqlTimestampTypeHandler	Timestamp（java.sql）	TIMESTAMP 类型
SqlDateTypeHandler	Date（java.sql）	DATE 类型
SqlTimeTypeHandler	Time（java.sql）	TIME 类型
ObjectTypeHandler	任意	其他或未指定类型
EnumTypeHandler	Enumeration 类型	VARCHAR-任何兼容的字符串类型

3.1.5 mappers（映射器）

mappers 映射器用于加载映射文件到全局配置文件中，MyBatis 有四种加载映射文件的方法。分别是 resource、url、class、package。参考配置如下：

```
<mappers>
    <mapper resource="userInfoMapper.xml" />
    <mapper url="file:///D:\mybatis-1\config\userInfoMapper.xml" />
    <mapper class="cn.itlaobing.mybatis.mapper.IUserInfoMapper"/>
    <package name="cn.itlaobing.mybatis.mapper"/>
</mappers>
```

resource：使用相对于类路径的资源，如<mapper resource="userInfoMapper.xml" />。这种方法一次加载一个映射文件。

url：使用完全限定路径，如<mapper url="file:///D:\mybatis-1\config\userInfoMapper.xml" />。这种方法一次加载一个映射文件。由于使用了绝对路径，不建议使用这种方式。

class：使用 Mapper 接口路径，如<mapper class="cn.itlaobing.mybatis.mapper.IUserInfoMapper"/>。注意：这种方法要求 Mapper 接口名称和 Mapper 映射文件名称相同，且放在同一个目录中。

package：注册指定包下的所有 Mapper 接口，如<package name="cn.itlaobing.mybatis.mapper"/>。此种方法要求 Mapper 接口名称和 Mapper 映射文件名称相同，且放在同一个目录中。这种方式可以实现批量加载，推荐使用。

3.2 输入映射 parameterType

输入映射是由 Mapper Statement 的 parameterType 属性设置的。所有的输入映射都需要以下两步来完成：

(1) Mapper 映射配置。

(2) Mapper 接口定义。

MyBatis 的输入映射就是将 Java 的对象映射为 SQL 语句中列的值。MyBatis 的输入映射形式包括简单类型输入映射、POJO 类型输入映射、VO 类型输入映射、HashMap 输入映射。

3.2.1 简单类型输入映射

需求：根据 id 查询指定的用户。用户的 id 是整数类型，因此 parameterType 设置为 int，Mapper 接口中方法参数设置为 int，符合 Mapper 接口开发 DAO 规范。

1. Mapper 映射配置

```
<select id="findUserInfoById" parameterType="int"
    resultType="cn.itlaobing.mybatis.model.UserInfoModel">
    select * from userInfo where id=#{id}
</select>
```

2. Mapper 接口定义

```
public UserInfoModel findUserInfoById(int id) throws Exception;
```

3. 单元测试

```
@Test
public void testFindUserInfoById() throws Exception {
    SqlSession sqlSession = sqlSessionFactory.openSession();
    //创建 IUserInfoMapper 对象，MyBatis 自动生成 IUserInfoMapper 的代理对象
    IUserInfoMapper userInfoMapper = sqlSession.getMapper(IUserInfoMapper.class);
    UserInfoModel model = userInfoMapper.findUserInfoById(1);
    sqlSession.close();
    System.out.println(model);
}
```

4. 运行结果

```
Preparing: SELECT * FROM userInfo WHERE id=?
Parameters: 1(Integer)
```

```
Total: 1
1--admin--admin--1980-10-10--男--陕西西安
```

3.2.2 POJO 类型输入映射

需求：添加用户。添加用户时首先将用户信息保存到 POJO 对象中，因此 parameterType 设置为 POJO 类型，Mapper 接口中方法参数设置为 POJO 类型，符合 Mapper 接口开发 DAO 规范。

1. Mapper 映射配置

```
<insert id="insertUserInfo"
parameterType="cn.itlaobing.mybatis.model.UserInfoModel">
    <selectKey keyProperty="id" order="AFTER" resultType="java.lang.Integer">
        select last_insert_id()
    </selectKey>
    insert into userInfo(userName,userPass,birthday,gender,address)
    values(#{userName},#{userPass},#{birthday},#{gender},#{address});
</insert>
```

Mapper 映射文件中的#{userName}中的 userName 就是 parameterType 属性的值 UserInfoModel 类的属性名。

2. Mapper 接口定义

```
public void insertUserInfo(UserInfoModel model) throws Exception;
```

3. 单元测试

```
@Test
public void testInsertUser() throws Exception {
    SqlSession sqlSession = sqlSessionFactory.openSession();
    //创建 IUserInfoMapper 对象，MyBatis 自动生成 IUserInfoMapper 的代理对象
    IUserInfoMapper userInfoMapper = sqlSession.getMapper(IUserInfoMapper.class);
    UserInfoModel model = new UserInfoModel();
    model.setUserName("李应");
    model.setUserPass("liying");
    model.setBirthday(new Date());
    model.setGender("男");
    model.setAddress("山东聊城");
    userInfoMapper.insertUserInfo(model);
    sqlSession.commit();
    sqlSession.close();
}
```

4. 运行结果

```
    Preparing: INSERT INTO userInfo(userName,userPass,birthday,gender,address)
VALUES(?,?,?,?,?);
    Parameters: 李应(String), liying(String), 2017-09-26 17:42:02.394(Timestamp),
男(String), 山东聊城(String)
    Updates: 1
    Preparing: SELECT LAST_INSERT_ID()
    Parameters:
    Total: 1
```

3.2.3 VO 类型输入映射

VO 是 Value Object，它的作用是把某个指定页面的所有数据封装起来。一个 VO 对象可以对应数据库中的多张表。PO(persistant object)是持久对象，一个 PO 类与数据库中的一张表对应。

例如有学生表 Student 和课程表 Course，为学生表定义 PO 类 StudentModel，为课程表定义 PO 类 CourseModel。在视图中需要显示学生姓名和课程名称，而学生姓名在学生表中，课程名称在课程表中，因此创建 VO 类将 StudentModel 和 CourseModel 封装在一起。如果将 VO 对象传到视图，视图就可以在 VO 对象中既能获取到 Student 表的数据，也能获取到 Course 表的数据，如图 3.1 所示。

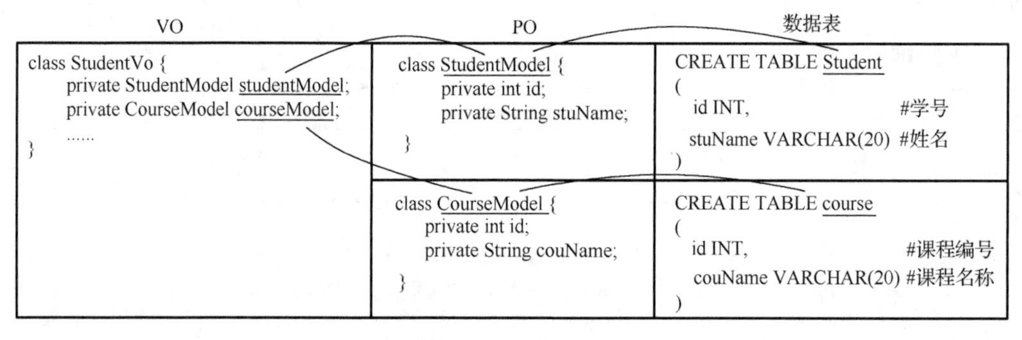

图 3.1 PO 与 VO

在 MVC 模式中，VO 多用在视图层，用于在视图层与控制层之间传递数据。PO 多用在模型层，用于在模型层与数据库之间传递数据。VO 和 PO 都可以用在控制层与模型层之间传递数据。VO 和 PO 在 MVC 中的作用如图 3.2 所示：

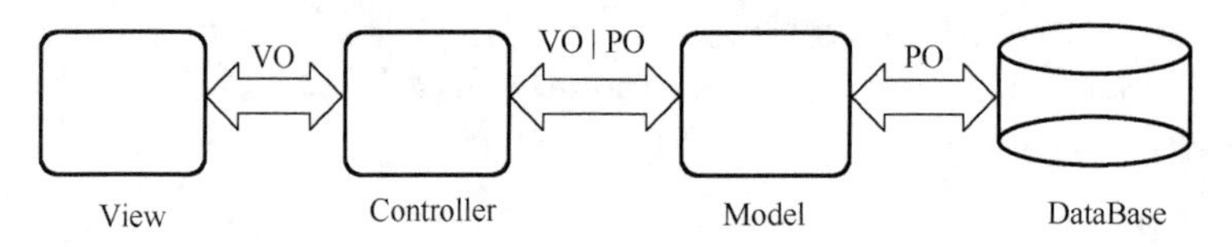

图 3.2 PO 和 VO 在 MVC 模式中的使用

现在给出一个需求，要求实现多条件查询用户，可根据用户名、用户性别、订单号或者以上任意组合对用户进行查询，参考查询界面如图 3.3 所示(此界面仅用于参考，本例以控制台作为界面)。

用户名：		用户性别： ○ 男 ○ 女	订单号：		查询

图 3.3 多条件查询界面

查询条件中的用户名、用户性别在 userInfo 表中，订单号在 order 表中，因此创建一个名称为 UserInfoQueryVO 的 VO 对象，该 VO 对象将 userInfo 表的 PO 和 order 表的 PO 封装在一起，用来在视图上获取用户输入的查询条件。

parameterType 设置为 VO 类型，Mapper 接口中方法参数设置为 VO 类型，符合 Mapper 接口开发 DAO 规范。

1. 创建 OrderModel 类

根据 order 表中的列在 cn.itlaobing.mybatis.model 包中创建 OrderModel 类。

```
public class OrdersModel implements Serializable{
    private int id;
    private int userId;
    private int orderId;
    private Date createtime;
    private String memo;
    //省略 get/set 方法
}
```

2. 创建 UserInfoQueryVO 类

在项目中创建一个新的包，命名为 cn.itlaobing.mybatis.vo，该包用于定义 VO 类。在该包下创建类 UserInfoQueryVO，代码如下：

```
public class UserInfoQueryVO {
    //UserInfoModel 的 PO 作为 VO 的属性
    private UserInfoModel userInfoModel;
    //OrdersModel 的 PO 作为 VO 的属性
    private OrdersModel ordersModel;
    //省略 get/set 方法
}
```

3. 配置 Mapper 映射文件

```
<select id="findByCondition" parameterType="cn.itlaobing.mybatis.vo.
UserInfoQueryVO"
    resultType="cn.itlaobing.mybatis.model.UserInfoModel">
    SELECT * FROM userInfo WHERE userName =#{userInfoModel.userName} AND
    gender=#{userInfoModel.gender} AND id IN(SELECT userId FROM orders
    WHERE id=#{ordersModel.id})
</select>
```

(1) userInfoModel 和 ordersModel 是 UserInfoQueryVO 的属性。

(2) userName 和 gender 是 userInfoModel 的属性。

(3) id 是 ordersModel 的属性。

4. 定义 Mapper 接口

```
public List<UserInfoModel> findByCondition(UserInfoQueryVO userInfoQueryVO)
throws Exception;
```

5. 单元测试

```
@Test
public void testUserInfoQueryVo() throws Exception {
    SqlSession sqlSession = sqlSessionFactory.openSession();
    //创建 IUserInfoMapper 对象，MyBatis 自动生成 IUserInfoMapper 的代理对象
    IUserInfoMapper userInfoMapper = sqlSession.getMapper(IUserInfoMapper.class);
    //定义查询条件
    UserInfoQueryVO userInfoQueryVO =new UserInfoQueryVO();
    UserInfoModel userInfoModel =new UserInfoModel();
    userInfoModel.setUserName("林冲");//多条件查询的用户名是“林冲”
    userInfoModel.setGender("男");     //多条件查询的性别是“男”
    OrdersModel ordersModel =new OrdersModel();
    ordersModel.setId(1);              //多条件查询的订单号是“1”
    userInfoQueryVO.setUserInfoModel(userInfoModel);
    userInfoQueryVO.setOrdersModel(ordersModel);
    //执行查询
    List<UserInfoModel> list = userInfoMapper.findByCondition(userInfoQueryVO);
    sqlSession.close();
    System.out.println(list);
}
```

6. 运行结果

```
    Preparing: SELECT * FROM userInfo WHERE userName =? AND gender=? AND id IN(SELECT
userId FROM orders WHERE id=?)
    Parameters: 林冲(String), 男(String), 1(Integer)
    Total: 1
    [2--林冲--lichong--1982-11-10--男--河南开封]
```

3.2.4 HashMap 类型输入映射

需求：根据用户名和性别查询用户。将 parameterType 设置为 HashMap 类型，将查询的用户名和性别存储到 HashMap 中，将 HashMap 作为参数传入到 MyBatis 中，实现输入映射。因此 parameterType 设置为 HashMap 类型，Mapper 接口中方法参数设置为 HashMap 类型，符合 Mapper 接口开发 DAO 规范。

1. Mapper 映射配置

```
    <select id="findByHashMap" parameterType="hashmap"
        resultType="cn.itlaobing.mybatis.model.UserInfoModel">
        SELECT * FROM userInfo WHERE userName =#{userName} AND
        gender=#{gender}
    </select>
```

parameterType 属性的值 hashmap 是 java.util.HashMap 类的别名。#{userName}和#{gender}中的 userName 和 gender 是 HashMap 中的 key。

2. Mapper 接口定义

```
    public List<UserInfoModel>  findByHashMap(HashMap<String, String> hashMap)
throws Exception;
```

Mapper 接口中方法参数设置为 HashMap 类型。

3. 单元测试

```
    @Test
    public void testFindByHashMap() throws Exception {
        SqlSession sqlSession = sqlSessionFactory.openSession();
        //创建 IUserInfoMapper 对象，MyBatis 自动生成 IUserInfoMapper 的代理对象
        IUserInfoMapper userInfoMapper = sqlSession.getMapper(IUserInfoMapper.class);
        //定义查询条件
        HashMap<String, String> hashMap = new HashMap<String, String>();
        hashMap.put("userName", "林冲");
        hashMap.put("gender", "男");
```

```
        //执行查询
        List<UserInfoModel> list = userInfoMapper.findByHashMap(hashMap);
        sqlSession.close();
        System.out.println(list);
    }
```

4. 运行结果

```
Preparing: SELECT * FROM userInfo WHERE userName =? AND gender=?
Parameters: 林冲(String), 男(String)
Total: 1
[2--林冲--lichong--1982-11-10--男--河南开封]
```

3.3 输出映射 resultType

输出映射是由 Mapper Statement 的 resultType 属性设置的，所有的输出映射都需要以下两步来完成：

(1) Mapper 映射配置

(2) Mapper 接口定义

MyBatis 的输出映射就是将查询的结果映射为 Java 的对象。MyBatis 可以将查询出的单个数据(如聚合查询)映射为 Java 的简单类型，将查询出的单条记录映射为 POJO 对象，将查询出的多条记录映射为集合。

如果查询单条记录，MyBatis 调用 selectOne() 方法，并将查询结果映射为 POJO 对象。如果查询多条记录，MyBatis 调用 selectList() 方法，并将查询结果映射为 POJO 的集合。MyBatis 调用的是 selectOne() 方法还是 selectList() 方法是由 Mapper 接口中方法的返回值决定的，如果返回值是集合类型，则调用 selectList() 方法，如果返回值是 POJO 对象，则调用 selectOne() 方法。

3.3.1 简单类型输出映射

需求：统计用户注册量。统计用户注册量可使用聚合函数 count 查询用户表中记录的行数即可。resultType 属性设置为 int 类型，Mapper 接口中方法返回值设置为 int 类型，符合 Mapper 接口开发 DAO 规范。

1. Mapper 映射配置

```
<select id="findUserInfoCount" resultType="int">
    select count(1) from userInfo
</select>
```

2. Mapper 接口定义

```
public int findUserInfoCount() throws Exception;
```

3. 单元测试

```
@Test
public void testFindUserInfoCount() throws Exception {
    SqlSession sqlSession = sqlSessionFactory.openSession();
    //创建 IUserInfoMapper 对象，MyBatis 自动生成 IUserInfoMapper 的代理对象
    IUserInfoMapper userInfoMapper = sqlSession.getMapper(IUserInfoMapper.class);
    //执行查询
    int count = userInfoMapper.findUserInfoCount();
    sqlSession.close();
    System.out.println("共有"+count+"个用户");
}
```

4. 运行结果

```
Preparing: select count(1) from userInfo
Parameters:
Total: 1
共有 8 个用户
```

3.3.2 POJO 对象输出映射

需求：根据 id 查询指定的用户。resultType 属性设置为 POJO 类型，Mapper 接口中方法返回值设置为 POJO 类型，符合 Mapper 接口开发 DAO 规范。

1. Mapper 映射配置

```
<select id="findUserInfoById" parameterType="int"
    resultType="cn.itlaobing.mybatis.model.UserInfoModel">
    select * from userInfo where id=#{id}
</select>
```

2. Mapper 接口定义

```
public UserInfoModel findUserInfoById(int id) throws Exception;
```

3. 单元测试

```
@Test
public void testFindUserInfoById() throws Exception {
    SqlSession sqlSession = sqlSessionFactory.openSession();
```

```
    //创建 IUserInfoMapper 对象，MyBatis 自动生成 IUserInfoMapper 的代理对象
    IUserInfoMapper userInfoMapper = sqlSession.getMapper(IUserInfoMapper.class);
    UserInfoModel model = userInfoMapper.findUserInfoById(1);
    sqlSession.close();
    System.out.println(model);
}
```

4. 运行结果

```
Preparing: SELECT * FROM userInfo WHERE id=?
Parameters: 1(Integer)
Total: 1
1--admin--admin--1980-10-10--男--陕西西安
```

3.3.3 POJO 集合输出映射

需求：查询所有的用户。resultType 属性设置为 POJO 类型，Mapper 接口中方法返回值设置为 List<POJO>类型，符合 Mapper 接口开发 DAO 规范。

1. Mapper 映射配置

```
<select id="findAll" resultType="cn.itlaobing.mybatis.model.UserInfoModel">
    select * from userInfo
</select>
```

2. Mapper 接口定义

```
public List<UserInfoModel> findAll() throws Exception;
```

3. 单元测试

```
@Test
public void testFindAll() throws Exception {
    SqlSession sqlSession = sqlSessionFactory.openSession();
    //创建 IUserInfoMapper 对象，MyBatis 自动生成 IUserInfoMapper 的代理对象
    IUserInfoMapper userInfoMapper = sqlSession.getMapper(IUserInfoMapper.class);
    List<UserInfoModel> list = userInfoMapper.findAll();
    sqlSession.close();
    System.out.println(list);
}
```

4. 运行结果

```
Preparing: SELECT * FROM userInfo
Parameters:
Total: 6
```

3.3.4 HashMap 类型输出映射

需求：查询所有的用户。将用户的属性名称和属性值分别作为 key 和 value 查询后存储到 Map<String,String>集合中，实现输出映射。resultType 属性设置为 HashMap 类型，Mapper 接口中方法返回值设置为 List<Map<String,String>>类型，符合 Mapper 接口开发 DAO 规范。

1. Mapper 映射配置

```
<select id="findToHashMap" resultType="hashmap">
    select * from userInfo
</select>
```

2. Mapper 接口定义

```
public List<Map<String, String>> findToHashMap() throws Exception;
```

3. 单元测试

```
@Test
public void testFindToHashMap() throws Exception {
    SqlSession sqlSession = sqlSessionFactory.openSession();
    //创建 IUserInfoMapper 对象，MyBatis 自动生成 IUserInfoMapper 的代理对象
    IUserInfoMapper userInfoMapper = sqlSession.getMapper(IUserInfoMapper.class);
    List<Map<String, String>> list = userInfoMapper.findToHashMap();
    sqlSession.close();
    System.out.println(list);
}
```

4. 运行结果

```
Preparing: select * from userInfo
Parameters:
Total: 6
```

(1) 单元测试中的 findToHashMap() 方法返回了 list 集合，集合中存储的是 Map<String,String>对象。

(2) list 集合中的每一个 Map<String,String>对象对应表中的一条记录。

(3) Map<String,String>中的键对应表中的列名称，值对应表中列的值。

3.4 输出映射 resultMap

3.4.1 resultMap 的作用

MyBatis 可以将查询结果映射为 resultType 指定的 PO 类型，但需要 PO 的属性名称与 select 语句查询的列名必须一致才能映射成功。如图 3.4 所示，查询结果集中的列名称为 id 和 userName，而 PO 类的属性名称也必须是 id 和 userName 就可以映射成功。

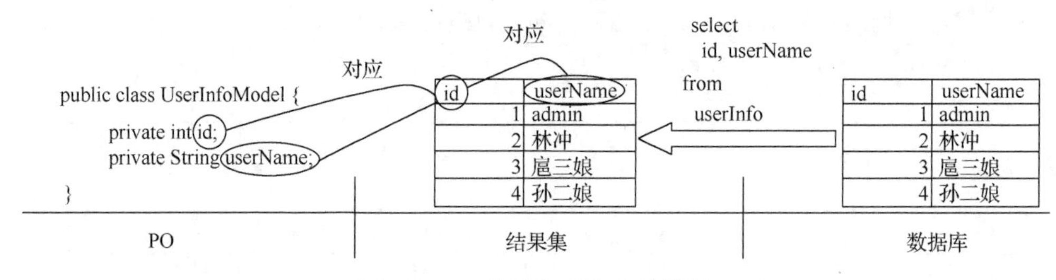

图 3.4 PO 类型与列的映射关系

如果执行查询 select id id_,userName userName_ from userInfo，导致 PO 属性名称与查询列名不一致就不能实现映射了。此时可以使用 resultMap 将 PO 的属性名称与查询列名进行映射。如图 3.5 所示，resultMap 中的 property 设置 PO 的属性名称，column 设置查询列名，完成 PO 属性与查询列名映射。

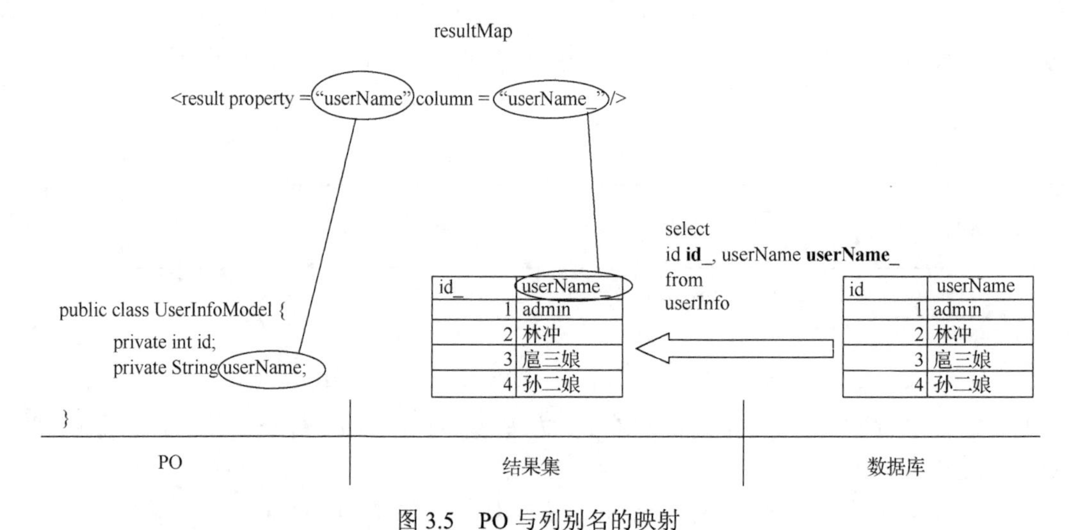

图 3.5 PO 与列别名的映射

3.4.2 定义 resultMap

需求：查询所有用户。本例在查询所有用户时，select 语句更改了查询结果集的列名，因此需要使用 resultMap 实现查询结果集列别名与 PO 的属性名映射。定义 resultMap 如下。

```
<resultMap id="userInfoResultMap" type="cn.itlaobing.mybatis.model.
UserInfoModel">
    <id column="id" property="id_"/>
    <result property="userName" column="userName_" />
    <result property="userPass" column="userPass_" />
    <result property="birthday" column="birthday_" />
    <result property="gender" column="gender_" />
    <result property="address" column="address_" />
</resultMap>
```

(1) resultMap 的 id 属性是 resultMap 的唯一标识，本例中定义为“userInfoResultMap”。

(2) resultMap 的 id 属性是映射的 POJO 类。

(3) id 标签映射主键，result 标签映射非主键。

(4) property 设置 POJO 的属性名称，column 映射查询结果的列名称。

3.4.3 使用 resultMap

1. 使用 resultMap

```
<select id="findUserInfoResultMap" resultMap="userInfoResultMap">
    SELECT id id_,userName userName_,userPass userPass_,birthday birthday_,
    gender gender_,address address_ FROM userInfo userInfo_
</select>
```

(1) SELECT 语句为查询结果集的列设置了别名。

(2) 输出映射使用的是 resultMap，而非 resultType。

(3) resultMap 引用了 userInfoResultMap。

2. Mapper 接口定义

```
public List<UserInfoModel> findUserInfoResultMap() throws Exception;
```

Mapper 接口中方法的返回值类型与 resultMap 中 type 属性设置的类型相同也符合 Mapper 接口开发规范。

3. 单元测试

```
@Test
public void testFindUserInfoResultMap() throws Exception {
    SqlSession sqlSession = sqlSessionFactory.openSession();
    //创建 IUserInfoMapper 对象，MyBatis 自动生成 IUserInfoMapper 的代理对象
    IUserInfoMapper userInfoMapper = sqlSession.getMapper(IUserInfoMapper.class);
    List<UserInfoModel> list = userInfoMapper.findUserInfoResultMap();
    sqlSession.close();
    System.out.println(list);
}
```

4. 运行结果

```
Preparing: SELECT id id_,userName userName_,userPass userPass_,birthday birthday_,
gender gender_,address address_ FROM userInfo userInfo_
Parameters:
Total: 6
```

3.5 动态 SQL

动态 SQL 是 MyBatis 的强大特性之一。使用 JDBC 操作数据库时，根据不同条件拼接 SQL 语句是十分烦琐的，例如拼接时要确保不能忘记添加必要的空格，还要注意去掉列表最后一个列名的逗号。利用动态 SQL，可以彻底摆脱这种痛苦。

3.5.1 where 和 if

需求：多条件查询用户。

如图 3.3 所示，查询用户的条件可任意组合，可能的查询结果有以下几种：

1. 不输入任何条件

```
select * from userInfo
```

2. 只输入用户名

```
select * from userInfo where
    userName=#{userName}
```

3. 只输入性别

```
select * from userInfo where
    gender=#{gender}
```

4. 只输入订单号

```
select * from userInfo where
    id in(select userId from orders where id=#{orderId})
```

5. 输入用户名和用户性别

```
select * from userInfo where
    userName=#{userName}
    and gender=#{gender}
```

6. 输入用户名和订单号

```
select * from userInfo where
    userName=#{userName}
    and id in(select userId from orders where id=#{orderId})
```

7. 输入用户性别和订单号

```
select * from userInfo where
    gender=#{gender}
    and id in(select userId from orders where id=#{orderId})
```

8. 输入用户名、用户性别和订单号

```
select * from userInfo where
    userName=#{userName}
    and gender=#{gender}
    and id in(select userId from orders where id=#{orderId})
```

像这种多条件查询，其中的 where 子句部分需要根据用户选择的查询条件动态拼接。MyBatis 提供了动态 SQL，动态 SQL 是指通过 MyBatis 提供的各种标签实现动态拼接 SQL 语句。

1. Mapper 映射配置

```
<!-- 动态 SQL-多条件查询 -->
<select id="findUserInfoCondition" parameterType="hashmap"
resultType="cn.itlaobing.mybatis.model.UserInfoModel">
    select * from userInfo
    <!—where 元素自动去掉满足条件的第一个 and -->
    <where>
        <!-- 如果 userName 不为空，则将 userName 拼接到查询条件中 -->
        <if test="userName!=null">
            and userName=#{userName}
```

```
            </if>
            <!-- 如果gender不为空，则将gender拼接到查询条件中 -->
            <if test="gender!=null">
                and gender=#{gender}
            </if>
            <!-- 如果orderId不为空，则将orderId拼接到查询条件中 -->
            <if test="orderId!=null">
                and id in(select userId from orders where id=#{orderId})
            </if>
        </where>
    </select>
```

where 元素用于拼接 SQL 中的 where 子句，并且能够自动去掉第一个条件前面的逻辑运算符 and 或者 or。if 元素用于判断，判断的条件写在 test 属性中。

2. Mapper 接口定义

```
    public List<UserInfoModel> findUserInfoCondition(HashMap<String, String>
condition) throws Exception;
```

3. 单元测试

```
    @Test
    public void testFindUserInfoCondition() throws Exception {
        SqlSession sqlSession = sqlSessionFactory.openSession();
        //创建IUserInfoMapper对象，MyBatis自动生成IUserInfoMapper的代理对象
        IUserInfoMapper userInfoMapper =
sqlSession.getMapper(IUserInfoMapper.class);
        //定义查询条件
        HashMap<String, String> condition =new HashMap<String, String>();
        //此处设置查询条件，例如condition.put("userName", "林冲");
        List<UserInfoModel> list =
userInfoMapper.findUserInfoCondition(condition);
        sqlSession.close();
        System.out.println(list);
    }
```

如果查询条件为

```
    condition.put("userName", "林冲");
    condition.put("gender", "女");
    condition.put("orderId", "1");
```

生成的 SQL 语句为

```
select * from userInfo WHERE userName=? and gender=? and id in(select userId
from orders where id=?)
```

如果查询条件为

```
condition.put("userName", "林冲");
    condition.put("gender", "女");
```

则生成的 SQL 语句为

```
select * from userInfo WHERE userName=? and gender=?
```

如果查询条件为

```
condition.put("userName", "林冲");
```

生成的 SQL 语句为

```
select * from userInfo WHERE userName=?
```

如果查询条件为空，则生成的 SQL 语句为

```
select * from userInfo
```

3.5.2 foreach

需求：批量删除用户。

图 3.6 是批量删除用户的界面。

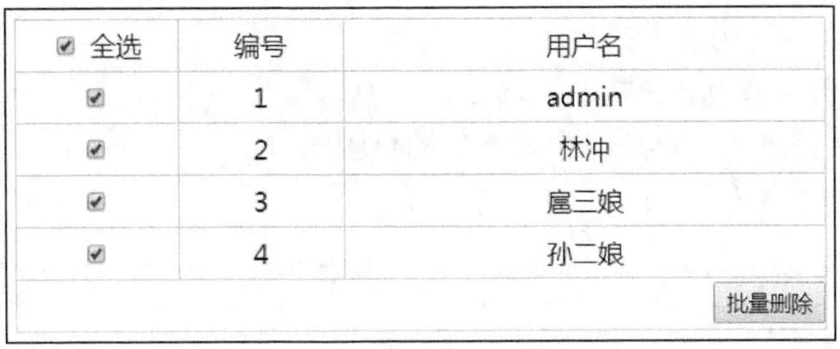

☑ 全选	编号	用户名
☑	1	admin
☑	2	林冲
☑	3	扈三娘
☑	4	孙二娘
		批量删除

图 3.6 批量删除界面

当用户选中了要删除的用户后，点击批量删除按钮，然后执行 delete from userInfo where id in (1,2,3,4) 即可将主键为 1、2、3、4 的用户删除。

本例中表单向服务器提交了多个要删除用户的主键，多个主键可以存储在数组或 List 集

合中，然后将数组或 List 集合作为输入映射，传递给 SQL 语句。当向 SQL 语句传递数组或 List 集合时，需要使用 foreach 标签解析。

1. Mapper 映射配置

```
<!-- 动态 SQL foreach -->
<delete id="deleteUserInfos" parameterType="java.util.List">
    delete from userInfo
    <where>
        <if test="list!=null and list.size()>0">
            <foreach
                collection="list"
                item="id"
                open=" id in ("
                separator=","
                close=")">
                #{id}
            </foreach>
        </if>
    </where>
</delete>
```

(1) parameterType 的值为 java.util.List 时，MyBatis 使用固定参数名称“list”表示输入参数。

(2) foreach 标签用于迭代输入的数组或集合。

(3) collection 属性表示被迭代的数组或集合。

(4) item 属性表示被迭代数组或集合中的每一个元素。

(5) open 属性表示遍历前拼接的字符串。

(6) close 属性表示遍历后拼接的字符串。

(7) separator 属性表示每遍历一个元素后的分隔符。

(8) 拼接过程如图 3.7 所示：

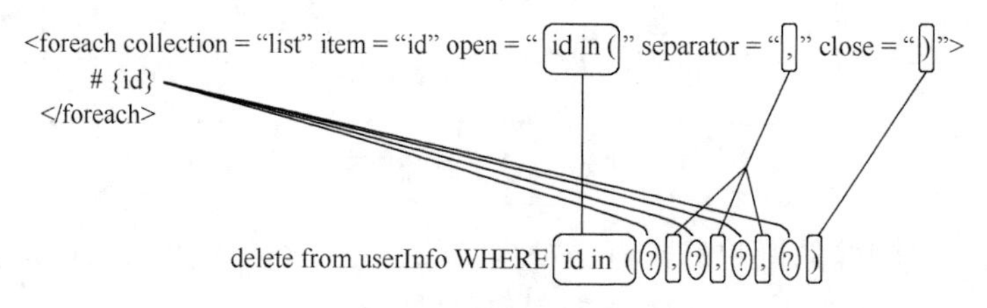

图 3.7 foreach 拼接 SQL 语句的过程

2. Mapper 接口定义

```
public void deleteUserInfos(List<Integer> list) throws Exception;
```

3. 单元测试

```
@Test
public void testDeleteUserInfos() throws Exception {
    SqlSession sqlSession = sqlSessionFactory.openSession();
    //创建 IUserInfoMapper 对象，MyBatis 自动生成 IUserInfoMapper 的代理对象
    IUserInfoMapper userInfoMapper = sqlSession.getMapper(IUserInfoMapper.class);
    //定义删除条件
    List<Integer> ids =new ArrayList<Integer>();
    ids.add(10);
    ids.add(11);
    ids.add(12);
    ids.add(13);
    userInfoMapper.deleteUserInfos(ids);
    sqlSession.close();
}
```

4. 运行结果

```
Preparing: delete from userInfo WHERE id in ( ? , ? , ? , ? )
Parameters: 10(Integer), 11(Integer), 12(Integer), 13(Integer)
Updates: 4
```

3.5.3 SQL 片段

SQL 片段是将重复的 SQL 提取出来，进行单独定义的元素。使用 SQL 片段时用 include 引用即可，最终达到 SQL 片段重用的目的。

1. 定义 SQL 片段

```
<!-- 定义 SQL 片段 -->
<sql id="queryUserInfoWhere">
    <if test="userName!=null">
        and userName=#{userName}
    </if>
    <if test="gender!=null">
        and gender=#{gender}
    </if>
    <if test="orderId!=null">
        and id in(select userId from orders where id=#{orderId})
    </if>
</sql>
```

(1)<sql>元素定义 SQL 片段。

(2)<sql>元素的 id 属性是 SQL 片段的唯一标识。

2. 使用 SQL 片段

```
<select id="findUserInfoCondition" parameterType="hashmap"
    resultType="cn.itlaobing.mybatis.model.UserInfoModel">
    select * from userInfo
    <!--含入 SQL 片段-->
    <where>
        <include refid="queryUserInfoWhere "></include>
    </where>
</select>
```

(1)<include>标签用于含入 SQL 片段。

(2)refId 是被含入 SQL 片段的 id。

第4章　关联查询与缓存

【本章内容】

1. 关联查询
2. 缓存

【能力目标】

1. 掌握一对一关联查询
2. 掌握一对多关联查询
3. 掌握多对多关联查询
4. 能够设置懒加载
5. 能够对查询设置一级和二级缓存
6. 能够使用逆向工程

本章讲解关联查询和缓存。表与表之间存在三种关系，分别是一对一，一对多，多对多。关联查询就是指在查询某张表数据的同时也查询与该表关联表中的数据。而缓存是指将已经查询出的对象缓存在内存中，再次查询该对象时从内存中直接获取，不再从数据库中获取，从而提高程序的运行效率。

本章的案例以第1章的“MyBatis示例程序”为基础，讲解关联查询和缓存。

4.1　订单数据模型分析

订单数据模型中有4张表，表关系如下。

(1) userInfo -> orders 是一对多的关系，一个用户可以下多个订单。

(2) orders -> userInfo 是一对一的关系，一个订单只属于某一个用户。

(3) order -> orderDetail 是一对多的关系，一个订单中可以购买多个商品。

(4) orderDetail -> order 是一对一的关系，订单中的商品只属于某一个订单。

(5) goods -> orderDetail 是一对多的关系，一个商品对应多个订单明细。

(6) orderDetail -> goods 是一对一的关系，订单明细中的商品对应一个商品。

(7) orders -> goods 通过 orderDetail 表建立多对多的关系：

一个订单对应多个商品；

一个商品对应多个订单。

(8) userInfo-> goods 先通过 orders 表，再通过 orderDetail 表与 goods 表建立多对多的关系：

一个用户可买多个商品；

一个商品可卖多个用户。

这 4 张表单关系如图 4.1 所示：

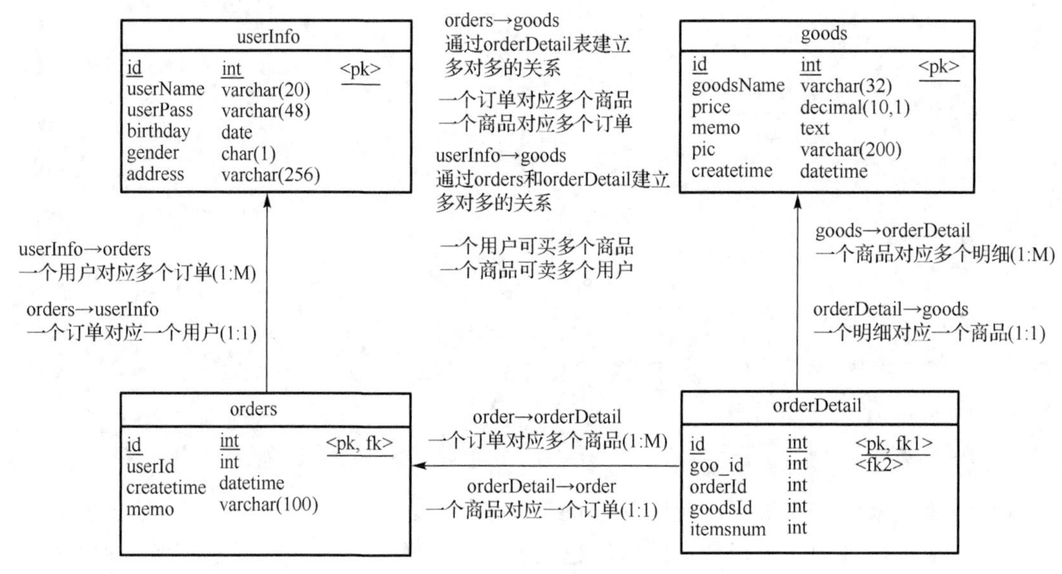

图 4.1 订单数据模型

4.1.1 一对一关联查询

需求：通过订单号查询买家。将所有订单查询后，在视图上需要显示的列包括订单号、订单时间、顾客、备注，如图 4.2 所示：

订单号	下单时间	顾客	备注
1	2020-09-21 16:26:51	林冲	要新鲜的
2	2020-09-22 16:26:50	林冲	和上次的一样

图 4.2 订单和用户之间的一对一关系

视图上显示的列中“顾客”来自于 userInfo 表，而其他列来自于 orders 表，也就是说视图上显示的数据来自于不同的表，因此需要为视图创建 VO 类，VO 类中应包含视图上要显示的所有列。orders 表与 userInfo 表是关联表，orders 表的 userId 列为外键，userInfo 表的 id 列为主键，形成了一对一关系，如图 4.3 所示：

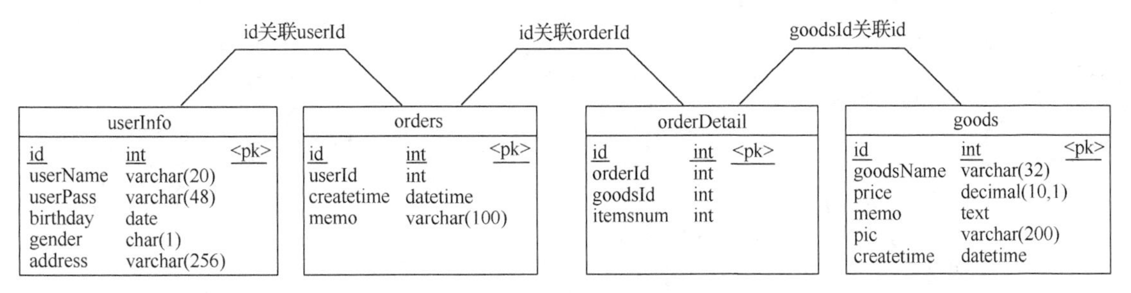

图 4.3 订单关系模型

有两种方法创建用于视图的 VO 类，一种是使用扩展列的 VO 类，另一种是使用扩展实体的 POJO 类。

1. 使用扩展列的 VO 类实现一对一关联

第一步：定义 VO 类

```
public class OrdersUserInfoVO extends UserInfoModel implements Serializable {
    //VO 中的扩展列
    private int ordersId;
    private int userId;
    private Date createtime;
    private String memo;
    private SimpleDateFormat sdf = new SimpleDateFormat("yyyy-MM-dd");
    @Override
    public String toString() {
        return super.getId()+"--"+super.getUserName()
        +"--"+super.getUserPass()
        +"--"+sdf.format(super.getBirthday())
        +"--"+super.getGender()
        +"--"+super.getAddress()
        +"--"+this.ordersId
        +"--"+sdf.format(this.createtime)
        +"--"+this.memo;
    }
    //省略 get/set 方法
}
```

扩展列的 VO 类实现一对一关联是指使用继承的方式实现一对一关联。用户订单 VO 类 OrdersUserInfoVO 继承了 UserInfoModel 类，因此 OrdersUserInfoVO 类从 UserInfoModel 类继承了视图上要显示的用户信息，而 OrdersUserInfoVO 类内部定义了视图上要显示的订单信息。OrdersUserInfoVO 实现了以继承方式扩展 VO 列。

第二步：Mapper 映射配置

```
<!-- 查询订单关联查询用户信息 -->
<select id="findOrderAndUserInfoVo" resultType="cn.itlaobing.mybatis.vo.OrdersUserInfoVO">
    SELECT
        orders.id,
        orders.userid,
        orders.createtime,
        orders.memo,
        userInfo.id,
        userInfo.username,
        userInfo.userPass,
        userInfo.birthday,
        userInfo.gender,
        userInfo.address
    FROM
      userInfo,
      orders
    WHERE
      userInfo.id = orders.userId
</select>
```

（1）Mapper Statement ID 命名为 findOrderAndUserInfoVo。

（2）映射文件的 resultType 设置为 cn.itlaobing.mybatis.vo.OrdersUserInfoVO 类型。

（3）Select 语句从 userInfo 表和 orders 表查询的数据被封装到 OrdersUserInfoVO 对象中。

第三步：Mapper 接口定义

```
//查询订单关联查询用户信息(使用扩展列的 VO 类实现一对一)
public List<OrdersUserInfoVO> findOrderAndUserInfoVo() throws Exception;
```

Mapper 接口中的 findOrderAndUserInfoVo()方法返回值定义为 List<OrdersUserInfoVO>类型，OrdersUserInfoVO 中包含了用户信息和订单信息。

第四步：单元测试

```
//查询订单关联查询用户信息(一对一查询，使用 resultType 实现)
@Test
public void testFindOrderAndUserInfoVo() throws Exception {
    SqlSession sqlSession = sqlSessionFactory.openSession();
    IOrderMapper orderMapper = sqlSession.getMapper(IOrderMapper.class);
    List<OrdersUserInfoVO> ordersUserInfoVOs = orderMapper.findOrder-
AndUserInfoVo();
    sqlSession.close();
```

```
    System.out.println(ordersUserInfoVOs);
}
```

运行结果:

```
Preparing:SELECT orders.id, orders.userid, orders.createtime, orders.memo, userInfo.id, userInfo.username, userInfo.userPass, userInfo.birthday, userInfo.gender, userInfo.address FROM userInfo, orders WHERE userInfo.id = orders.userId
Parameters:
Total: 2
[
    1--林冲--linchong--1982-11-10--男--河南开封--0--2020-09-21--要新鲜的,
    2--林冲--linchong--1982-11-10--男--河南开封--0--2020-09-22--和上次的一样
]
```

2. 使用扩展实体的 POJO 类实现一对一关联

第一步:定义 VO 类

```
public class OrdersModel implements Serializable{
    //订单属性
    private int id;
    private int userId;
    private int orderId;
    private Date createtime;
    private String memo;
    //userInfoModel 存储订单的用户信息
    private UserInfoModel userInfoModel;
    private SimpleDateFormat sdf =new SimpleDateFormat("yyyy-MM-dd HH:mm:ss");
    @Override
    public String toString() {
        if(userInfoModel!=null) {
            return userInfoModel.getId()+"--"+userInfoModel.getUserName()
            +"--"+userInfoModel.getUserPass()
            +"--"+sdf.format(userInfoModel.getBirthday())
            +"--"+userInfoModel.getGender()
            +"--"+userInfoModel.getAddress()
            +"--"+this.orderId
            +"--"+sdf.format(this.createtime)
            +"--"+this.memo;
        }else {
            return "--"+this.orderId
            +"--"+sdf.format(this.createtime)
```

```
                +"--"+this.memo;
            }
        }
        //省略 get/set 方法
    }
```

扩展实体的 POJO 类是指将一个 POJO 类作为另外一个 POJO 类的属性来实现一对一关联。本例将 UserInfoModel 类的对象作为 OrdersModel 类的属性实现一对一关联。

第二步：Mapper 映射配置

```
<!--查询订单关联查询用户信息，（一对一查询，使用 resultMap 实现） -->
<select id="findOrderAndUserInfo" resultMap="OrderAndUserInfoResultMap">
    SELECT
       orders.id orders_id,
       orders.userid orders_userid,
       orders.createtime orders_createtime,
       orders.memo orders_memo,
       userInfo.id userInfo_id,
       userInfo.username userInfo_username,
       userInfo.userPass userInfo_userPass,
       userInfo.birthday userInfo_birthday,
       userInfo.gender userInfo_gender,
       userInfo.address userInfo_address
    FROM
      userInfo,
      orders
    WHERE
      userInfo.id = orders.userId
</select>
```

（1）Mapper Statement ID 命名为 findOrderAndUserInfo。

（2）映射文件的 resultType 设置为 OrderAndUserInfoResultMap。

（3）Select 语句从 userInfo 表和 orders 表查询的数据被封装到 OrdersModel 对象中。

第三步：resultMap 定义

```
<!--查询订单关联查询用户信息，（一对一查询，使用 resultMap 实现） -->
<resultMap id="OrderAndUserInfoResultMap" type="cn.itlaobing.mybatis.
model.OrdersModel">
    <!-- 订单信息 -->
    <id  property="id" column="orders_id"/>
    <result property="userId" column="orders_userid" />
```

```
        <result property="createtime" column="orders_createtime" />
        <result property="memo" column="orders_memo" />
        <!-- 用户信息 -->
        <association property="userInfoModel" javaType="cn.itlaobing.mybatis.model.
            UserInfoModel">
            <id property="id" column="userInfo_id"/>
            <result property="userName" column="userInfo_username"/>
            <result property="userPass" column="userInfo_userPass"/>
            <result property="birthday" column="userInfo_birthday"/>
            <result property="gender" column="userInfo_gender"/>
            <result property="address" column="userInfo_address"/>
        </association>
    </resultMap>
```

(1) association 标签表示关联查询，即订单关联用户。

(2) association 标签的 property 属性表示 resultMap 标签中 type 指定的类的属性名称。本例中的值是 userInfoModel，即子表实体类中父表的对象名称。

(3) association 标签的 javaType 属性表示 property 属性中存储的类型。

第四步：Mapper 接口定义

```
//查询订单关联查询用户信息，(一对一查询使用 resultMap 实现)
public List<OrdersModel> findOrderAndUserInfo() throws Exception;
```

第五步：单元测试

```
//查询订单关联查询用户信息，(一对一查询使用 resultMap 实现)
@Test
public void testFindOrderAndUserInfo() throws Exception {
    SqlSession sqlSession = sqlSessionFactory.openSession();
    IOrderMapper orderMapper = sqlSession.getMapper(IOrderMapper.class);
    List<OrdersModel> ordersModels = orderMapper.findOrderAndUserInfo();
    sqlSession.close();
    System.out.println(ordersModels);
}
```

运行结果：

```
    Preparing: SELECT orders.id orders_id, orders.userid orders_userid, orders.
createtime orders_createtime, orders.memo orders_memo, userInfo.id userInfo_id,
userInfo.username userInfo_username, userInfo.userPass userInfo_userPass, userInfo.
birthday userInfo_birthday, userInfo.gender userInfo_gender, userInfo.address
userInfo_address FROM userInfo, orders WHERE userInfo.id = orders.userId
    Parameters:
    Total: 2
```

```
[
    2--林冲--linchong--1982-11-10--男--河南开封--1--2017-09-21--要新鲜的,
    2--林冲--linchong--1982-11-10--男--河南开封--2--2017-09-22--和上次的一样
]
```

4.1.2 一对多关联查询

需求：查询订单明细。将所有订单查询后显示在视图上，需要显示的列包括订单号、订单时间、订购的商品、价格、数量、顾客姓名，如图 4.4 所示：

订单号:1 订单时间:2020-09-21 16:26:51				
1	平谷大桃	33.6	3	林冲
2	油桃	17.6	2	林冲
订单号:2 订单时间:2020-09-22 16:26:50				
1	平谷大桃	33.6	3	林冲
2	油桃	17.6	2	林冲

图 4.4 订单和商品之间的一对多关系

一个订单中可以购买多个商品，因此订单与商品之间是一对多的关系，例如订单号为 1 的用户购买了平谷大桃和油桃，订单号为 2 的订单购买的是平谷大桃和油桃。本例中也将下单用户的用户名显示在视图上。表关联关系如图 4.3 所示。

第一步：定义 POJO

由于一个订单中可以购买多个商品，因此在订单 POJO 中添加 List 集合来存储订单中购买的商品。

```
public class OrdersModel implements Serializable{
    private int id;
    private int userId;
    private int orderId;
    private Date createtime= null;
    private String memo= null;
    private UserInfoModel userInfoModel= null;
    private List<OrderDetailModel> orderDetailModels = null;
    //省略 get/set 方法
}
```

第二步：Mapper 映射配置

```
<!-- 查询订单关联订单明细和用户(一对多查询) -->
    <select id="findOrderAndOrderDetail" resultMap="OrderAndOrderDetailResultMap">
        SELECT
            orders.id ,
```

```
            orders.createtime ,
            orders.memo ,
            orderDetail.orderid ,
            orderDetail.goodsid ,
            orderDetail.itemsnum ,
            userInfo.id userinfo_id,
            userInfo.username ,
            userInfo.userPass ,
            userInfo.birthday ,
            userInfo.gender ,
            userInfo.address
        FROM
          orders,userInfo,orderDetail
        WHERE
          userInfo.id = orders.userId AND
          orders.id= orderDetail.orderid
    </select>
```

Select 语句从 orders 表、userInfo 表、orderDetail 表中查询了订单详细信息。

第三步：resultMap 定义

```
<!--查询订单关联订单明细和用户(一对多查询) -->
<resultMap id="OrderAndOrderDetailResultMap"
   type="cn.itlaobing.mybatis.model.OrdersModel" extends="OrderAndUser-
InfoResultMap">
    <!-- 订单信息已经继承-->
    <!-- 用户信息已经继承-->
    <!-- 订单明细信息 -->
    <collection property="orderDetailModels" ofType="cn.itlaobing.mybatis.
model.
        OrderdetailModel">
        <id property="id" column="orderDetail_id"/>
        <result property="orderid" column="orderid"/>
        <result property="goodsid" column="goodsid"/>
        <result property="itemsnum" column="itemsnum"/>
    </collection>
</resultMap>
```

(1) extends:实现订单信息和用户信息从 OrderAndUserInfoResultMap 继承。

(2) 一个订单关联查询出了多条明细，要使用 collection 进行映射。

(3) collection：对关联查询到多条记录映射到集合对象中。

(4) ofType：指定映射到 list 集合属性中 POJO 的类型。

(5) property：将关联查询到的列映射到 ofType 指定的 POJO 类的哪个属性中。

第四步：Mapper 接口定义

```
//查询订单关联订单明细和用户(一对多查询)
public List<OrdersModel> findOrderAndOrderDetail() throws Exception;
```

第五步：单元测试

```
//查询订单关联订单明细和用户(一对多查询)
@Test
public void testFindOrderAndOrderDetail() throws Exception {
    SqlSession sqlSession = sqlSessionFactory.openSession();
    IOrderMapper orderMapper =  sqlSession.getMapper(IOrderMapper.class);
    List<OrdersModel> ordersModels = orderMapper.findOrderAndOrderDetail();
    sqlSession.close();
    //输出订单信息
    System.out.println("订单号\t 订单时间\t 顾客");
    for (int i = 0; i < ordersModels.size(); i++) {
        OrdersModel ordersModel = ordersModels.get(i);
        System.out.println(ordersModel.getId() +"\t" +
            sdf.format(ordersModel.getCreatetime()) +"\t" +
            ordersModel.getUserInfoModel().getUserName());
        //输出订单明细
        System.out.println("\t 商品编号\t 订购数量");
        for (int j = 0; j < ordersModel.getOrderdetailModels().size(); j++) {
            System.out.print("\t"+ordersModel.getOrderdetailModels().
get(j).getGoodsid());
            System.out.println("\t"+ordersModel.getOrderdetailModels().
get(j).getItemsnum());
        }
    }
}
```

测试结果如下：

```
订单号    订单时间        顾客
1         2017-09-21      林冲
          商品编号        订购数量
          1               3
          2               2
```

```
2          2017-09-22  林冲
           商品编号     订购数量
           1           3
           2           2
```

4.1.3 多对多关联查询

需求：查询用户和用户购买的商品。查询用户和用户购买的商品时，由于用户有多个，商品有多个，一个用户可以购买多个商品，一个商品可以被多个用户购买，因此用户和商品之间形成了多对多的关系。参考显示的界面如图 4.5 所示，查询出了多个用户多个商品。

林冲的订单列表				
订单号:1 订单时间:2017-09-21 16:26:51				
1	平谷大桃	33.6	3	林冲
2	油桃	17.6	2	林冲
订单号:2 订单时间:2017-09-22 16:26:50				
1	平谷大桃	33.6	3	林冲
2	油桃	17.6	2	林冲
扈三娘的订单列表				
订单号:3 订单时间:2017-09-23 16:26:51				
1	平谷大桃	33.6	3	扈三娘
2	油桃	17.6	2	扈三娘
订单号:4 订单时间:2017-09-24 16:26:50				
1	平谷大桃	33.6	3	扈三娘
2	油桃	17.6	2	扈三娘

图 4.5 用户和商品之间的多对多关系

映射关系分析：

本业务查询的主表是用户表，用户和商品两者未直接关联，而是通过 order 和 orderDetails 进行关联。因此映射思路如下：

(1) 订单：一个用户对应多个订单，使用 collection 映射到用户对象的订单列表属性中。

(2) 订单明细：一个订单对应多个明细，使用 collection 映射到订单对象中的明细属性中。

(3) 商品信息：一个订单明细对应一个商品，使用 association 映射到订单明细对象的商品属性中。

映射关系如图 4.3 所示。

第一步：定义 POJO 类 UserInfoModel

```
public class UserInfoModel implements Serializable{
    private int id;
    private String userName;
    private String userPass;
    private Date birthday;
```

```
    private String gender;
    private String address;
    private List<OrdersModel> ordersModels;
    //省略 get/set 方法
}
```

用户和订单之间是一对多关系，因此在 UserInfoModel 类中定义 List<OrdersModel>属性，该属性存储用户的所有订单。

定义 OrdersModel 类

```
public class OrdersModel implements Serializable{
    private int id;
    private int userId;
    private Date createtime= null;
    private String memo= null;
    private UserInfoModel userInfoModel= null;
    private List<OrderdetailModel> orderDetailModels = null;
    //省略 get/set 方法
}
```

订单与用户之间是一对一关系，因此在 OrdersModel 类中定义了 UserInfoModel 对象。订单与订单明细之间是一对多的关系，因此在 OrdersModel 类中定义了 List<OrderdetailModel> 对象。

定义 OrderdetailModel 类

```
public class OrderdetailModel {
    private int id;
    private int orderid;
    private int goodsid;
    private int itemsnum;
    private GoodsModel goodsModel;
    //省略 get/set 方法
}
```

订单明细和商品之间是一对一关系，因此在 OrderdetailModel 类中定义了 GoodsModel 对象。

定义 GoodsModel 类

```
public class GoodsModel {
    private int id;
    private String goodsname;
    private String memo;
    private Date createtime;
```

```
    private String pic;
    private double price;
    //省略 get/set 方法
}
```

第二步：Mapper 映射配置

```
<!-- 查询用户和用户购买的商品 -->
<select id="findUserAndGoods" resultMap="UserAndGoodsResultMap">
SELECT
    userInfo.id ,
    userInfo.username ,
    userInfo.userPass ,
    userInfo.birthday ,
    userInfo.gender ,
    userInfo.address ,
    orders.id orders_id,
    orders.userid orders_userid,
    orders.createtime ,
    orders.memo ,
    orderDetail.id orderDetail_id ,
    orderDetail.orderid orderDetail_orderid ,
    orderDetail.goodsid orderDetail_goodsid,
    orderDetail.itemsnum ,
    goods.id goods_id,
    goods.goodsname ,
    goods.memo ,
    goods.createtime ,
    goods.pic ,
    goods.price
FROM
    userInfo,orders,orderDetail,goods
WHERE
    userInfo.id = orders.userId AND
    orders.id= orderDetail.orderid AND
    orderDetail.goodsid= goods.id
</select>
```

Select 语句从 userInfo 表、orders 表、orderDetail 表、goods 表中查询数据，并按照 UserAndGoodsResultMap 的配置映射到相应的对象中。

第三步：resultMap 定义

```
<!-- 查询用户和用户购买的商品  -->
<resultMap id="UserAndGoodsResultMap" type="cn.itlaobing.mybatis.model.
UserInfoModel">
```

```
        <!-- 用户信息 -->
        <id property="id" column="id"/>
        <result property="userName" column="userName"/>
        <result property="userPass" column="userPass"/>
        <result property="birthday" column="birthday"/>
        <result property="gender" column="gender"/>
        <result property="address" column="address"/>
        <!-- 用户和订单关系：一对多 -->
        <collection property="ordersModels" ofType="cn.itlaobing.mybatis.model.
OrdersModel">
            <id property="id" column="orders_id"/>
            <result property="createtime" column="createtime"/>
            <result property="memo" column="memo"/>
            <result property="userId" column="orders_userid"/>
            <!-- 订单和订单明细关系：一对多 -->
            <collection property="orderDetailModels" ofType="cn.itlaobing.
mybatis.model.
                OrderdetailModel">
                <id property="id" column="orderDetail_id"/>
                <result property="orderid" column="orderDetail_orderid"/>
                <result property="goodsid" column="orderDetail_goodsid"/>
                <result property="itemsnum" column="itemsnum"/>
                <!-- 订单明细和商品关系：一对一 -->
                <association property="goodsModel" javaType="cn.itlaobing.
mybatis.model.
                    GoodsModel">
                    <id property="id" column="goods_id"/>
                    <result property="goodsname" column="goodsname"/>
                    <result property="memo" column="memo"/>
                    <result property="createtime" column="createtime"/>
                    <result property="pic" column="pic"/>
                    <result property="price" column="price"/>
                </association>
            </collection>
        </collection>
    </resultMap>
```

UserAndGoodsResultMap 中定义了用户和订单之间的一对多关系，定义了订单和订单明细的一对多关系，定义了订单明细和商品的一对一关系。

第四步：Mapper 接口定义

```
//查询用户和用户购买的商品
public List<UserInfoModel> findUserAndGoods() throws Exception;
```

第五步：单元测试

```
//查询用户和用户购买的商品
@Test
public void testFindOrderAndOrderDetail() throws Exception {
    SqlSession sqlSession = sqlSessionFactory.openSession();
    IUserInfoMapper userInfoMapper = sqlSession.getMapper(IUserInfoMapper.class);
    List<UserInfoModel> userInfoModels = userInfoMapper.findUserAndGoods();
    sqlSession.close();
    System.out.println("顾客姓名\t 顾客性别\t 顾客出生日期");
    for (int i = 0; i < userInfoModels.size(); i++) {
        UserInfoModel userInfoModel = userInfoModels.get(i);
        System.out.println(
            userInfoModel.getUserName() +"\t"+
            userInfoModel.getGender()+
            sdf.format(userInfoModel.getBirthday()));
        System.out.println("\t 订单编号\t 订购时间");
        for (int j = 0; j < userInfoModel.getOrdersModels().size(); j++) {
            OrdersModel ordersModel = userInfoModel.getOrdersModels().get(j);
            System.out.println("\t"+
                ordersModel.getId()+"\t"+
                sdf.format(ordersModel.getCreatetime()));
            System.out.println("\t\t 商品名称\t 购买数量");
            for (int k = 0; k < ordersModel.getOrderdetailModels().size(); k++) {
                OrderDetailModel orderDetailModel =
                    ordersModel.getOrderdetailModels().get(k);
                System.out.print("\t\t"+
                    orderDetailModel.getGoodsModel().getGoodsname());
                System.out.println("\t\t"+orderDetailModel.getItemsnum());
            }
        }
    }
}
```

测试结果如下：

```
顾客姓名 顾客性别      顾客出生日期
林冲     男            1982-11-10
```

```
订单编号 订购时间
1    2020-09-21
     商品名称      购买数量
     平谷大桃      3
     油桃          2
2    2020-09-22
     商品名称      购买数量
     平谷大桃      3
     油桃          2
```

4.1.4 关联查询总结

resultType 作用是将查询结果按照 SQL 的列名和 POJO 的属性名一致原则映射到 POJO 中。常见一些明细记录的展示，例如用户购买商品明细，将关联查询信息全部展示在页面时，此时可直接使用 resultType 将每一条记录映射到 POJO 中，在前端页面遍历 list 即可。

resultMap 可使用 association 和 collection 完成一对一和一对多高级映射。association 实现一对一关联查询。为了方便查询关联信息，可以使用 association 将关联订单信息映射为用户对象的 POJO 属性中，比如：查询订单及关联用户信息。

collection实现一对多或多对多关联查询。为了方便查询遍历关联信息，可以使用 collection 将关联信息映射到 list 集合中，比如查询用户权限范围模块及模块下的菜单，可使用 collection 将模块映射到模块 list 中，将菜单列表映射到模块对象的菜单 list 属性中，目的是方便对查询结果集进行遍历。

4.1.5 懒加载

MyBatis 中的懒加载，也称为延迟加载，是指在进行表的关联查询时，按照设置延迟规则推迟对关联对象的 select 查询。例如在进行一对多查询的时候，只查询出一方，当程序中需要多方的数据时，MyBatis 再发出 SQL 语句进行查询。MyBatis 的延迟加载只是对关联对象的查询有迟延设置，对于主加载对象都是直接执行查询语句的。

MyBatis 一对一关联的 association 和一对多的 collection 可以实现懒加载。懒加载时要使用 resultMap，不能使用 resultType。

MyBatis 默认没有打开懒加载配置，需要在 SqlMapperConfig.xml 中通过 settings 配置 lazyLoadingEnabled、aggressiveLazyLoading 来开启懒加载，如表 4.1 所示。

表 4.1 懒加载配置

设置项	描述	允许值	默认值
lazyLoadingEnabled	是否开启懒加载	true | false	false
aggressiveLazyLoading	当设置为 true 的时候，懒加载的对象可能被任何懒属性全部加载，否则，每个属性都按需加载	true | false	true

启用懒加载

```
<settings>
        <setting name="lazyLoadingEnabled" value="true"/>
        <setting name="aggressiveLazyLoading" value="false"/>
</settings>
```

需求：查询订单信息。查询订单信息时关联查询用户信息，默认只查询订单信息，当需要查询用户信息时再去发出 SELECT 语句查询用户信息。

第一步：定义 POJO 类

在 OrdersModel 类中加入 UserInfoModel 属性。

```
public class OrdersModel implements Serializable{
    private int id;
    private int userId;
    private Date cr eatetime= null;
    private String memo= null;
    private UserInfoModel userInfoModel= null;
    省略部分代码
}
```

UserInfoModel 对象作为 OrdersModel 类的属性，实现订单和用户之间的一对一关联关系。

第二步：在 SqlMapperConfig.xml 中开启懒加载

```
<?xml version="1.0" encoding="UTF-8" ?>
<!DOCTYPE configuration
PUBLIC "-//mybatis.org//DTD Config 3.0//EN"
"http://mybatis.org/dtd/mybatis-3-config.dtd">
<configuration>
    <!-- 读取数据库配置信息 -->
    <properties resource="db.properties"></properties>
    <!-- 启用懒加载 -->
    <settings>
        <setting name="lazyLoadingEnabled" value="true"/>
        <setting name="aggressiveLazyLoading" value="false"/>
    </settings>
    省略部分配置
```

第三步：Mapper 映射配置

```
<!-- 懒加载：查询订单后在需要加载用户时再查询用户 -->
<select id="findOrdersLazyLoadingUserInfo" resultMap="OrdersLazyLoading-
UserInfoResultMap">
    SELECT * FROM orders
</select>
```

findOrdersLazyLoadingUserInfo 中只查询了 orders 表，需要查询用户信息时，在 OrdersLazyLoadingUserInfoResultMap 中通过配置的懒加载发出查询用户的 SELECT 语句。

第四步：resultMap 定义

```
<!-- 懒加载：查询订单后在需要加载用户时再查询用户 -->
<resultMap id="OrdersLazyLoadingUserInfoResultMap"
type="cn.itlaobing.mybatis.model.OrdersModel">
    <!-- 订单信息 -->
    <id  property="id" column="id"/>
    <result property="userId" column="userId" />
    <result property="createtime" column="createtime" />
    <result property="memo" column="memo" />
    <!-- 用户信息 -->
    <association property="userInfoModel"
        javaType="cn.itlaobing.mybatis.model.UserInfoModel"
        select="cn.itlaobing.mybatis.mapper.IUserInfoMapper.findUserInfoById"
        column="userid">
    </association>
</resultMap>
```

(1) association 元素的 select 属性指定关联查询懒加载对象的 Mapper Statement ID 为 findUserById。

(2) association 元素的 column 属性设置关联查询时，将 column 属性值 userid 列的值传入 findUserById 中。

(3) findUserById 查询的结果映射到 association 元素的 property 属性指定的 userInfoModel 属性中。

第五步：Mapper 定义接口

```
//查询订单时懒加载用户信息
public List<OrdersModel>findOrdersLazyLoadingUserInfo() throws Exception;
```

第六步：单元测试

(1)只查询订单信息。

```
//查询订单时懒加载用户信息
@Test
public void testFindOrdersLazyLoadingUserInfo() throws Exception {
    SqlSession sqlSession = sqlSessionFactory.openSession();
    IOrderMapper orderMapper =  sqlSession.getMapper(IOrderMapper.class);
    List<OrdersModel> ordersModels =
orderMapper.findOrdersLazyLoadingUserInfo();
    //输出订单信息
    System.out.println(ordersModels.get(0).getId());
    sqlSession.close();
}
```

只输出订单信息时，没有查询用户表，输出的 SQL 语句如下：

```
Preparing: SELECT * FROM orders
Parameters:
Total: 2
```

(2)查询订单信息和用户信息。

```
//查询订单时懒加载用户信息
@Test
public void testFindOrdersLazyLoadingUserInfo() throws Exception {
    SqlSession sqlSession = sqlSessionFactory.openSession();
    IOrderMapper orderMapper =  sqlSession.getMapper(IOrderMapper.class);
    List<OrdersModel> ordersModels = orderMapper.findOrdersLazy-
LoadingUserInfo();
    //输出订单信息
    System.out.println(ordersModels.get(0).getId());
    //输出用户信息时才加载用户信息
    System.out.println(ordersModels.get(0).getUserInfoModel().getUserName());
    sqlSession.close();
}
```

输出用户信息时才发出 select 语句查询用户信息，输出的 SQL 语句如下：

```
Preparing: SELECT * FROM orders
Parameters:
```

```
Total: 2
Preparing: SELECT * FROM userInfo WHERE id=?
Parameters: 2(Integer)
Total: 1
```

4.2 缓　存

4.2.1 为什么使用缓存

缓存(也称作cache)的作用是为了减轻数据库的压力，提高数据库的性能。缓存实现的原理是把从数据库中查询出来的对象在使用完后不销毁，存储在内存(缓存)中，当再次需要获取该对象时，直接从内存(缓存)中直接获取，不再向数据库执行select语句，从而减少了对数据库的查询次数，因此提高了数据库的性能。缓存是使用Map集合缓存数据的。

MyBatis有一级缓存和二级缓存。一级缓存的作用域是同一个SqlSession，在同一个sqlSession中两次执行相同的SQL语句，第一次执行完毕会将数据库中查询的数据写到缓存(内存)，第二次会从缓存中获取数据将不再从数据库查询，从而提高查询效率。当一个sqlSession结束后该sqlSession中的一级缓存也就不存在了。MyBatis默认开启了一级缓存。

二级缓存是多个SqlSession共享的，其作用域是Mapper的同一个namespace，不同的sqlSession两次执行相同namespace下的SQL语句且向SQL中传递参数也相同即最终执行相同的SQL语句，第一次执行完毕会将数据库中查询的数据写到缓存(内存)，第二次会从缓存中获取数据将不再从数据库查询，从而提高查询效率。MyBatis默认没有开启二级缓存需要在setting全局参数中配置开启二级缓存。

4.2.2 一级缓存

一级缓存区域是根据SqlSession为单位划分的。每次查询会先从缓存区域查找，如果找不到则从数据库查询，从数据库查询后将数据写入缓存。

MyBatis内部存储缓存使用一个HashMap缓存数据，key为hashCode+sqlId+SQL语句，value为从查询出来映射生成的Java对象。

sqlSession执行insert、update、delete等操作commit提交后会清空缓存区域，防止后续查询发生脏读(脏读：查询到过期的数据)。一级缓存原理如图4.6所示：

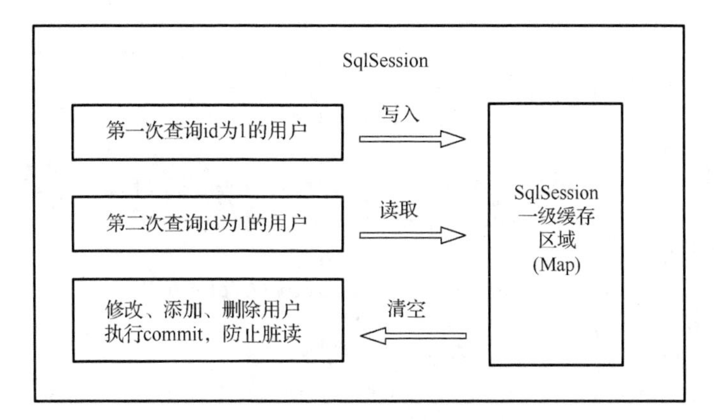

图 4.6 MyBatis 一级缓存

测试一级缓存：

```
@Test
public void testOneLevelCache1 () throws Exception {
    SqlSession sqlSession = sqlSessionFactory.openSession();
    IUserInfoMapper userInfoMapper = sqlSession.getMapper(IUserInfoMapper.class);
    //第一次查询 id=1
    UserInfoModel userInfoModel1 = userInfoMapper.findUserInfoById(1);
    System.out.println(userInfoModel1.getUserName());
    //第二次查询 id=1
    UserInfoModel userInfoModel2 = userInfoMapper.findUserInfoById(1);
    System.out.println(userInfoModel2.getUserName());
    sqlSession.close();
}
```

输出结果如下：

```
Preparing: SELECT * FROM userInfo WHERE id=?
Parameters: 1(Integer)
Total: 1
admin
admin
```

根据输出结果分析，只输出了一次 select 语句，但却输出了两次用户名 admin，说明第二次查询 id 为 1 的用户时，是从一级缓存中获取了，没有向数据库再次发送 select 语句执行查询。

测试一级缓存，防止脏读：

```
@Test
public void testOneLevelCache2() throws Exception {
```

```
        SqlSession sqlSession = sqlSessionFactory.openSession();
        IUserInfoMapper userInfoMapper =
sqlSession.getMapper(IUserInfoMapper.class);
        //第一次查询 id=1
        UserInfoModel userInfoModel1 = userInfoMapper.findUserInfoById(1);
        System.out.println(userInfoModel1.getUserName());
        //新增了一个用户
        UserInfoModel userInfoModel =new UserInfoModel();
        userInfoModel.setUserName("test");
        userInfoModel.setUserPass("test");
        userInfoMapper.insertUserInfo(userInfoModel);
        //第二次查询 id=1
        UserInfoModel userInfoModel2 = userInfoMapper.findUserInfoById(1);
        System.out.println(userInfoModel2.getUserName());
        sqlSession.close();
    }
```

输出结果如下：

```
    Preparing: SELECT * FROM userInfo WHERE id=?
    Parameters: 1(Integer)
    Total: 1
    admin
    Preparing: INSERT INTO userInfo(userName,userPass,birthday,gender,address)
VALUES(?,?,?,?,?);
    Parameters: test(String), test(String), null, null, null
    Updates: 1
    Preparing: SELECT LAST_INSERT_ID()
    Parameters:
    Total: 1
    Preparing: SELECT * FROM userInfo WHERE id=?
    Parameters: 1(Integer)
    Total: 1
    admin
```

根据输出结果分析，输出了两次 select 语句，一次 insert 语句。说明当执行 insert、update、delete 语句时，MyBatis 会清空一级缓存，防止后续查询产生脏读。

4.2.3 二级缓存

二级缓存区域是根据 Mapper 的 namespace 划分的，相同 namespace 的 Mapper 查询的数据缓存在同一个区域，如果使用 Mapper 代理方法每个 Mapper 的 namespace 都不同，此时可以理解为二级缓存区域是根据 Mapper 划分。

每次查询会先从缓存区域查找，如果找不到则从数据库查询，并将查询到数据写入缓存。MyBatis 内部存储缓存使用一个 HashMap，key 为 hashCode+SqlId+SQL 语句，value 为查询出来映射生成的 Java 对象。

sqlSession 执行 insert、update、delete 等操作 commit 提交后会清空缓存区域，防止脏读。二级缓存原理参考图 4.7 所示：

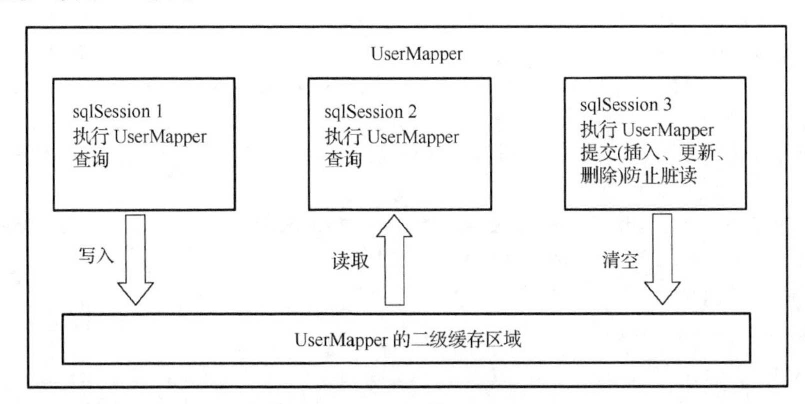

图 4.7 MyBatis 二级缓存

配置二级缓存的步骤如下。

第一步：启用二级缓存

在 SqlMapperConfig.xml 中启用二级缓存，当 cacheEnabled 设置为 true 时启用二级缓存，设置为 false 时禁用二级缓存。

```
<setting name="cacheEnabled" value="true"/>
```

第二步：POJO 序列化

将所有的 POJO 类实现序列化接口 Java.io. Serializable。

第三步：配置映射文件

在 Mapper 映射文件中添加<cache />，表示此 Mapper 开启二级缓存。例如

```
<mapper namespace="">
    <cache/>
    <!-- 其他配置 -->
</mapper>
```

第四步：单元测试

```
@Test
public void testSecondLevelCache1() throws Exception {
```

```
        //获取 session1
        SqlSession session1 = sqlSessionFactory.openSession();
        IUserInfoMapper userInfoMapper1 = session1.getMapper(IUserInfoMapper.class);
        //使用 session1 执行第一次查询
        UserInfoModel userInfoModel1 = userInfoMapper1.findUserInfoById(1);
        System.out.println(userInfoModel1);
        //关闭 session1
        session1.close();
        //获取 session2
        SqlSession session2 = sqlSessionFactory.openSession();
        IUserInfoMapper userInfoMapper2 = session2.getMapper(IUserInfoMapper.class);
        //使用 session2 执行第二次查询，由于开启了二级缓存这里从缓存中获取数据不再向数据库
发出 SQL
        UserInfoModel userInfoModel2 = userInfoMapper2.findUserInfoById(1);
        System.out.println(userInfoModel2);
        //关闭 session2
        session2.close();
    }
```

输出结果如下：

```
Preparing: SELECT * FROM userInfo WHERE id=?
Parameters: 1(Integer)
Total: 1
1--admin--admin--1980-10-10--男--陕西西安
1--admin--admin--1980-10-10--男--陕西西安
```

根据输出结果分析，只执行了一次 select 语句，输出了两次对象，说明第二次查询时是从二级缓存中查询的数据。

当 MyBatis 配置了二级缓存后，如果因业务需要某些查询不允许使用缓存，在 statement 中设置 useCache=false 可以禁用当前 SELECT 语句的二级缓存，默认值是 true。<select id="findUserInfoById" parameterType="int" resultType="UserInfoModel" **useCache ="false"**>

在 Mapper 的同一个 namespace 中，如果有其他 insert、update、delete 操作数据后需要刷新缓存，如果不执行刷新缓存会出现脏读。设置 statement 配置中的 flushCache="true"属性，即刷新缓存，该配置默认为 true。如果改成 false 则不会刷新缓存。<insert id="insertUserInfo" parameterType="UserInfoModel" **flushCache="true"**>。

在 Mapper 映射文件中的<cache />中还可以进行缓存的一些其他设置。例如

```
<cache flushInterval="100000" readOnly="true" size="1024" eviction="LRU"/>
```

flushInterval：(刷新间隔)可以被设置为任意的正整数，表示以毫秒为单位的时间段。默

认情况不设置，也就是没有刷新间隔，缓存仅仅调用语句时刷新。

size：(引用数目)可以被设置为任意正整数，表示被缓存对象的数量，默认值是 1024。建议该项配置要根据运行环境的可用内存大小进行设置。

readOnly：(只读)该属性可以被设置为 true 或 false。只读的缓存会给所有调用者返回缓存对象的相同实例，这些对象不能被修改，因此提供了很重要的性能优势。可读写的缓存会返回缓存对象的拷贝。运行速度慢一些，但是安全，因此默认是 false。

eviction:代表的是缓存回收策略，MyBatis 提供以下策略。

(1) LRU：最近最少使用的，移除最长时间不用的对象，默认值。

(2) FIFO：先进先出，按对象进入缓存的顺序来移除他们。

(3) SOFT：软引用，移除基于垃圾回收器状态和软引用规则的对象。

(4) WEAK：弱引用，更积极地移除基于垃圾收集器状态和弱引用规则的对象。

对于访问多的查询请求且用户对查询结果实时性要求不高，此时可采用 MyBatis 二级缓存技术降低数据库访问量，提高访问速度，例如：耗时较高的统计分析 SQL。通过设置刷新间隔时间，由 MyBatis 每隔一段时间自动清空缓存，根据数据变化频率设置缓存刷新间隔 flushInterval，比如设置为 60 分钟、24 小时等。对于实时性要求较高的查询不能使用缓存，例如股票行情。

4.3 逆 向 工 程

逆向工程是指根据数据库生成 Java 代码，正向工程是指根据 Java 代码生成数据库。MyBatis 的一个主要的特点就是需要程序员自己编写 SQL，那么如果表太多的话，难免会很麻烦，所以 MyBatis 官方提供了一个逆向工程，可以针对单表自动生成 MyBatis 执行所需要的代码(包括 mapper.xml、mapper.java、POJO)。一般在开发中，常用的逆向工程方式是通过数据库的表生成代码。

使用 MyBatis 的逆向工程，需要导入逆向工程的 jar 包，jar 包可以从 GitHub 上下载，下载地址是 https://github.com/mybatis/generator。下载后解压，解压后的目录如图 4.8 所示的目录和文件。

lib	2.50 MB
docs	1.06 MB
README.txt	1 KB
NOTICE	1 KB
LICENSE	11.28 KB

图 4.8 MyBatis 逆向工程的 jar 包

lib 目录中是逆向工程的 jar 文件，docs 目录是逆向工程的文档，可参考 docs 目录中的 index.html 完成逆向工程。

第一步：创建 Java Project

创建一个全新的 Java Project 项目，命名为“generateMybatisProject”。完成后的逆向工程如图 4.9 所示。

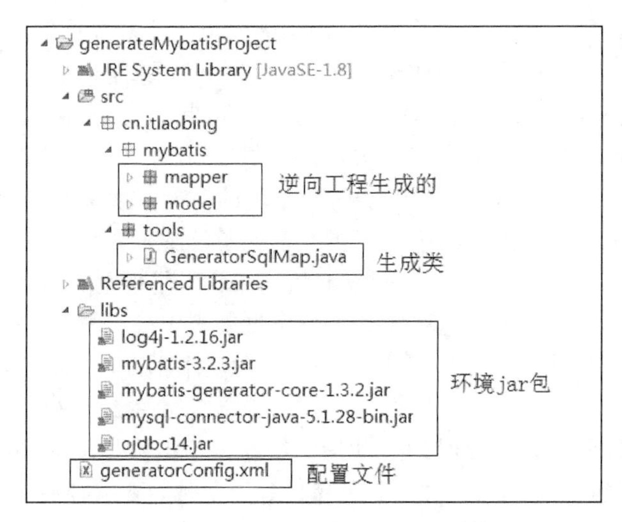

图 4.9 MyBatis 逆向工程项目结构

第二步：导入 jar 包

在“generateMybatisProject”项目中创建 Folder，命名为“libs”，将逆向工程需要的 jar 包拷贝到“libs”目录中，并将 jar 包添加到构建路径中，如图 4.10 所示。

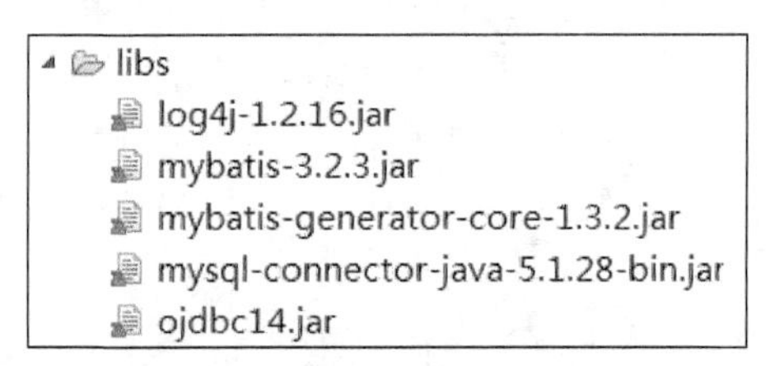

图 4.10 逆向工程依赖的 jar 包

第三步：创建配置文件

在“generateMybatisProject”项目的根目录下创建逆向工程配置文件，配置文件命名为“generatorConfig.xml”，具体配置如下：

```
<?xml version="1.0" encoding="UTF-8"?>
<!DOCTYPE generatorConfiguration
  PUBLIC "-//mybatis.org//DTD MyBatis Generator Configuration 1.0//EN"
  "http://mybatis.org/dtd/mybatis-generator-config_1_0.dtd">
<generatorConfiguration>
```

```
<context id="testTables" targetRuntime="MyBatis3">
    <commentGenerator>
        <!-- 是否去除自动生成的注释 true：是：false:否 -->
        <property name="suppressAllComments" value="true" />
    </commentGenerator>
    <!--数据库连接的信息：驱动类、连接地址、用户名、密码 -->
    <jdbcConnection
        driverClass="com.mysql.jdbc.Driver"
        connectionURL="jdbc:mysql://localhost:3306/eshop"
        userId="root"
        password="root">
    </jdbcConnection>
    <!-- 把 JDBC 的 DECIMAL 和 NUMERIC 类型解析为 Integer，为 true 时把 DECIMAL 和
        NUMERIC 类型解析为 java.math.BigDecimal，默认 false -->
    <javaTypeResolver>
        <property name="forceBigDecimals" value="false" />
    </javaTypeResolver>
    <!-- targetProject:生成 POJO 类的位置 -->
    <javaModelGenerator targetPackage="cn.itlaobing.mybatis.model"
        targetProject=".\src">
        <!-- enableSubPackages:是否让 schema 作为包的后缀 -->
        <property name="enableSubPackages" value="false" />
        <!-- 从数据库返回的值被清理前后的空格 -->
        <property name="trimStrings" value="true" />
    </javaModelGenerator>
    <!-- targetProject:mapper 映射文件生成的位置 -->
    <sqlMapGenerator targetPackage="cn.itlaobing.mybatis.mapper"
        targetProject=".\src">
        <!-- enableSubPackages:是否让 schema 作为包的后缀 -->
        <property name="enableSubPackages" value="false" />
    </sqlMapGenerator>
    <!-- targetPackage: Mapper 接口生成的位置 -->
    <javaClientGenerator type="XMLMAPPER"
        targetPackage="cn.itlaobing.mybatis.mapper"
        targetProject=".\src">
        <!-- enableSubPackages:是否让 schema 作为包的后缀 -->
        <property name="enableSubPackages" value="false" />
    </javaClientGenerator>
```

```
        <!-- 指定数据库表 -->
        <table tableName="goods"></table>
        <table tableName="userInfo"></table>
        <table tableName="orders"></table>
        <table tableName="orderDetail"></table>
    </context>
</generatorConfiguration>
```

(1) jdbcConnection 配置数据库连接信息。

(2) javaModelGenerator 的 targetPackage 属性配置存储生成的 POJO 类的包。

(3) sqlMapGenerator 的 targetPackage 属性配置存储生成的映射文件的包。

(4) javaClientGenerator 的 targetPackage 属性配置存储生成的 Mapper 接口的包。

(5) table 指定被逆向工程的表。

第四步：执行逆向工程

在“generateMybatisProject”项目中创建包 cn.itlaobing.tools，在该包下创建执行逆向工程的类，命名为“GeneratorSqlMap”，代码如下：

```
package cn.itlaobing.tools;
import java.io.File;
import java.util.ArrayList;
import java.util.List;
import org.mybatis.generator.api.MyBatisGenerator;
import org.mybatis.generator.config.Configuration;
import org.mybatis.generator.config.xml.ConfigurationParser;
import org.mybatis.generator.internal.DefaultShellCallback;
public class GeneratorSqlMap {
    public void generator() throws Exception{
       List<String> warnings = new ArrayList<String>();
       boolean overwrite = true;
       File configFile = new File("generatorConfig.xml"); //加载逆向工程配置文件
       ConfigurationParser cp = new ConfigurationParser(warnings);
       Configuration config = cp.parseConfiguration(configFile);
       DefaultShellCallback callback = new DefaultShellCallback(overwrite);
       MyBatisGenerator myBatisGenerator = new MyBatisGenerator(config,
              callback, warnings);
       myBatisGenerator.generate(null);
    }
    public static void main(String[] args) throws Exception {
```

```
        try {
            GeneratorSqlMap generatorSqlmap = new GeneratorSqlMap();
            generatorSqlmap.generator();
        } catch (Exception e) {
            e.printStackTrace();
        }
    }
}
```

(1)执行逆向工程的代码是固定模板，只需要将加载逆向工程配置文件路径写正确即可。

(2)执行逆向程序，然后刷新工程，可以看到生成的工程。

(3)将生成的文件拷贝到你的工程中即可。

第 5 章　IOC 与 DI

【本章内容】

1. 控制反转
2. 依赖注入

【能力目标】

1. 能使用 IOC 实现控制反转
2. 能使用 DI 实现依赖注入

在传统编程中，需要一个对象时就实例化一个对象，这种硬编码方式创建对象的方法体现出谁使用对象就由谁创建对象，使得对象的创建与对象的使用没有分离，不便于程序的维护和扩展。Spring 框架是一个容器，使得对象的创建和对象的使用分离，有利于程序的维护和扩展。

5.1　硬编码创建对象的弊端

我们先假设一个宠物店的案例。有一个男孩经常到宠物店喂宠物，宠物店有很多宠物，比如 Cat，Dog，所有宠物都有吃食物的行为，我们将吃食物的行为抽象出来，定义为接口 IPet，在 IPet 接口中定义吃食物的抽象方法 eat()。将每一种宠物定义为一个类，这些宠物类实现 IPet 接口，并实现 eat()方法。定义男孩类 Boy，在 Boy 类中定义 feed()方法用于喂食物，最后定义宠物店为 PetShop 类，PetShop 类作为测试类。

```
public interface IPet {
    public void eat(String food);
}
public class Cat implements IPet {
    public void eat(String food) {
        System.out.println("Cat 正在吃" + food);
    }
}
public class Dog implements IPet {
    public void eat(String food) {
```

```
        System.out.println("Dog正在吃" + food);
    }
}
public class Boy {
    IPet pet;
    public Boy() {
        pet = new Cat();
    }
    public void feed(String food) {
        pet.eat(food);
    }
}
public class PetShop {
    public static void main(String[] args) {
        Boy boy = new Boy();
        boy.feed("鱼");
    }
}
```

上例Boy类的构造函数中，pet = new Cat()是硬编码创建对象，是一种常规创建对象的方法，即在一个类中需要具体对象时，就实例化具体的类。

这种硬编码使Boy类依赖了具体的Cat对象，不容易扩展。假设现在男孩还要喂养Dog，就必须将Boy类构造函数中pet = new Cat()修改为pet = new Dog()实现，这违反了程序设计的“开闭原则”(对于扩展是开放的，对于修改是关闭的)。

5.2 IOC和DI

近年来随着轻量级容器的兴起，有许多专有词汇逐渐被很多人提起。例如：IOC和DI。IOC的全称是：Inversion of Control，中文通常翻译为“控制反转”；DI的全称是Dependency Injection，中文通常翻译为“依赖注入”。

为了使Boy类易于扩展，应先取消硬编码创建对象的方式，然后将创建对象的代码移到外部，再由外部将创建的对象注入进来。Boy类和PetShop类代码重构如下：

```
public class Boy {
    IPet pet;
    public Boy() {
    }
```

```
        //set 方法可为 pet 属性注入值
        public void setPet(IPet pet){
            this.pet = pet;
        }
        public void feed(String food) {
            pet.eat(food);
        }
    }
    public class PetShop {
        public static void main(String[] args) {
            Boy boy = new Boy();
            Dog dog = new Dog();
            boy.setPet(dog); //将 dog 对象注入给 pet 属性
            boy.feed("骨头");
        }
    }
```

在本例 main 方法中，首先创建了 dog 对象，然后 boy 对象调用 setPet(dog)方法将 dog 对象注入给 boy 对象的 pet 属性，即 pet 属性的值是由外部传入的，而不是自己实例化的。

在 Java 程序设计中，推荐对象的使用者和对象的创建者分离。当需要对象时，可以通过 set 方法或者构造方法将对象从外界注入进来。

IOC 被称为控制反转，那到底是什么东西的“控制”被“反转”了呢？“控制”是指创建对象的控制权，“反转”是指将这种控制权转移出去。本例中 Boy 类需要 pet 对象时，Boy 类将创建 pet 对象的控制权转移到 PetShop 类中就是控制反转。

因为 IOC 确实不够开门见山，因此业界曾进行了广泛的讨论，最终软件界的泰斗级人物 Martin Fowler 提出了 DI 的概念用以代替 IOC，即让调用类对某一接口实现类的依赖关系由第三方注入，以移除调用类对某一接口实现类的依赖。“依赖注入”这个名词显然比“控制反转”直接明了、易于理解。IOC 解决由谁创建对象，DI 解决注入哪个对象。

IOC 的好处就在于对象的创建者与对象的使用者分离，当程序依赖某个对象时，由外部容器程序注入被依赖的对象，而外部容器专门负责创建所有的对象。

就像你需要一台电脑时，你不需要自己制造电脑，电脑是由电脑厂商制造的，你需要的电脑可从厂商处购买(注入)到。这里的电脑厂商就相当于外部容器，电脑就是你依赖的对象。

在传统的编程中，被依赖的对象需要通过实例化的方式主动进行获取，而 IOC 方式是被动地等待外部注入所依赖的对象，这样做不会对业务对象构成很强的侵入性，使用 IOC 后，对象具有更好的可测试性、可重用性和可扩展性。在宠物店的案例中，使用Boy对象时，可以注入Dog或者Cat对象，或者其他IPet接口的具体实现。但是在IOC之后，外部调用时比较麻烦，需要进行一系列的初始化工作，否则无法正常使用。比如A依赖B，B依赖C，C依赖D，这种依赖层次很深的应用程序，为了获取A对象，注入B对象，B对象需要注入C对象，C对象需要注入D对象，那么需要一系列的初始化工作来一层一层的注入。

外部调用IOC的对象时，依赖关系越复杂，依赖层次越深，初始化工作越麻烦。因此需要一个类似容器的工厂，把所有的对象管理起来，当外部需要具体的对象时，该容器会自动创建出具体的对象以及对象之间的依赖关系。

Java中创建的对象也称作JavaBean，简称Bean。Spring容器负责管理Bean，包括Bean的创建、Bean的依赖、Bean的销毁等。

第 6 章　Spring Bean 管理

【本章内容】

1. 创建 Bean
2. Bean 的作用域
3. 依赖注入

【能力目标】

1. 掌握创建 Bean 的三种方式
2. 掌握 Bean 的作用域设置
3. 掌握 Bean 的注入

6.1　Spring 简介

Spring 是 Java EE 应用程序框架，是轻量级的 IOC(Inversion of Control，控制反转)和 AOP(Aspect Oriented Programming，面向切面编程)的容器框架，主要是针对 JavaBean 的生命周期进行管理的轻量级容器，可以单独使用，也可以和 MyBatis 框架、Spring MVC 框架等组合使用。本书的案例是基于 Spring 4.3.10 版本讲解的(官方网址是 https://spring.io，从官网网站可以下载 Spring 框架相关的文件)。

Spring 框架由 Rod Johnson 编写并在 2003 年 6 月首次发布。Spring 提供了模块化的组件，开发中可根据需要选择相应的模块。图 6.1 是 Spring 官方的 Spring Framework Runtime。

从图 6.1 可看出 Spring Framework Runtime 中包含很多模块，Spring 的核心是 IOC 和 AOP，相关的模块解释如下。

1. Core Container

Core Container 是 Spring 的核心模块，包括了 Beans，Core，Context，SpEL。

• Core，Beans：提供基础功能，包括 IOC 和 DI 等特性，对依赖起到解耦作用。

• Context：上下文模块，基于 Core 和 Beans 构建，用于访问 Beans 对象，支持国际化、事件传播、资源加载，并且还包含 ApplicationContext。

• Expression：提供 SpEL 支持。

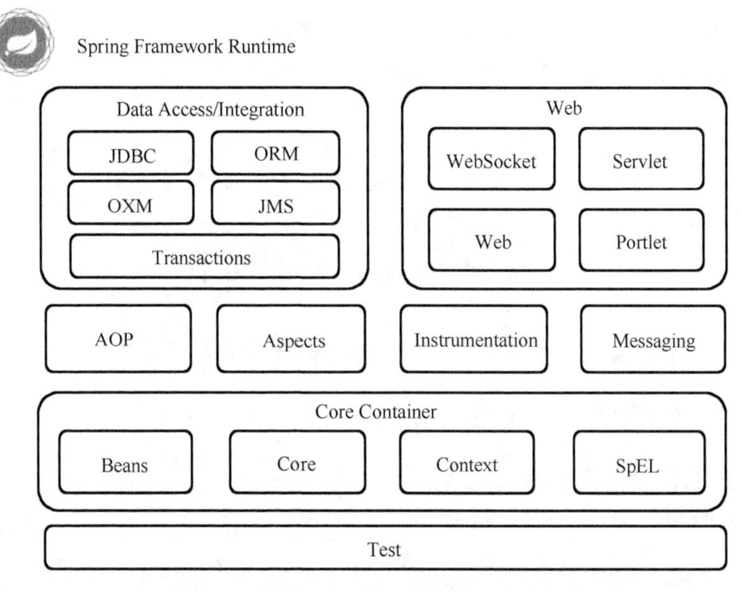

图 6.1 Spring 框架

2. AOP and Instrumentation

- spring-aop：提供 AOP 支持。
- spring-aspects：支持 AspectJ 的集成。
- spring-instrument：对特定应用服务器的代理接口。

3. Messaging

- spring-messaging：为基于消息的应用提供服务。

4. Data Access/Integration

- spring-jdbc：提供对 JDBC 的支持。
- spring-tx：对编程式和声明式事务管理的支持。
- spring-orm ：提供对 ORM(JPA, JDO, Hibernate)的支持。
- spring-oxm：对 Object/XML 映射的集成支持。
- spring-jms：JMS 服务，包含了对消息的生产和消费相关功能。

5. Spring-Web

- Spring-Web 提供基本的面向 Web 应用的特性，例如文件上传、面向 Web 的 IOC 容器和 Context、HTTP Client、Web 相关的远程调用。
- spring-webmvc：包含了用于 Web 应用的 spring 的 MVC 和 REST Web Service 实现。

- spring-websocket：WebSocket 和 SockJS 的实现，包含了对 STOMP 的支持。
- spring-webmvc-portlet：提供用于 portlet 环境的 MVC 实现。

6. Test

Spring-Test：支持对 Spring 组件的单元测试和集成测试。

6.2 宠物店示例程序

继续以上一章宠物店案例为基础，使用 Spring 重构宠物店业务。

6.2.1 下载 Spring 依赖的 jar 包

第一步：在 STS 中创建 Maven 项目

STS 开发环境中创建一个 Maven 项目，如图 6.2 所示：

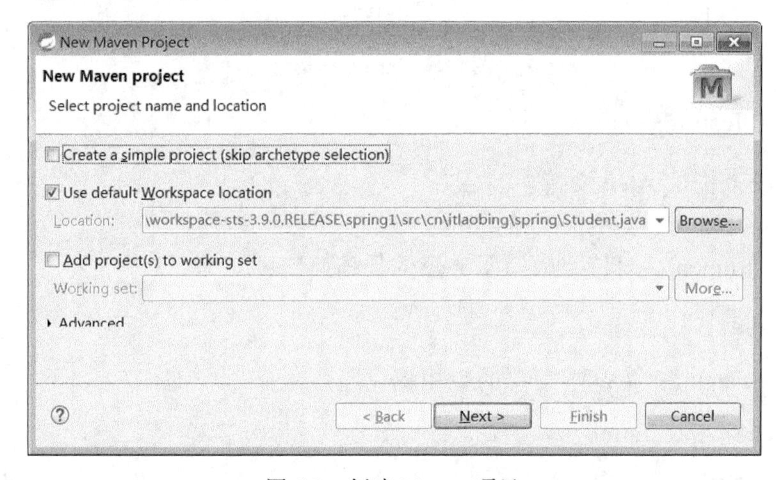

图 6.2 创建 Maven 项目

第二步：选择 Maven 骨架

选择 maven-archetype-quickstart 骨架创建 Maven 项目，如图 6.3 所示。

第三步：确定 GAV 坐标

在 Group Id 中输入“itlaobing”，在 Artifact Id 中输入“spring”，version 选择“0.0.1-SNAPSHOP”，如图 6.4 所示。然后点击 Finish 按钮，项目创建完毕。

第四步：配置 Spring 依赖的 jar 包

Maven 中央仓库中提供了各种组件的 jar 包，仓库网址是 https://mvnrepository.com，在中央仓库首页的 search 文本框中输入组件名称，可以查询组件的 GAV 坐标，如图 6.5 所示。

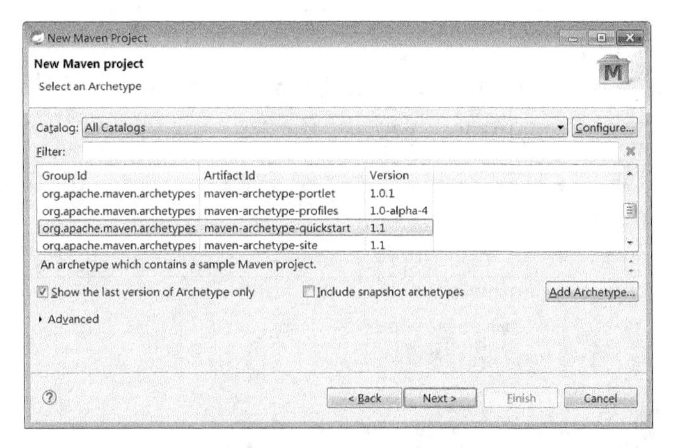

图 6.3 选择 Maven 骨架

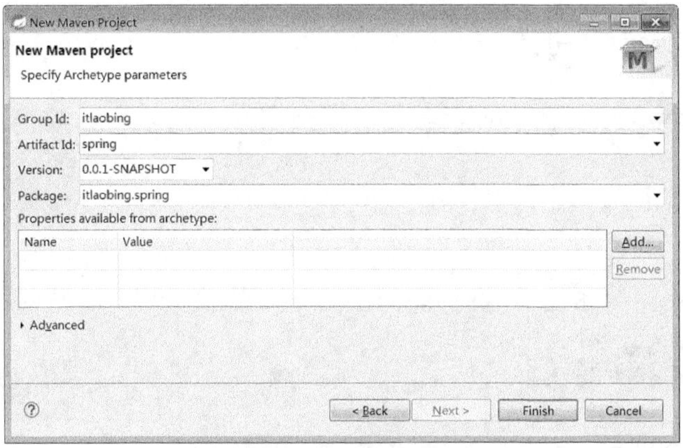

图 6.4 确定 Maven 项目的 GAV 坐标

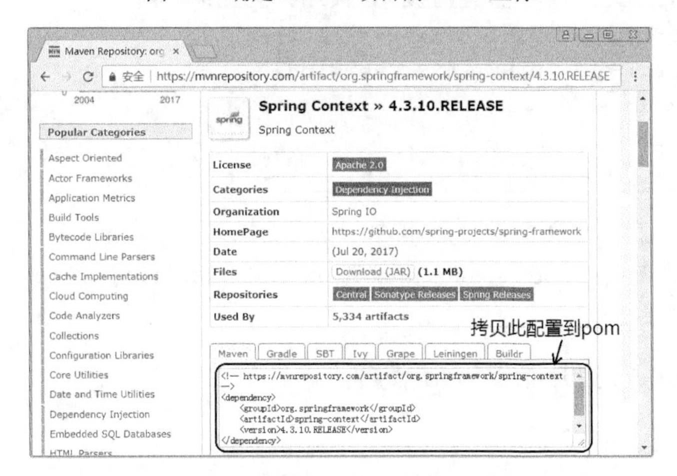

图 6.5 配置 Spring 依赖的 jar 包

第五步：下载 jar 包

将上一步拷贝的 org.springframework 依赖 jar 包的配置代码粘贴到 Maven 项目中的 pom.xml 文件中，然后保存 pom.xml。代码如下所示：

```
    <project xmlns="http://maven.apache.org/POM/4.0.0" xmlns:xsi="http://www.
w3.org/2001/XMLSchema-instance"
      xsi:schemaLocation="http://maven.apache.org/POM/4.0.0
http://maven. apache.org/xsd/maven-4.0.0.xsd">
      <modelVersion>4.0.0</modelVersion>
      <groupId>itlaobing</groupId>
      <artifactId>spring</artifactId>
      <version>0.0.1-SNAPSHOT</version>
      <packaging>jar</packaging>
      <name>spring</name>
      <url>http://maven.apache.org</url>
      <properties>
        <project.build.sourceEncoding>UTF-8</project.build.sourceEncoding>
      </properties>
      <dependencies>
        <dependency>
          <groupId>junit</groupId>
          <artifactId>junit</artifactId>
          <version>4.10</version>
          <scope>test</scope>
        </dependency>
        <dependency>
            <groupId>org.springframework</groupId>
            <artifactId>spring-context</artifactId>
            <version>4.3.10.RELEASE</version>
        </dependency>
      </dependencies>
    </project>
```

(1) JUnit 由默认的 3.8 改成 4.10 版本。

(2) Spring 组件的 groupId 是 org.springframework，artifactId 是 spring-context，版本是 4.3.10.RELEASE。

6.2.2 编写 Spring 的 Hello World 程序

第一步：编写相关的类

在 itlaobing.spring 包中定义 IPet 接口，代码如下：

```
package itlaobing.spring;
public interface IPet {
    public void eat(String food);
}
```

在 IPet 接口中定义了所有宠物喂食的行为方法 eat()。

在 itlaobing.spring 包中定义 Cat 类，并实现 IPet 接口，代码如下：

```
package itlaobing.spring;
public class Cat implements IPet {
    public void eat(String food) {
        System.out.println("Cat 正在吃" + food);
    }
}
```

Cat 类实现了 IPet 接口中喂食的方法 eat()。

在 itlaobing.spring 包中定义 Boy 类，代码如下：

```
package itlaobing.spring;
public class Boy {
    IPet pet;
    public IPet getPet() {
        return pet;
    }
    //set 方法注入 Bean
    public void setPet(IPet pet) {
        this.pet = pet;
    }
    public void feed(String food) {
        pet.eat(food);
    }
}
```

Boy 类中喂养的宠物对象 pet 没有直接实例化，而是由构造方法或者 setPet() 方法注入进来，体现出 IOC 的思想。

在 itlaobing.spring 包中定义 PetShop 类，代码如下：

```
package itlaobing.spring;
import org.springframework.context.ApplicationContext;
import org.junit.Test;
import org.springframework.context.support.ClassPathXmlApplicationContext;
public class PetShop {
```

```
    @Test
    public void test() {
        ApplicationContext ctx =
            new ClassPathXmlApplicationContext("applicationContext.xml");
        Boy boy = (Boy) ctx.getBean("boy");
        boy.feed("鱼");
    }
}
```

ApplicationContext 是 Spring 的容器，getBean()方法实现从 Spring 容器中获取名称为“boy”的对象。boy 对象调用 feed()方法，向宠物喂鱼。

第二步：添加 Spring 配置文件

在当前项目名称上点击鼠标右键，在弹出的对话框中选择“new/source folder”，命名为 src/main/resources，然后点击 Finish。如图 6.6 所示：

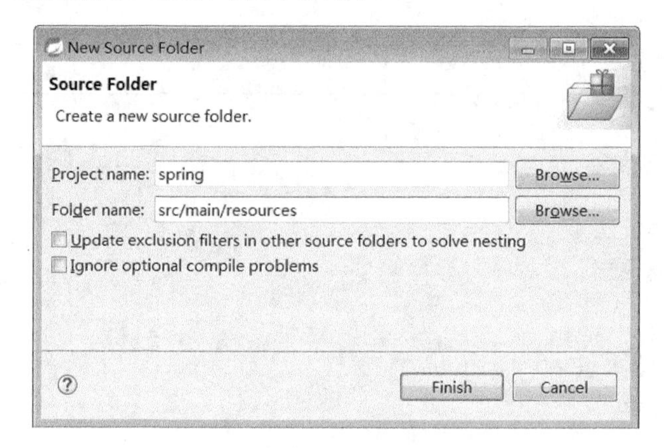

图 6.6 创建 Spring 配置文件

鼠标右键点击 src/main/resources 目录，在弹出的对话框中选择“new/Spring Bean Configuration File”。输入 File Name 为“applicationContext.xml”，如图 6.7 所示：

点击“Next”，在弹出的对话框中先选择 Beans，再选择 Beans 的 4.3 版本，如图 6.8 所示，然后点击 Finish。

第三步：设置配置文件

打开配置文件“applicationContext.xml”，设置如下：

```
<?xml version="1.0" encoding="UTF-8"?>
<beans xmlns="http://www.springframework.org/schema/beans"
    xmlns:xsi="http://www.w3.org/2001/XMLSchema-instance"
    xmlns:context="http://www.springframework.org/schema/context"
    xsi:schemaLocation="http://www.springframework.org/schema/beans
```

```
        http://www.springframework.org/schema/beans/spring-beans-4.3.xsd
        http://www.springframework.org/schema/context
        http://www.springframework.org/schema/context/spring-context-4.3.xsd">
    <bean id="cat" class="itlaobing.spring.Cat"></bean>
    <bean id="boy" class="itlaobing.spring.Boy">
     <property name="pet" ref="cat"></property>
    </bean>
</beans>
```

图 6.7 定义 Spring 配置文件的文件名

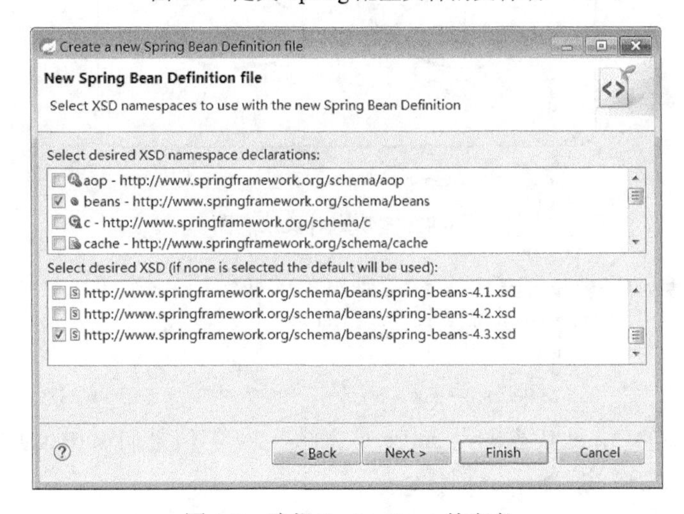

图 6.8 选择 Spring Bean 的定义

Bean 元素用于在 Spring 容器中创建对象，id 属性是创建的对象名，class 属性是被实例化的类。property 元素是为对象的属性注入值，name 属性用于设置需要注入值的 Bean 的属性名称，ref 属性设置被注入对象的名称。

第四步：测试程序

运行 PetShop 类，在控制台显示“Cat 正在吃鱼”。

6.2.3 宠物店程序剖析

1. 加载配置文件

PetShop 类的单元测试方法中的 ApplicationContext 接口是 Spring 框架的容器，ClassPathXmlApplicationContext 类是 Spring 容器的一种实现。程序运行后首先创建 Spring 容器对象 ctx，并加载 Spring 配置文件 applicationContext.xml。

2. 创建 Bean 对象，注入属性值

Spring 的容器对象 ctx 会根据配置文件 applicationContext.xml 中的 Bean 配置创建 Bean 对象，并将创建的 Bean 对象保存到 Spring 容器中。例如：

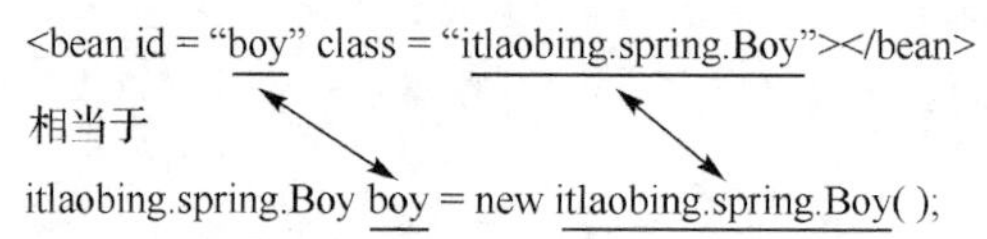

图 6.9 是本例中 Spring 的容器 ApplicationContext 创建和保存对象的示意图。

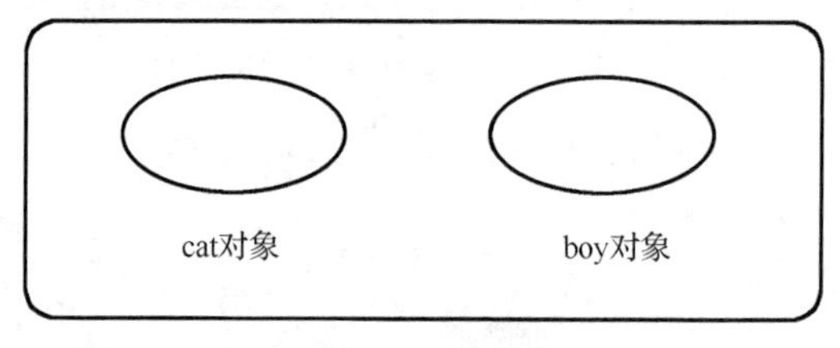

图 6.9 宠物店对象示意图

Spring 容器会自动将被依赖的对象注入到对象的属性中，例如：

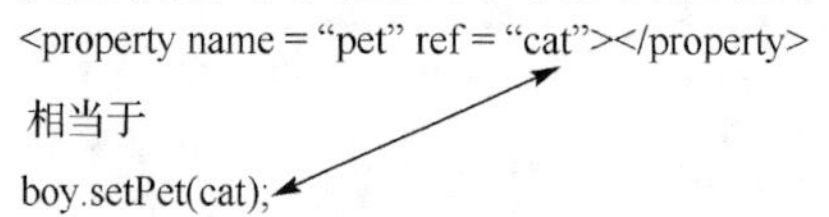

也就是说 name 的值 pet 代表的是 setPet()方法，ref 的值是向 setPet()方法传递的参数。用此方法实现将 cat 对象注入给 pet 属性。

3. 从容器中获取Bean对象

ctx.getBean("boy")表示从容器中获取id为boy的Bean对象，返回Object类型，因此需要转换类型。

4. 使用Bean对象

利用从Spring容器中获取的Bean对象boy调用feed("鱼")方法,输出“Cat正在吃鱼”。

分析结果：

（1）在传统的编程中，什么时候需要Bean对象就什么时候new出Bean的对象，这种硬编码使得程序更换被依赖的对象时难以维护。

（2）有了Spring以后，Bean对象的创建都交给了Spring容器，程序需要Bean对象时，从Spring容器中获取，实现了对象的创建与对象的使用分离。当需要更换被依赖的对象时，只需修改配置文件即可，无需更改源代码，提高了程序的可维护性。

（3）对象的属性需要赋值时，Spring容器会将属性值注入进来，实现了属性值的自动注入。

6.3 创建Bean的方式

Spring容器创建Bean有多种方式，包括：

(1) Spring配置文件的<Bean>元素创建Bean。

(2) 静态工厂创建Bean。

(3) 实例工厂创建Bean。

(4) 注解创建Bean。

6.3.1 使用配置文件的Bean元素创建Bean

在Spring配置文件中配置<bean>元素可以创建Bean对象，id属性是创建的Bean对象的名称，class属性是被创建类的全路径。例如：

```
<bean id="cat" class="itlaobing.spring.Cat"></bean>
```

6.3.2 静态工厂注入Bean

静态工厂注入Bean是指先定义一个专门类，该类中定义静态方法，静态方法负责创建和注入Bean对象，把这个创建Bean对象的类称为静态工厂类。

第一步：定义静态工厂类

```
package itlaobing.spring.factory;
import itlaobing.spring.Boy;
```

```
/***
 * 静态工厂类
 */
public class BoyStaticFactory{
    /**
     * 静态工厂方法
     * @return Boy 对象
     */
    public static Boy createInstance() {
        return new Boy();
    }
}
```

(1) BoyStaticFactory 类是静态工厂类，用于生产 Bean 对象。

(2) createInstance() 方法是生产 Bean 对象的静态方法。

(3) 复杂的 Bean 创建推荐使用实例工厂。

第二步：修改 Bean 配置

```
<bean id="boy" class="itlaobing.spring.factory.BoyStaticFactory"
    factory-method="createInstance">
    <property name="pet" ref="cat"></property>
</bean>
```

(1) id 是被创建的 Bean 名称。

(2) class：创建 Bean 的静态工厂类。

(3) factory-method：创建 Bean 的静态工厂方法。

(4) id,class,factory-method 三者的作用如图 6.10 所示。

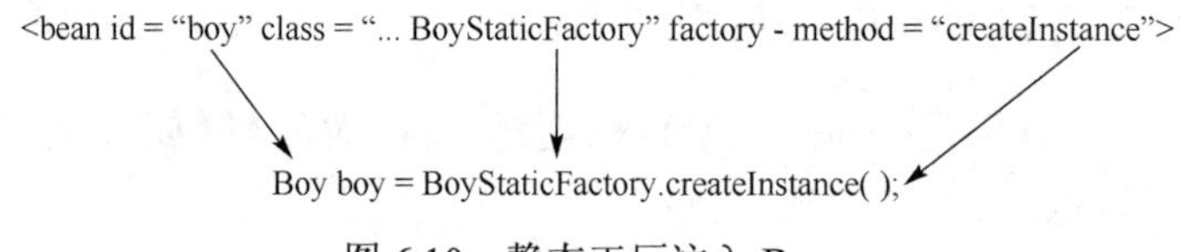

图 6.10 静态工厂注入 Bean

6.3.3 实例工厂注入 Bean

实例工厂注入 Bean 是指先定义一个专门类，该类中定义实例方法，实例方法负责创建和注入 Bean 对象。把这个创建 Bean 对象的类称为实例工厂类。

第一步：定义实例工厂类

```
package itlaobing.spring.factory;
import itlaobing.spring.Boy;
```

```
/**
 * 实例工厂类
 */
public class BoyInstanceFactory {
    /**
     * 实例工厂方法
     * @return Boy 对象
     */
    public Boy createInstance() {
        return new Boy();
    }
}
```

(1) BoyInstanceFactory 是实例工厂类，用于生产 Bean 对象。

(2) createInstance() 方法是生产 Bean 对象的实例方法。

(3) 复杂的 Bean 创建推荐使用实例工厂。

第二步：修改 Bean 配置

```
<bean id="factory" class="itlaobing.spring.factory.BoyInstanceFactory"></bean>
<bean
    id="boy"
    factory-bean="factory"
    factory-method="createInstance">
    <property name="pet" ref="cat"></property>
</bean>
```

(1) 首先通过 Spring 容器创建实例工厂对象 factory。

(2) id 是被创建的 Bean 名称。

(3) factory-bean：创建 Bean 的实例工厂类对象。

(4) factory-method：创建 Bean 的实例工厂方法。

(5) id，factory-bean，factory-method 三者的作用如图 6.11 所示。

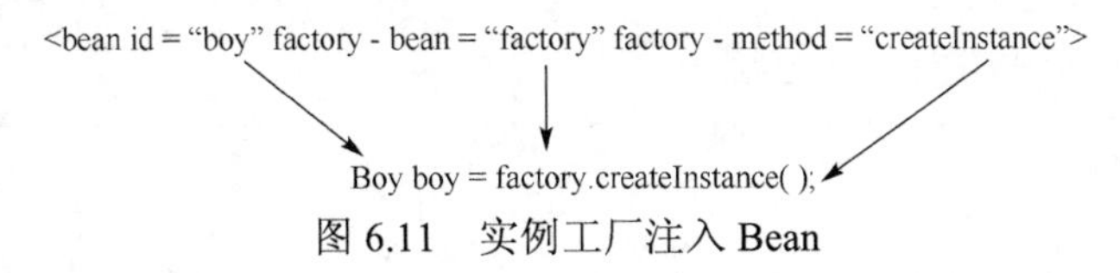

图 6.11　实例工厂注入 Bean

6.3.4　构造方法注入 Bean

构造方法注入 Bean 是指 Spring 容器在创建 Bean 对象时，通过构造方法将被依赖的对象注入给属性。

第一步：将 Boy 类重构

```
package itlaobing.spring;
public class Boy {
    IPet pet;
    //构造方法
    public Boy(IPet pet) {
        this.pet = pet;
    }
    //省略部分代码
}
```

Boy 类的构造方法中，将 IPet 对象注入给 pet 属性。

第二步：修改 Bean 配置

```
<bean id="boy" class="itlaobing.spring.Boy">
    <constructor-arg
        index="0"
        type="itlaobing.spring.IPet"
        ref="cat">
    </constructor-arg>
</bean>
```

(1) constructor-arg：配置构造方法的参数。

(2) index：构造方法参数的下标。

(3) type：构造方法参数的类型。

(4) ref：向构造方法注入的对象名。

(5) 如果被创建的 Bean 对象的构造方法是无参数的，则省略<constructor-arg>节点。

6.3.5 set 方法注入 Bean

set 方法注入 Bean 是指调用对象的 set 方法，将被注入的对象传给方法的形参，在方法内部将传入的形参注入给属性。

第一步：定义 set 方法

本例中定义了 setPet(IPet pet) 方法。

```
package itlaobing.spring;
public class Boy {
    private IPet pet;
    //set 方法注入 Bean
    public void setPet(IPet pet) {
        this.pet = pet;
    }
}
```

Boy 类的 setPet()方法中，将 IPet 对象注入给 pet 属性。

第二步：定义 Bean 配置

```
<bean id="boy" class="itlaobing.spring.Boy">
    <property name="pet" ref="cat"></property>
</bean>
```

(1)将 cat 对象注入给 pet 属性。

(2)name 属性的值是 set 方法的名称去掉 set 后首字母小写的方法名称。本例中的 pet 是 setPet()方法的名称去掉 set 后首字母小写的名称。

6.4 Bean 的作用域

6.4.1 scope 属性

Bean 对象的作用域是指 Bean 对象的使用范围。在 Spring 的配置文件中使用 scope 属性设置 Bean 的作用域。例如：

```
<bean id="cat" class="itlaobing.spring.Cat" scope="singleton"></bean>
```

scope 的值可以是 singleton、prototype、request、session 中的任意一个，区别如下：

(1) singleton：当一个 Bean 的作用域为 singleton，表示 Bean 对象是单例模式的。Spring IOC 容器中只会存在一个共享的 Bean 实例，并且所有对 Bean 的请求，只要 id 与该 Bean 定义相匹配，则只会返回 Bean 的同一实例。singleton 作用域是 Spring 中的默认作用域。

(2) prototype：当一个 Bean 的作用域为 prototype，表示 Bean 对象是原型模式的。prototype 作用域的 Bean 会导致在每次对该 Bean 请求时都会创建一个新的 Bean 实例。根据经验，对有状态的 Bean 应该使用 prototype 作用域，而对无状态的 Bean 则应该使用 singleton 作用域。

(3) request：当一个 Bean 的作用域为 request，表示 Bean 对象是请求模式的。在一次 HTTP 请求中，一个 Bean 定义对应一个实例；即每次 HTTP 请求将会有各自的 Bean 实例，它们依据某个 Bean 定义创建而成。该作用域仅在基于 Web 的 Spring ApplicationContext 情形下有效。针对每次 HTTP 请求，Spring 容器都会创建一个全新的 Bean 实例，且该 Bean 实例仅在当前 HTTP request 内有效，因此可以根据需要放心地更改所建实例的内部状态，而其他请求中根据 Bean 定义创建的实例，将不会看到这些特定于某个请求的状态变化。当处理请求结束，request 作用域的 Bean 实例将被销毁。

(4) session：当一个 Bean 的作用域为 session，表示 Bean 对象是会话模式的。在一个 HTTP Session 中，一个 Bean 定义对应一个实例。该作用域仅在基于 Web 的 Spring ApplicationContext 情形下有效。针对某个 HTTP Session，Spring 容器会根据 Bean 定义创建一个全新的 Bean 实例，且该 Bean 仅在当前 HTTP Session 内有效。与 request 作用域一样，你可以根据需要放心地更改所创建实例的内部状态，而别的 HTTP Session 中创建的实例，将不会看到这些特定于某个 HTTP Session 的状态变化。当 HTTP Session 最终被废弃的时候，在该 HTTP Session 作用域内的 Bean 也会被废弃掉。

下面来测试单例作用域。在 itlaobing.spring 包中定义一个类，命名为 ScopeTest，类中定义构造函数，构造函数中输出“ScopeTest 已经实例化”。

```
package itlaobing.spring;
public class ScopeTest {
    public ScopeTest() {
        System.out.println("ScopeTest 已经实例化");
    }
}
```

在 Spring 配置文件中配置 Bean 定义，id 设置为“scopeTest”，class 设置为“itlaobing.spring.ScopeTest”，scope 设置为“singleton”，如下：

```
<bean id="scopeTest" class="itlaobing.spring.ScopeTest" scope="singleton">
</bean>
```

编写单元测试方法，在 Spring 容器中两次获取 scopeTest 对象，输出两次获取的对象是否相等。

```
@Test
public void testScope() {
    ApplicationContext ctx = new
        ClassPathXmlApplicationContext("applicationContext.xml");
    ScopeTest scopeTest1 = (ScopeTest) ctx.getBean("scopeTest");
    ScopeTest scopeTest2 = (ScopeTest) ctx.getBean("scopeTest");
    System.out.println(scopeTest1==scopeTest2);
}
```

运行结果输出 true，表明两次调用 getBean()得到的是同一个对象。由此得出结论，作用域设置为“singleton”时，是单例模式，每次调用 getBean()时获取的都是同一个对象。

同样的方法测试原型模式的作用域。将 scope 的值设置为“prototype”再次运行单元测试，运行结果输出 false，表明两次调用 getBean()得到的不是同一个对象。由此得出结论，作用域设置为“prototype”时，是原型模式，每次调用 getBean()，Spring 容器都会重新创建一个 Bean 对象。

6.4.2 懒加载

懒加载(Lazy Load)是指在启动 Spring 容器时不实例化 Bean 对象，而是在需要对象时实例化 Bean 对象，有懒惰的表现。

当 scope="singleton"时，表示 Spring 容器启动时实例化 Bean 对象，scope="prototype"时，表示调用 getBean()时初实例化 Bean 对象，而不是在容器启动时实例化 Bean 对象。

编写单元测试方法，在单元测试方法中只加载 Spring 容器，不获取 Bean 对象，代码如下：

```
@Test
public void testLazy() {
    ApplicationContext ctx = new
        ClassPathXmlApplicationContext("applicationContext.xml");
}
```

运行 testLazy()单元测试，由于 ScopeTest 类的构造函数向控制台输出“ScopeTest 已经实例化”，控制台输出了“ScopeTest 已经实例化”，表明 ScopeTest 类已经被实例化。由此可证明当 scope="singleton"时，表示 Spring 容器启动时实例化 Bean 对象。

当 scope 为 singleton 时，通过 lazy-init 可以延迟实例化，延迟到 getBean()时实例化。将 id 为 scopeTest 的 Bean 定义中设置 lazy-init="true"，表示该 Bean 懒加载。配置如下：

```
<bean id="scopeTest" class="itlaobing.spring.ScopeTest" scope="singleton"
  lazy-init="true"></bean>
```

编写单元测试方法，在单元测试方法中只加载 Spring 容器，不获取 Bean 对象，代码如下：

```
@Test
public void testLazy() {
    ApplicationContext ctx = new
        ClassPathXmlApplicationContext("applicationContext.xml");
}
```

运行 testLazy()单元测试，控制台并没有输出“ScopeTest 已经实例化”，表明 ScopeTest 类未被实例化。由此可证明当 scope="singleton"时，设置 lazy-init="true"，表示 Spring 容器启动时不实例化 Bean 对象。

编写单元测试方法，在单元测试方法中加载 Spring 容器，获取 Bean 对象，代码如下：

```
@Test
public void testLazy() {
```

```
        ApplicationContext ctx = new
            ClassPathXmlApplicationContext("applicationContext.xml");
        ScopeTest scopeTest1 = (ScopeTest) ctx.getBean("scopeTest");
    }
```

运行 testLazy()单元测试，由于 ScopeTest 类的构造函数向控制台输出“ScopeTest 已经实例化”，控制台输出了“ScopeTest 已经实例化”，表明 ScopeTest 已经被实例化。由此可证明当 Scope="singleton"时，设置 lazy-init="true"，表示 Spring 容器启动时不实例化 Bean 对象，Bean 的创建延时到调用 getBean()方法时创建，这种延时创建 Bean 对象就是懒加载。

也可以在 beans 中配置 default-lazy-init= true，这样每个 bean 都延迟加载，例如：

```
<?xml version="1.0" encoding="UTF-8"?>
<beans xmlns="http://www.springframework.org/schema/beans"
    xmlns:xsi="http://www.w3.org/2001/XMLSchema-instance"
    xmlns:context="http://www.springframework.org/schema/context"
    xsi:schemaLocation="http://www.springframework.org/schema/beans
    http://www.springframework.org/schema/beans/spring-beans-4.3.xsd
    http://www.springframework.org/schema/context
    http://www.springframework.org/schema/context/spring-context-4.3.xsd"
    default-lazy-init="true">
```

但这种设置使得所有的 Bean 实例化都被延时，因此不推荐这样做。

6.5 Bean 的生命周期

Bean 的生命周期是指 Bean 从实例化到销毁的过程。Spring 容器在实例化对象时会调用 init-method 属性指定的方法，进行一些初始化操作，如连接数据库。Bean 对象销毁时会调用 destroy-method 属性指定的方法，做一些释放资源的操作。当 spring 容器关闭时，对象会被销毁，注意这种方式销毁的是 singleton 模式的 Bean 对象。

重构 ScopeTest 类，在类中添加 init()方法和 destroy()方法，代码如下：

```
package itlaobing.spring;
public class ScopeTest {
    public void init() {
        System.out.println("已经初始化了");
    }
    public void destroy() {
        System.out.println("已经销毁了");
    }
}
```

修改 Bean 配置文件如下：

```
<bean id="scopeTest" class="itlaobing.spring.ScopeTest"
init-method="init" destroy-method="destroy"></bean>
```

编写单元测试方法：

```
@Test
public void testInitDestroy() {
    AbstractApplicationContext ctx = new
        ClassPathXmlApplicationContext("applicationContext.xml");
    ctx.close();
}
```

运行结果：

```
    已经初始化了
    七月 31, 2020 7:48:53 下午 org.springframework.context.support.ClassPath-
XmlApplicat…
    信息: Closing org.springframework.context.support.ClassPathXmlApplication-
Context@650...
    已经销毁了
```

如运行结果所示，控制台输出了“已经初始化了”和“已经销毁了”，表明 init()方法和 destroy()方法都执行了。Spring 容器在启动时实例化了 Bean 对象，调用了 init()方法，实现了初始化。AbstractApplicationContext 对象的 close()方法表示关闭 Spring 容器，关闭容器时会销毁 Bean 对象，调用 Bean 对象 destroy-method 指定的方法。

6.6 注入 Bean 的属性值

property 元素的 ref 属性为 Bean 注入值。

```
<bean id="boy" class="itlaobing.spring.Boy">
    <property name="pet" ref="cat"></property>
</bean>
```

ref 注入的是引用类型的值。如果 Bean 对象中还有其他类型的属性，如基本数据类型、String 类型、复杂类型的数组和集合等，如何为这些属性注入值呢？接下来通过一个例子来说明 Bean 各种属性如何注入值。

第一步：准备相关类

在宠物店项目中定义包“itlaobing.spring.injection”，在该包中定义类 UserModel，在 UserModel 中定义各种类型的属性，参考代码如下：

```
package itlaobing.spring.injection;
import java.util.*;
/*
 * 为复杂属性注入值
 */
public class UserModel {
    private int age;//基本类型
    private String name;//String 类型
    private String arrs[] = null;//数组类型
    private List list =null;//List 集合
    private Set set = null;//Set 集合
    private Map<String, String> map =null;//泛型 Map 集合
    private Properties properties =null;//Properties 集合

    //省略了 get/set 方法
}
```

UserModel 类中定义了 int 类型的 age 属性，String 类型的 name 属性，String 类型的数组 arrs，List 集合对象 list，Set 集合对象 set，Map 集合对象 map，Properties 集合对象 properties，这些属性必须配置 get 和 set 方法。

第二步：设置配置文件“applicationContext.xml”

```
<?xml version="1.0" encoding="UTF-8"?>
<beans xmlns="http://www.springframework.org/schema/beans"
    xmlns:xsi="http://www.w3.org/2001/XMLSchema-instance"
    xmlns:context="http://www.springframework.org/schema/context"
    xsi:schemaLocation="http://www.springframework.org/schema/beans
    http://www.springframework.org/schema/beans/spring-beans-4.3.xsd
    http://www.springframework.org/schema/context
    http://www.springframework.org/schema/context/spring-context-4.3.xsd">
    <bean id="userModel" class="itlaobing.spring.injection.UserModel">
        <!-- value 为基本类型属性注入值 -->
        <property name="age" value="20"></property>
        <!-- value 为 String 类型属性注入值-->
        <property name="name" value="宋江"></property>
        <!-- 为数组属性注入值 -->
        <property name="arrs">
            <!-- 方法 1 -->
            <list>
                <value>阮小二</value>
                <value>阮小五</value>
```

```
                <value>阮小七</value>
            </list>
            <!-- 方法 2 -->
            <!-- <value>阮小二,阮小五,阮小七</value> -->
        </property>
        <!-- 为 list 集合注入值 -->
        <property name="list">
            <list>
                <value>吴用</value>
                <value>公孙胜</value>
            </list>
        </property>
        <!-- 为 set 集合注入值 -->
        <property name="set">
            <set>
                <value>燕青</value>
                <value>李逵</value>
            </set>
        </property>
        <!-- 为 map 集合注入值 -->
        <property name="map">
            <map>
                <entry key="cn" value="中国"></entry>
                <entry key="us" value="美国"></entry>
            </map>
        </property>
        <!-- 为 properties 集合注入值 -->
        <property name="properties">
            <props>
                <prop key="user">root</prop>
                <prop key="pass">root</prop>
                <prop key="database">itlaobing</prop>
                <prop key="port">3306</prop>
            </props>
        </property>
    </bean>
</beans>
```

(1) 为基本类型数据和 String 类型数据注入值使用 value 属性。

(2) 为数组类型注入值，在<list>节点中使用<value>节点，或者直接使用<value>节点，在<value>节点中设置值。

(3) 为 List 集合注入值，在<list>节点中使用<value>节点，在<value>节点中设置值。

(4) 为 Map 集合注入值，在<map>节点中使用<entry>节点，在<entry>节点中使用 key 属性设置键，value 属性设置值。

(5) 为 Set 集合注入值，在<set>节点中使用<value>节点，在<value>节点中设置值。

(6) 为 Properties 节点注入值，在<props>节点中设置<prop>节点，使用 key 属性设置键，使用<prop>节点中的文本作为值。

第三步：测试属性注入值

在“src/test/java”包中创建包“itlaobing.spring.test”，在该包中创建单元测试类 Test，代码如下：

```
package itlaobing.spring.test;
import java.util.Iterator;
import java.util.Map;
import java.util.Set;
import org.springframework.context.ApplicationContext;
import org.springframework.context.support.ClassPathXmlApplicationContext;
import itlaobing.spring.injection.UserModel;
public class Test {
    @org.junit.Test
    public void testInjectionField() {
        ApplicationContext ctx = new
            ClassPathXmlApplicationContext("applicationContext.xml");
        UserModel model = (UserModel) ctx.getBean("userModel");
        System.out.println("========输出数组元素========");
        for (int i = 0; i < model.getArrs().length; i++) {
            System.out.println(model.getArrs()[i]);
        }
        System.out.println("========输出 list 集合元素========");
        for (int i = 0; i < model.getList().size(); i++) {
            System.out.println(model.getList().get(i));
        }
        System.out.println("========输出 set 集合元素========");
        Iterator iterator =  model.getSet().iterator();
        while(iterator.hasNext()) {
            String str = (String) iterator.next();
            System.out.println(str);
        }
        System.out.println("========输出 map 集合元素========");
        Set<Map.Entry<String, String>> sets = model.getMap().entrySet();
        Iterator<Map.Entry<String, String>> iterator2 = sets.iterator();
```

```
        while(iterator2.hasNext()) {
            Map.Entry<String, String> item = iterator2.next();
            System.out.println(item.getKey()+"的值是"+item.getValue());
        }
        System.out.println("========输出 properties 集合元素========");
        Iterator<Map.Entry<Object, Object>> props =
            model.getProperties().entrySet().iterator();
        while(props.hasNext()) {
            Map.Entry<Object, Object> item = props.next();
            System.out.println(item.getKey()+"="+item.getValue());
        }
    }
}
```

运行该单元测试，结果如下：

```
========输出数组元素========
阮小二
阮小五
阮小七
========输出 list 集合元素========
吴用
公孙胜
========输出 set 集合元素========
燕青
李逵
========输出 map 集合元素========
cn 的值是中国
us 的值是美国
========输出 properties 集合元素========
user=root
port=3306
pass=root
database=itlaobing
```

6.7 自 动 注 入

通过配置文件可以手动的为 Bean 属性注入值。如果 Bean 属性需要的值在 Spring 容器中已经存在，那么 Spring 容器能不能自动将 Spring 容器中的对象注入给 Bean 的属性呢？通过配置自动注入是可以实现的。

6.7.1 自动注入

Spring 提供了 5 种注入方式，即：no、byName、byType、constructor 和 autodetect。在<bean>节点中使用 autowire 属性可以设置 Bean 注入的方式，默认是 no 方式。

• no 模式

no 模式是不采用任何形式的自动注入，完全依赖手动明确配置各个 Bean 之间的依赖关系。

• byName 模式

byName 模式是按照类中声明的实例变量的名称，与 XML 配置文件中声明的 bean 名称(id 或 name 的值)进行匹配，相匹配的 bean 将自动注入到当前实例变量上。

观察图 6.12，Boy 类的 autowire 设置为 byName，表示根据名称自动注入，然后 Spring 会根据 Boy 类中的属性名称“pet”到 Spring 容器中寻找 id 或 name 的名称为“pet”的对象，并尝试注入。如果找到的“pet”对象与 Boy 类中的属性 pet 是相同类型，则完成注入。

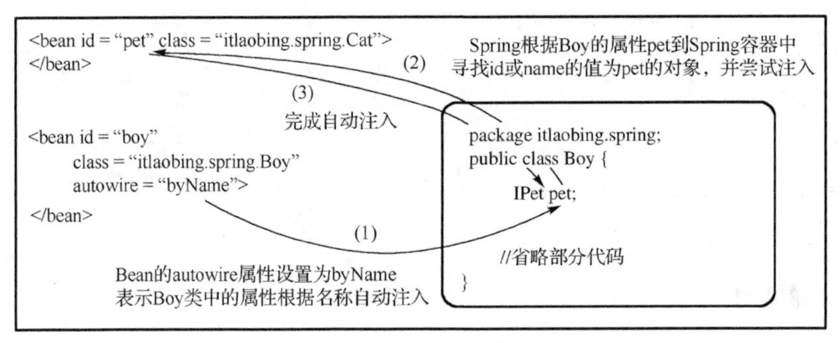

图 6.12　byName 注入

• byType 模式

如果指定当前 Bean 定义的 autowire 模式为 byType，那么容器会根据当前 Bean 定义，分析其相应依赖对象的类型，然后在容器所管理的所有 Bean 定义中查找与依赖对象类型相同的 Bean 定义。然后将找到的符合条件的 Bean 自动注入到当前 Bean 定义中，如图 6.13 所示。如果在容器中查询出多个符合条件的 Bean 定义，容器返回异常。

• constructor

constructor 类型的自动注入是针对构造方法注入而设计的。它同样是 byType 类型的注入模式。不过 constructor 是匹配的构造方法的参数类型，而不是实例属性类型。与 byType 类似，如果在 Spring 容器中查询出多个符合条件的 Bean 定义，就会出错。

• autodetect

autodetect 注入方式是 byType 和 constructor 模式的结合。如果对象拥有默认无参的构造方法，容器会优先考虑 byType 的自动注入模式，匹配不成功时再使用 constructor 模式，否则如果对象没有默认无参的构造方法，容器会优先考虑 constructor 模式自动注入。

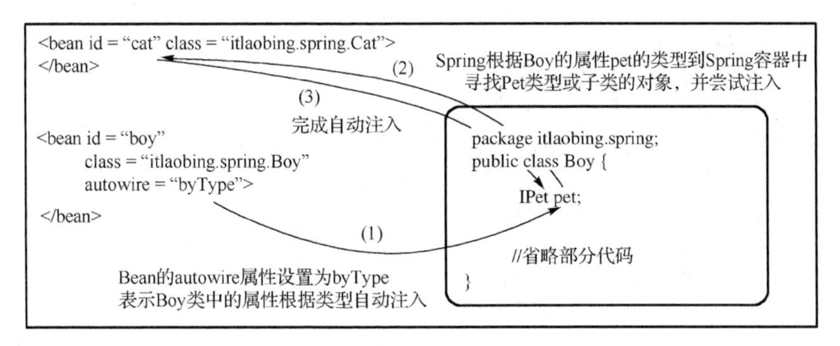

图 6.13 byType 注入

6.7.2 设置全局自动注入

如果每个 Bean 都需要设置 autowite 会显得很麻烦，为此，Spring 提供了全局自动注入配置。Spring 配置文件的<beans>节点的 default-autowire 属性，指定自动注入的默认类型。其值可以是 no，byName，byType，constructor，default。其中 default 是指由上级标签<beans>的 default-autowire 属性确定。

下面的配置将全局自动注入设置 byName：

```
<?xml version="1.0" encoding="UTF-8"?>
<beans xmlns="http://www.springframework.org/schema/beans"
    xmlns:xsi="http://www.w3.org/2001/XMLSchema-instance"
    xmlns:context="http://www.springframework.org/schema/context"
    xsi:schemaLocation="http://www.springframework.org/schema/beans
    http://www.springframework.org/schema/beans/spring-beans-4.3.xsd
    http://www.springframework.org/schema/context
    http://www.springframework.org/schema/context/spring-context-4.3.xsd"
    default-autowire="byName">
<beans>
```

6.8 加载多个 Spring 配置文件

在一个软件项目开发中会定义很多的 Bean，如果只使用一个 Spring 配置文件，会显得 Spring 配置文件很臃肿。Spring 可以将配置文件分解成多个，将多个 Spring 配置文件由一个总 Spring 配置文件统一加载。

例如，创建两个 Spring 配置文件，分别命名为 user.xml 和 role.xml，usre.xml 用于配置用户模块的 Bean 对象，role.xml 用于配置角色模块的 Bean 对象。在 applicationContext.xml 配置文件中使用<import>节点将 user.xml 和 role.xml 导入到 applicationContext.xml 中即可，参考配置如下：

applicationContext.xml

```
<?xml version="1.0" encoding="UTF-8"?>
<beans xmlns="http://www.springframework.org/schema/beans"
    xmlns:xsi="http://www.w3.org/2001/XMLSchema-instance"
    xmlns:context="http://www.springframework.org/schema/context"
    xsi:schemaLocation="http://www.springframework.org/schema/beans
    http://www.springframework.org/schema/beans/spring-beans-4.3.xsd
    http://www.springframework.org/schema/context
    http://www.springframework.org/schema/context/spring-context-4.3.xsd">
    <import resource="user.xml"/>
    <import resource="role.xml"/>
<beans>
```

第 7 章　Spring JDBC

【本章内容】

1. Spring JDBC 简介
2. Spring JDBC 模块
3. Spring JDBC 示例程序

【能力目标】

1. 能够使用 Spring JDBC 开发应用程序
2. 掌握 JdbcTemplate 类的用法
3. 能够搭建在三层架构中使用 Spring JDBC

7.1　Spring JDBC 简介

Spring JDBC 是 Spring 框架的基础模块之一，是 Spring 框架提供的一组 API，用于简化对 JDBC 的编程，只需要声明 SQL 语句、调用合适的 Spring JDBC 框架 API、处理结果集即可，其余的事情都交给 Spring JDBC 去完成。图 7.1 展示了 Spring JDBC 在 Spring 框架中的地位。

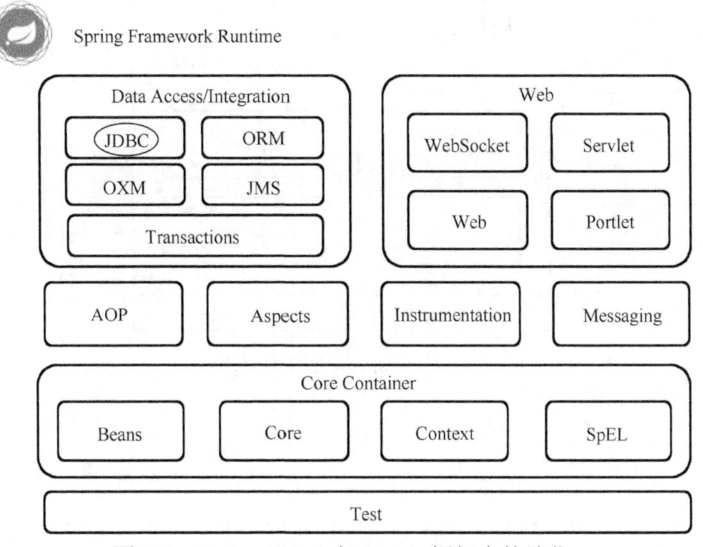

图 7.1　Spring JDBC 在 Spring 框架中的地位

Spring JDBC 通常是在三层架构下和 MVC 模式下使用，那么它在三层架构和 MVC 模式中又是处于什么地位呢？图 7.2 描述了 Spring JDBC 在三层架构下和 MVC 模式中的地位，Spring JDBC 属于三层架构中的数据访问层，属于 MVC 模式中的模型。

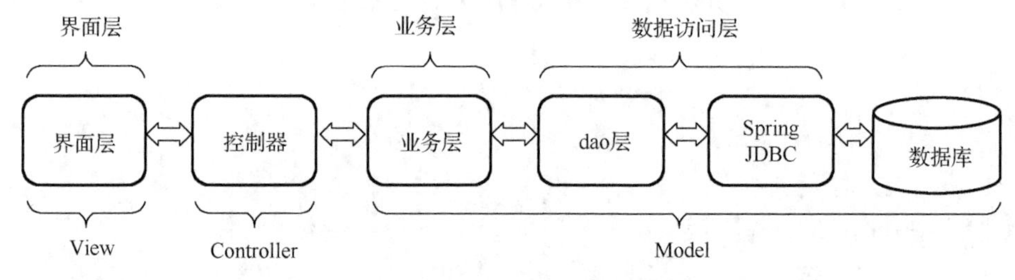

图 7.2 Spring JDBC 在三层架构中的地位

Spring JDBC 提供了三种方式来简化 JDBC 编程，分别是 JDBC 模板方式、关系数据库对象化方式、SimpleJDBC 方式。模板方式的核心 JdbcTemplate 类，它替开发人员完成了资源的创建以及释放，从而简化了对 JDBC 的使用，它还可以帮助开发人员避免一些常见的错误，例如忘记关闭数据库连接。JdbcTemplate 将完成 JDBC 核心处理流程，比如 Connection 对象的创建、PreparedStatement 对象的创建、SQL 语句的执行、事务的开始和提交、释放资源、调用存储过程等。而把 SQL 语句拼写以及查询结果的提取工作留给开发人员。

7.2 Spring JDBC 模块

Spring JDBC 模块中的类被分别定义在四个不同的包中，分别是 core 包、datasource 包、object 包、support 包，如图 7.3 所示。

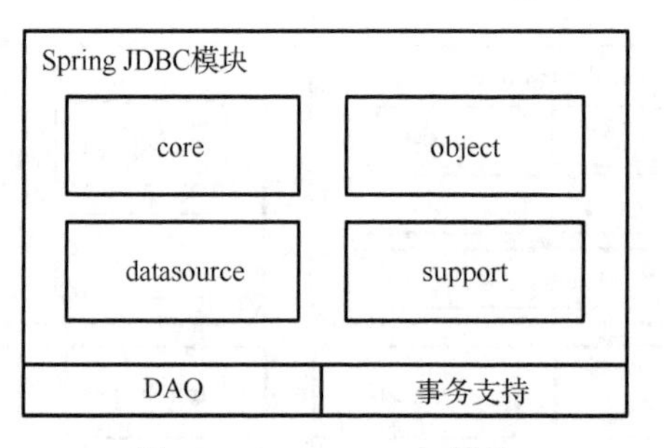

图 7.3 Spring JDBC 模块

1. core

核心包，它包含了 JDBC 的核心功能。此包内有很多重要的类，包括：JdbcTemplate、SimpleJdbcInsert 类、SimpleJdbcCall 类以及 NamedParameterJdbcTemplate 类。

2. datasource

数据源包，该包中包含了访问数据源的实用工具类，它有多种数据源的实现。

3. object

对象包，以面向对象的方式访问数据库。它允许执行查询并返回业务对象。它可以在数据表的列和业务对象的属性之间映射查询结果。

4. support

支持包，是 core 和 object 包的支持类，例如提供了异常转换功能的 SQLException 类。

7.3 JdbcTemplate 类

JdbcTemplate 类是 Spring JDBC 的核心类，该类提供了一组操作 SQL 语句的 API。使用该类时需要为其设置数据源，数据源中需要设置驱动程序、连接字符串、用户名、密码、数据库名称等重要的信息，如图 7.4 所示。

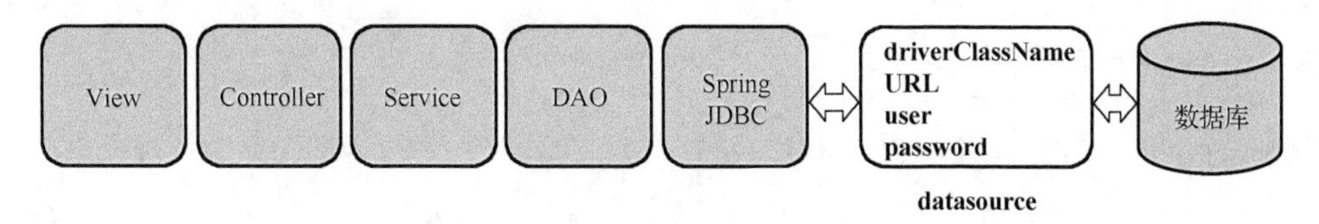

图 7.4 Spring JDBC 对数据源的依赖

7.3.1 execute()方法

JdbcTemplate 类中提供的 execute()方法是用于执行 DDL 语句的，该方法共有 7 种重载形式，如图 7.5 所示。

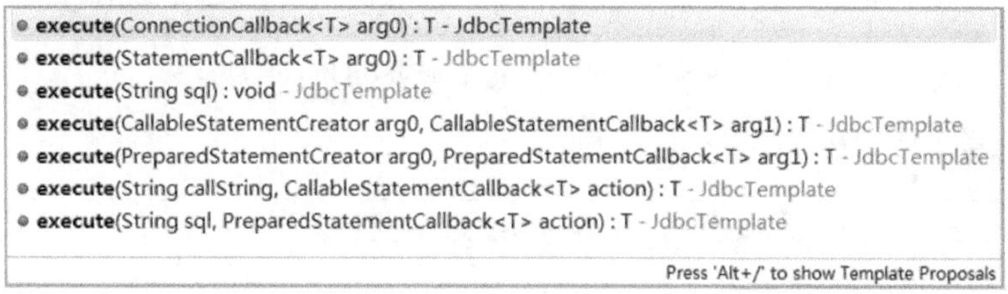

- **execute**(ConnectionCallback<T> arg0) : T - JdbcTemplate
- **execute**(StatementCallback<T> arg0) : T - JdbcTemplate
- **execute**(String sql) : void - JdbcTemplate
- **execute**(CallableStatementCreator arg0, CallableStatementCallback<T> arg1) : T - JdbcTemplate
- **execute**(PreparedStatementCreator arg0, PreparedStatementCallback<T> arg1) : T - JdbcTemplate
- **execute**(String callString, CallableStatementCallback<T> action) : T - JdbcTemplate
- **execute**(String sql, PreparedStatementCallback<T> action) : T - JdbcTemplate

Press 'Alt+/' to show Template Proposals

图 7.5 JdbcTemplate 类的 execute()方法

示例：

```
jdbcTemplate.execute("create table user (user_id integer, name varchar(100))");
```

7.3.2 update()方法

JdbcTemplate 的 update()方法执行 insert、update、delete 的 SQL 语句，共有 6 种重载形式，如图 7.6 所示。

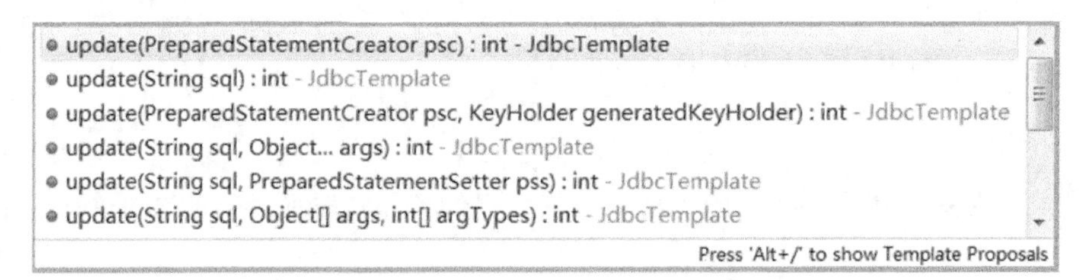

图 7.6 JdbcTemplate 类的 update()方法

示例：

```
    jdbcTemplate.update("update user set name = ? WHERE user_id = ?", new Object[]
{name, id});
```

7.3.3 queryForObject()方法

JdbcTemplate 的 queryForObject()方法执行返回单个对象的查询，共有 8 种重载形式，如图 7.7 所示。

queryForObject(String sql, Class<T> requiredType) : T - JdbcTemplate
queryForObject(String sql, RowMapper<T> rowMapper) : T - JdbcTemplate
queryForObject(String sql, Class<T> requiredType, Object... args) : T - JdbcTemplate
queryForObject(String sql, Object[] args, Class<T> requiredType) : T - JdbcTemplate
queryForObject(String sql, Object[] args, RowMapper<T> rowMapper) : T - JdbcTemplate
queryForObject(String sql, RowMapper<T> rowMapper, Object... args) : T - JdbcTemplate
queryForObject(String sql, Object[] args, int[] argTypes, Class<T> requiredType) : T - JdbcTemplate
queryForObject(String sql, Object[] args, int[] argTypes, RowMapper<T> rowMapper) : T - JdbcTemplate
Press 'Alt+/' to show Template Proposals

图 7.7 JdbcTemplate 类的 queryForObject()方法

示例：

```
    Integer count = jdbcTemplate.queryForObject("SELECT COUNT(*) FROM USER where
classid=?", Integer.class,5);
```

示例：

```
    String name = (String) jdbcTemplate.queryForObject("select name from user where
user_id = ?", new Object[] {id}, java.lang.String.class);
```

7.3.4 queryForList()方法

JdbcTemplate 类的 queryForList()方法执行返回多条记录的查询，共有 7 种重载形式，如图 7.8 所示。

```
queryForList(String sql) : List<Map<String,Object>> - JdbcTemplate
queryForList(String sql, Class<T> elementType) : List<T> - JdbcTemplate
queryForList(String sql, Object... args) : List<Map<String,Object>> - JdbcTemplate
queryForList(String sql, Class<T> elementType, Object... args) : List<T> - JdbcTemplate
queryForList(String sql, Object[] args, Class<T> elementType) : List<T> - JdbcTemplate
queryForList(String sql, Object[] args, int[] argTypes) : List<Map<String,Object>> - JdbcTemplate
queryForList(String sql, Object[] args, int[] argTypes, Class<T> elementType) : List<T> - JdbcTemplate
Press 'Alt+/' to show Template Proposals
```

图 7.8 JdbcTemplate 类的 queryForList()方法

示例：

```
List rows = jdbcTemplate.queryForList("select * from dept");
Iterator it = rows.iterator();
while(it.hasNext()) {
    Map userMap = (Map) it.next();
    System.out.print(userMap.get("id") + "\t");
    System.out.print(userMap.get("deptName") + "\t");
    System.out.print(userMap.get("memo") + "\t");
}
```

7.4 Spring JDBC 示例

下面以部门管理为例，讲解 Spring JDBC 在开发中的使用。要求在数据中创建部门表 dept，向 dept 表中初始化部门信息，使用 Spring JDBC 查询部门信息，并将部门信息显示在 Web 视图上。

7.4.1 架构设计

该示例在 MVC 模式下开发，视图使用 JSP 实现，控制器使用 Servlet 实现，模型中包含业务层、数据层、Spring JDBC、数据源、连接池。

如图 7.9 所示，使用 Spring JDBC 时，需要将 Model 中的 Bean 交给 Spring 容器来管理。业务层依赖数据层时，由 Spring 容器将数据层的 Bean 注入给业务层；数据层依赖 JdbcTemplate 时，由 Spring 容器将 JdbcTemplate 的 Bean 对象注入给数据层。

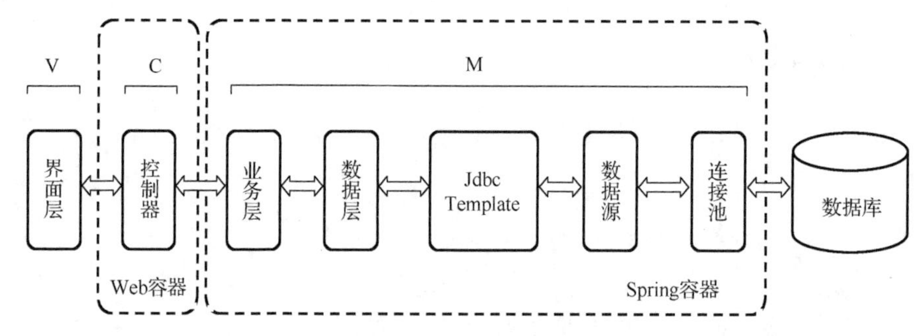

图 7.9 部门管理架构图

Controller是由Web容器创建的，Model是由Spring容器创建的。那么Web容器创建的Controller如何调用 Spring 容器创建的 Model 呢？Spring 容器提供了 WebApplicationContextUtils 类，该类的 getWebApplicationContext()方法用于在 Web 容器中获取 Spring 容器，代码如下所示：

```
    protected void doGet(HttpServletRequest request, HttpServletResponse
response) throws ServletException, IOException {
        //在 Web 容器中获取 Spring 容器
        WebApplicationContext ctx =
            WebApplicationContextUtils.getWebApplicationContext(request.
                getServletContext());
        //从 Spring 容器中获取业务 Bean
        DeptService service = (DeptService) ctx.getBean("deptService");
    }
```

数据源负责连接对象的创建和销毁。在 Web 应用中，服务器经常被频繁地访问，导致数据库也被频繁地访问，连接对象也被频繁地创建和销毁。频繁地创建和销毁连接对象不利于系统性能的提升，为此可以使用连接池。连接池负责分配、管理、释放数据库连接，它允许应用程序重复使用一个现有的数据库连接，而不是再重新建立一个新的连接。当程序需要一个连接对象时，如果连接池中存在空闲的连接对象，则直接使用该空闲的连接对象。如果连接池中没有空闲的连接对象，连接池就会创建连接对象，提供给程序使用。当程序调用连接对象的 close()方法时，会将连接对象依然保持连接状态，并放入到连接池中，以备后续使用。现在我们无需开发连接池，有很多第三方公司开发的连接池可以直接使用，例如 C3P0 连接池、DBCP 连接池、JNDI 连接池等。

7.4.2 开发步骤

第一步：创建数据库

```
CREATEDATABASE springjdbc;
USE springjdbc;
```

```
CREATE TABLE dept
(
    id INT AUTO_INCREMENT PRIMARY KEY,
    deptName VARCHAR(20), #部门名称
    memo VARCHAR(1000) #部门备注
);
INSERT INTO dept(deptName,memo) VALUES('开发部','');
INSERT INTO dept(deptName,memo) VALUES('测试 1 部','负责测试工作');
INSERT INTO dept(deptName,memo) VALUES('运维部','');
```

第二步：创建 Dynamic web project

创建 Dynamic web project，命名为 springjdbc。

第三步：导入 jar 包

导入 spring jdbc 和 spring web 需要的 jar 包到 lib 中

- commons-logging-1.2.jar
- spring-aop-4.3.10.RELEASE.jar
- spring-beans-4.3.10.RELEASE.jar
- spring-context-4.3.10.RELEASE.jar
- spring-context-support-4.3.10.RELEASE.jar
- spring-core-4.3.10.RELEASE.jar
- spring-expression-4.3.10.RELEASE.jar
- spring-jdbc-4.3.10.RELEASE.jar
- spring-tx-4.3.10.RELEASE.jar
- spring-web-4.3.10.RELEASE.jar

导入 MySQL 数据库驱动 jar 包

- mysql-connector-java-5.1.7-bin.jar

导入 JSTL 的 jar 包

- jstl.jar
- standard.jar

导入 c3p0 的 jar 包

- c3p0-0.9.5.2.jar
- mchange-commons-java-0.2.11.jar

第四步：创建模型类

创建 DeptModel 类，DeptModel 类与 dept 表进行映射。

```
package cn.itlaobing.jdbc.model;
import java.io.Serializable;
public class DeptModel implements Serializable{
    private Integer id;
    private String deptName;
    private String memo;
    //省略 get/set 方法
}
```

创建 DeptMapper 类。

```
package cn.itlaobing.jdbc.mapper;
import org.springframework.jdbc.core.*;
import cn.itlaobing.jdbc.model.*;
import java.sql.ResultSet;
import java.sql.SQLException;
public class DeptMapper implements RowMapper<DeptModel>{
    @Override
    public DeptModel mapRow(ResultSet rs, int index) throws SQLException {
        DeptModel model =new DeptModel();
        model.setId(rs.getInt("id"));
        model.setDeptName(rs.getString("deptName"));
        model.setMemo(rs.getString("memo"));
        return model;
    }
}
```

DeptMapper 类的作用是将从数据库中查询出来的记录封装到 DeptModel 实体类中。Spring 框架中提供的 RowMapper 接口定义了将表中记录转换为实体对象的规范，只要实现 mapRow()方法就可以将记录封装到实体对象中。mapRow()方法传入的结果集对象 rs 转换为实体对象并返回。

创建 DeptDao 类。

```
package cn.itlaobing.jdbc.dao;
import java.util.List;
import org.springframework.jdbc.core.JdbcTemplate;
import cn.itlaobing.jdbc.mapper.DeptMapper;
import cn.itlaobing.jdbc.model.DeptModel;
public class DeptDao {
    private JdbcTemplate jdbcTemplate;
    //注入 jdbcTemplate 方法
    public void setJdbcTemplate(JdbcTemplate jdbcTemplate) {
        this.jdbcTemplate = jdbcTemplate;
    }
    public List<DeptModel> findAll(){
        return jdbcTemplate.query("select * from dept", new DeptMapper());
    }
}
```

DeptDao 类中定义了 Spring JDBC 提供的 jdbcTemplate 对象，jdbcTemplate 对象通过 setJdbcTemplate()方法从 Spring 容器中注入进来。findAll()方法查询所有的部门信息。

创建 DeptService 类。

```
package cn.itlaobing.jdbc.service;
import java.util.List;
import cn.itlaobing.jdbc.dao.DeptDao;
import cn.itlaobing.jdbc.model.DeptModel;
public class DeptService {
    private DeptDao deptDao =null;
    //注入 DetpDao 方法
    public void setDeptDao(DeptDao deptDao) {
        this.deptDao = deptDao;
    }
    public List<DeptModel> findAll(){
        return deptDao.findAll();
    }
}
```

DeptService 类定义了属性 deptDao 对象，deptDao 对象通过 setDeptDao()方法从 Spring 容器中注入进来。findAll()方法查询所有的部门信息。

第五步：创建数据库连接配置文件

鼠标右键点击“src”包，在弹出的菜单中选择“new>File”，在弹出的界面中为 File Name 输入为“db.properties”，然后点击“Finish”。

鼠标左键双击 src 包下的 db.properties 文件，打开该文件，在该文件中以键值对的形式输入数据库连接信息，如下所示：

```
jdbc.driverClass=com.mysql.jdbc.Driver
jdbc.jdbcUrl=jdbc\:mysql\://localhost\:3306/springjdbc
jdbc.user=root
jdbc.password=root
jdbc.initialPoolSize=10
jdbc.maxPoolSize=100
jdbc.minPoolSize=10
jdbc.acquireIncrement=10
```

第六步：创建 Spring 配置文件

鼠标右键点击“src”包，在弹出的菜单中选择“New>Other”，在过滤中输入 Spring，选择“Spring Bean Configuration File”，如图 7.10 所示。

点击“Next”，显示如图 7.11 所示。

在 File Name 中输入 Spring 配置文件的文件名，本例输入“applicationContext.xml”，点击“Next”，显示如图 7.12 所示。

图 7.10　创建 Spring 配置文件

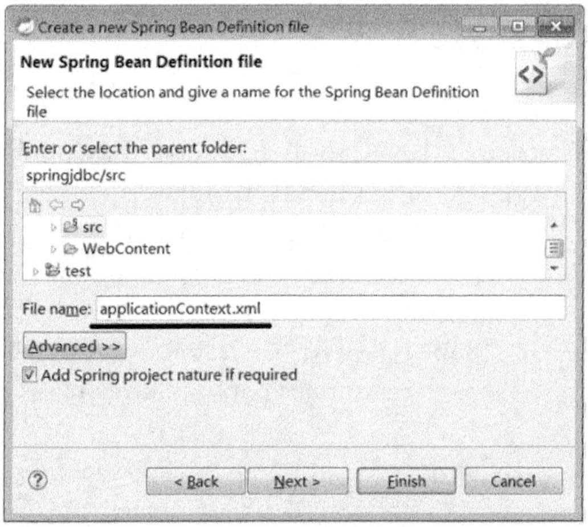

图 7.11　输入配置文件名

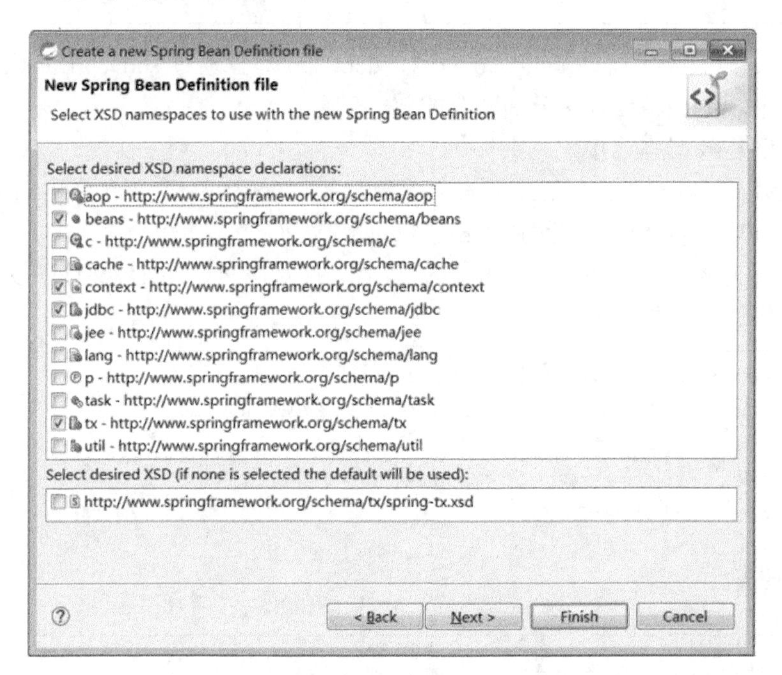

图 7.12　选择 spring Bean 的定义

选择 beans、context、jdbc、tx 命名空间，最后点击 Finish 完成对 Spring 配置文件的创建。鼠标左键双击 src 包下的 applicationContext.xml，打开该文件，将该文件配置如下：

```
<?xml version="1.0" encoding="UTF-8"?>
<beans xmlns="http://www.springframework.org/schema/beans"
```

```
xmlns:xsi="http://www.w3.org/2001/XMLSchema-instance"
xmlns:context="http://www.springframework.org/schema/context"
xmlns:jdbc="http://www.springframework.org/schema/jdbc"
xmlns:tx="http://www.springframework.org/schema/tx"
xsi:schemaLocation="http://www.springframework.org/schema/beans
http://www.springframework.org/schema/beans/spring-beans.xsd
http://www.springframework.org/schema/context
http://www.springframework.org/schema/context/spring-context-4.3.xsd
http://www.springframework.org/schema/jdbc
http://www.springframework.org/schema/jdbc/spring-jdbc-4.3.xsd
http://www.springframework.org/schema/tx
http://www.springframework.org/schema/tx/spring-tx-4.3.xsd">
<!-- 读取数据库配置文件 db.properties，获取数据库连接信息 -->
<context:property-placeholder location="classpath:db.properties"/>
<!-- 配置数据源，为 JdbcTemplate 对象提供支持 -->
<bean id="dataSource" class="com.mchange.v2.c3p0.ComboPooledDataSource">
  <!--使用${key}从 db.properties 中读取数据库连接信息，注入到 dataSource 中-->
  <property name="driverClass" value="${jdbc.driverClass}"></property>
  <property name="jdbcUrl" value="${jdbc.jdbcUrl}"></property>
  <property name="user" value="${jdbc.user}"></property>
  <property name="password" value="${jdbc.password}"></property>
  <!-- 初始化时的连接数，取值应该在 maxPoolSize 和 minPoolSize 之间，默认是 3 -->
  <property name="initialPoolSize" value="${jdbc.initialPoolSize}"></property>
  <!-- 连接池中保留的最大连接数量，默认 15 -->
  <property name="maxPoolSize" value="${jdbc.maxPoolSize}"></property>
  <!-- 连接池中保留的最小连接数量，默认 3 -->
  <property name="minPoolSize" value="${jdbc.minPoolSize}"></property>
  <!-- 当连接池中的连接耗尽的时候，c3p0 一次同时获取的连接数，默认 3 -->
  <property name="acquireIncrement" value="${jdbc.acquireIncrement}"></property>
</bean>
<!-- 定义 jdbctemplate -->
<bean id="jdbcTemplate" class="org.springframework.jdbc.core.JdbcTemplate">
  <property name="dataSource" ref="dataSource"></property>
</bean>
<!-- 定义 deptDao -->
<bean id="deptDao" class="cn.itlaobing.jdbc.dao.DeptDao">
  <property name="jdbcTemplate" ref="jdbcTemplate"></property>
</bean>
<!-- 定义 deptService -->
<bean id="deptService" class="cn.itlaobing.jdbc.service.DeptService">
  <property name="deptDao" ref="deptDao"></property>
```

```
  </bean>
</beans>
```

在 Spring 配置文件中，通过 Bean 元素定义了数据源对象 dataSource，JdbcTemplate 类的对象 jdbcTemplate，DeptDao 类的对象 deptDao，DeptService 类的对象 deptService，并将这些对象交给 Spring 容器管理。通过 property 元素将 dataSource 对象注入给 jdbcTemplate 对象，将 jdbcTemplate 对象注入给 deptDao 对象，将 deptDao 对象注入给 deptService 对象。

第七步：启动 Spring 容器

在 web.xml 中使用监听器启动 Spring 容器。

```
<?xml version="1.0" encoding="UTF-8"?>
<web-app xmlns:xsi="http://www.w3.org/2001/XMLSchema-instance"
xmlns="http://xmlns.jcp.org/xml/ns/javaee"
xsi:schemaLocation="http://xmlns.jcp.org/xml/ns/javaee
http://xmlns.jcp.org/xml/ns/javaee/web-app_3_1.xsd" id="WebApp_ID" version="3.1">
 <display-name>springjdbc</display-name>
 <welcome-file-list>
   <welcome-file>/DeptFindAll</welcome-file>
 </welcome-file-list>
 <!-- 启动 spring 容器 -->
 <context-param>
   <param-name>contextConfigLocation</param-name>
   <param-value>/WEB-INF/classes/applicationContext.xml</param-value>
 </context-param>
 <listener>
<listener-class>org.springframework.web.context.ContextLoaderListener</li
stener-class>
 </listener>
 <!-- 设置中文编码为 utf-8 -->
 <filter>
   <filter-name>CharacterEncoding</filter-name>
   <filter-class>org.springframework.web.filter.CharacterEncodingFilter
</filter-class>
   <init-param>
     <param-name>encoding</param-name>
     <param-value>UTF-8</param-value>
   </init-param>
   <init-param>
```

```
        <param-name>forceEncoding</param-name>
        <param-value>true</param-value>
      </init-param>
    </filter>
    <filter-mapping>
      <filter-name>CharacterEncoding</filter-name>
        <url-pattern>/*</url-pattern>
      </filter-mapping>
</web-app>
```

在 web.xml 中通过 listener 启动 Spring 容器，ContextLoaderListener 类是 Spring 容器的启动类。启动时通过 context-param 加载 Spring 容器的配置文件。

在 web.xml 中还设置了中文编码。Spring 框架中的类 org.springframework.web.filter.CharacterEncodingFilter 是编码过滤器，用于设置 get 方式或 post 方式提交中文时，对中文的编码格式，以防止中文乱码。url-pattern 设置为/*，表示任何请求都要进入编码过滤器。encoding 参数用于设置具体的编码方式，本例中设置为 UTF-8 编码。forceEncoding 用于设置是否对响应结果也使用该编码过滤器，默认为 false。本例中设置为 true，相当于在响应之前对响应的内容执行 response.setCharacterEncoding("UTF-8")。

第八步：创建控制器

创建查询部门列表控制器 DeptFindALL，在控制器中获取 Spring 容器，从 Spring 容器中获取业务 Bean，调用业务 Bean 的 findAll()方法获取部门列表，将部门列表保存到请求范围中，转向到视图。

```
package cn.itlaobing.jdbc.controller;
import java.io.IOException;
import java.util.List;
import javax.servlet.ServletException;
import javax.servlet.annotation.WebServlet;
import javax.servlet.http.HttpServlet;
import javax.servlet.http.HttpServletRequest;
import javax.servlet.http.HttpServletResponse;
import org.springframework.web.context.WebApplicationContext;
import org.springframework.web.context.support.WebApplicationContextUtils;
import com.mchange.v2.c3p0.ComboPooledDataSource;
import cn.itlaobing.jdbc.model.DeptModel;
import cn.itlaobing.jdbc.service.DeptService;
@WebServlet("/DeptFindAll")
public class DeptFindAll extends HttpServlet {
```

```
    private static final long serialVersionUID = 1L;
    protected void doGet(HttpServletRequest request, HttpServletResponse response)
        throws ServletException, IOException {
        //获取 Spring 容器
        WebApplicationContext container = WebApplicationContextUtils.
            getWebApplicationContext(request.getServletContext());
        //从 Spring 容器中获取业务 Bean 对象
        DeptService service = (DeptService) container.getBean("deptService");
        //业务 Bean 对象调用 findALL 方法获取所有的部门信息
        List<DeptModel> list = service.findAll();
        //将部门信息保存到请求范围中
        request.setAttribute("list", list);
        //请求转发到部门列表视图，部门列表视图从请求范围中获取部门并显示
        request.getRequestDispatcher("index.jsp").forward(request, response);
    }
    protected void doPost(HttpServletRequest request, HttpServletResponse response)
        throws ServletException, IOException {
        doGet(request, response);
    }
}
```

创建视图文件 index.jsp。

```
<%@ page language="java" contentType="text/html; charset=utf-8"
    pageEncoding="utf-8"%>
<%@ taglib uri="http://java.sun.com/jsp/jstl/core" prefix="c" %>
<!DOCTYPE html PUBLIC "-//W3C//DTD HTML 4.01 Transitional//EN"
"http://www.w3.org/TR/html4/loose.dtd">
<html>
    <head>
        <meta http-equiv="Content-Type" content="text/html; charset=utf-8">
        <title>部门列表</title>
    </head>
    <body>
        <a href="deptadd.jsp">添加部门</a><br />
        <table width="600" border="1" cellspacing="0" cellpadding="0">
         <tr>
          <td width="200" align="center">编号</td>
          <td width="200" align="center">部门名称</td>
```

```
        <td width="200" align="center">备注</td>
        <td width="200" align="center">编辑</td>
        <td width="200" align="center">删除</td>
      </tr>
  <%-- 从请求范围中获取数据 --%>
  <c:forEach items="${list }" var="item">
   <tr>
    <td>${item.id}</td>
    <td>${item.deptName}</td>
    <td>${item.memo}</td>
  <td>
   <a href="${pageContext.request.contextPath}/DeptEdit?id=${item.id}">
             编辑</a></td>
  <td><a href="${pageContext.request.contextPath }/DeptDelete?id=${item.id}"
   onclick="javascript:return confirm('确认删除吗?')">删除</a></td>
 </tr>
 </c:forEach>
 </table>
</body>
</html>
```

视图 index.jsp 导入了 JSTL 标准标签库，使用 forEach 迭代标签将从请求范围中获取的部门信息进行迭代，通过 EL 表达式将部门信息显示在视图界面上。

第九步：测试运行

将项目部署到 Web 容器中，启动 Web 容器，打开浏览器，在地址栏中输入 http://localhost:8080/jdbc/DeptFindAll，运行结果如图 7.13 所示。

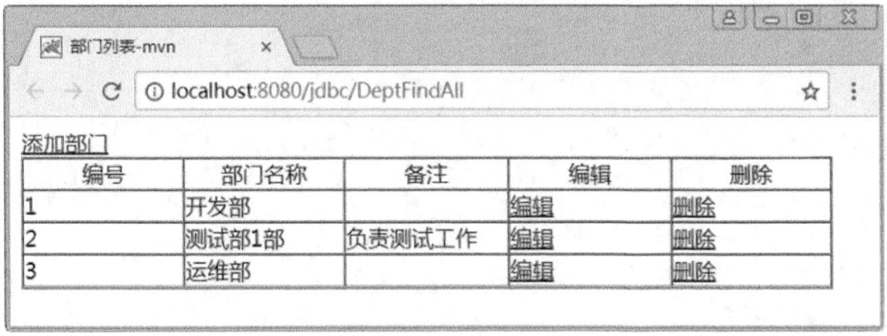

部门列表-mvn

localhost:8080/jdbc/DeptFindAll

添加部门

编号	部门名称	备注	编辑	删除
1	开发部		编辑	删除
2	测试部1部	负责测试工作	编辑	删除
3	运维部		编辑	删除

图 7.13 运行结果

最终项目结构如图 7.14 所示，至此已经完成了部门管理案例。

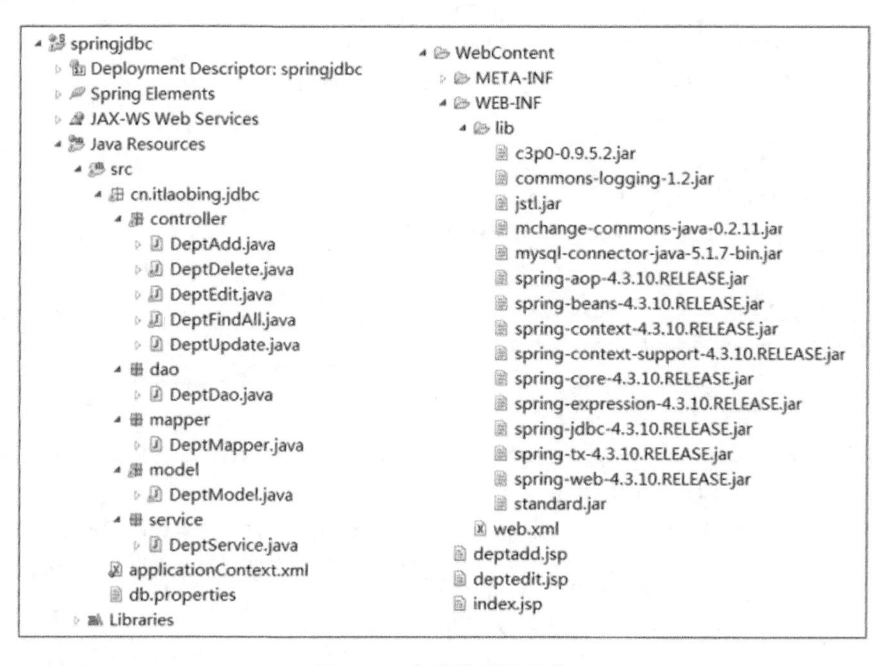

图 7.14 完整的项目结构

第 8 章　Spring 优化配置

【本章内容】

1. Annotation-config
2. Component-scan
3. Java-based

【能力目标】

1. 能够使用 Annotation-config 进行属性的注入
2. 能够使用 Component-scan 创建 Bean 对象
3. 能够使用 Java-based 优化配置结构

在一个大型的软件项目中类的数量很多，使用 XML 配置文件创建和管理 Bean 会导致 XML 配置文件过于臃肿。Spring 框架还提供了注解方式创建和管理 Bean，这种方式是将 Bean 的创建和管理转移到类的内部，从而使得 XML 配置文件得到瘦身。

本章的案例以第 7 章的“Spring JDBC 示例程序”为基础，讲解注解方式创建和管理 Bean 对象。

8.1　Annotation-config

在 Spring 中，Bean 的依赖注入有两种方式，第一种使用 XML 配置文件方式，第二种使用注解(annotation)方式。本章讲解注解配置方式创建和管理 Bean 对象，Spring 开发团队建议使用注解方式创建和管理 Bean 对象。回顾 XML 配置文件方式创建和管理 Bean 对象。

```
<bean id="deptService" class="cn.itlaobing.jdbc.service.DeptService">
    <property name="deptDao" ref="deptDao"></property>
</bean>
```

该配置实现了创建 DeptService 类的对象 deptService，并将 Spring 容器中的 deptDao 对象注入给 deptService 对象的 deptDao 属性。那么这种配置如何使用 annotation 方式实现呢？使用注解方式实现需要两步。

第一步：启用启动配置

在 Spring 配置文件中，启用注解配置。

```
<?xml version="1.0" encoding="UTF-8"?>
<beans xmlns="http://www.springframework.org/schema/beans"
    ......>
    <!-- 启用注解配置 -->
    <context:annotation-config/>
    ......
</beans>
```

该配置隐式注册了对注解进行解析处理的处理器类。

第二步：在类的属性上标注注解

```
public class DeptService {
    @Resource(name="deptDao")
    private DeptDao deptDao =null;
    //省略部分代码
}
@Resource(name="deptDao")
private DeptDao deptDao =null;
```

相当于

```
<property name="deptDao" ref="deptDao"></property>
```

因此，使用了注解配置后，就无需 XML 配置了。

8.1.1 @Resource

@Resource 注解可以标注在属性和方法上。默认按照对象名称注入属性值，如果按照名称找不到依赖的对象，则按照类型寻找依赖的对象。对象名称可以通过@Resource 注解的 name 属性指定，如果没有指定 name 属性，当@Resource 标注在属性上时，通过属性名称作为 Bean 名称寻找依赖对象，当@Resource 标注在属性的 set 方法上时，取属性名称作为 Bean 名称寻找依赖对象。如果没有指定 name 属性，并且默认按照名称仍然找不到依赖对象时，@Resource 注解会退回到按照类型匹配。一旦指定了 name 属性，就只能按照名称注入了。

```
public class DeptService {
    @Resource(name="deptDao")
    private DeptDao deptDao =null;
    public List<DeptModel> findAll(){
        return deptDao.findAll();
    }
}
```

@Resource(name="deptDao")表示告诉 Spring 容器，将 Spring 容器中 Bean 名称为 deptDao

的 Bean 对象注入给 DeptService 类的属性 deptDao。其实@Resource 并不是 Spring 的注解，@Resource 是 JavaEE 提供的，被定义在名称为 javax.annotation 的包中，使用时需要导入 annotation-api.jar。Spring 容器也提供了属性注入注解，包括@Autowired、@Qualifier。

8.1.2 @Autowired

@Autowired 注解按照类型注入，默认情况下它要求依赖的对象必须存在，如果允许为 null，可以设置它的 required 属性为 false。

```
public class DeptService {
    @Autowired(required=false)
    private DeptDao deptDao =null;
    public List<DeptModel> findAll(){
        return deptDao.findAll();
    }
}
```

@Autowired 标注在 DeptDao 类型的属性 deptDao 上，表示告诉 Spring 容器，将 Spring 容器中类型为 DeptDao 的对象注入给 deptDao 属性。

8.1.3 @Qualifier

@Autowired 是按照类型注入的，如果@Autowired 想使用对象名称注入，可以结合@Qualifier 注解一起使用，由@Qualifier 注解确定注入的对象名称。

```
public class DeptService {
    @Autowired @Qualifier("deptDao")
    private DeptDao deptDao =null;
    public List<DeptModel> findAll(){
        return deptDao.findAll();
    }
}
```

@Autowired @Qualifier("deptDao")同时标注在 deptDao 属性上，表示告诉 Spring 容器，将 Spring 容器中类型为 DeptDao，名称为 deptDao 的对象注入给 DeptService 类的 deptDao 属性。

8.1.4 第一次重构

任务 1：使用注解重构“Spring JDBC 示例”

第一步：修改“Spring JDBC 示例”的 applicationContext.xml 配置文件

在该配置文件中启动注解创建和管理 Bean 对象，使用 Bean 元素创建出 deptService 对象。

```
<?xml version="1.0" encoding="UTF-8"?>
<beans 省略部分代码>
    <!-- 启用属性注入 -->
    <context:annotation-config/>
    //省略部分配置，省略的部分与原配置相同
    <bean id="deptService" class="cn.itlaobing.jdbc.service.DeptService">
    </bean>
</beans>
```

第二步：在 DeptService 类中使用@Resource 注解为 deptDao 属性注入值

```
public class DeptService {
    @Resource(name="deptDao")
    private DeptDao deptDao =null;
    //省略部分代码
}
```

第三步：单元测试

创建测试包和测试类。鼠标右键点击 Java Resource 包中的 src/main/java，在弹出的对话框中选择 new > Source Folder，在 Folder name 中输入 src/main/test 后点击 Finish。

在 src/main/test 包中创建单元测试类 Test，创建单元测试方法 test1()，代码如下所示：

```
package cn.itlaobing.test;
import org.springframework.context.ApplicationContext;
import org.springframework.context.support.ClassPathXmlApplicationContext;
import cn.itlaobing.jdbc.model.DeptModel;
import cn.itlaobing.jdbc.service.DeptService;
public class Test {
    @org.junit.Test
    public void test1() {
        ApplicationContext ctx = new
            ClassPathXmlApplicationContext("applicationContext.xml");
        DeptService service = (DeptService) ctx.getBean("deptService");
        DeptModel model = service.findById(1);
        System.out.println("id="+model.getId());
        System.out.println("deptName="+model.getDeptName());
        System.out.println("memo="+model.getMemo());
    }
}
```

运行结果如下：

```
id=1
deptName=开发部
memo=null
```

第四步：在 Web 环境中测试

将项目部署到 Tomcat 运行中，启动 Tomcat 服务器，在浏览器地址栏中输入 http://localhost:8080/jdbc/DeptFindAll，运行结果如图 8.1 所示。

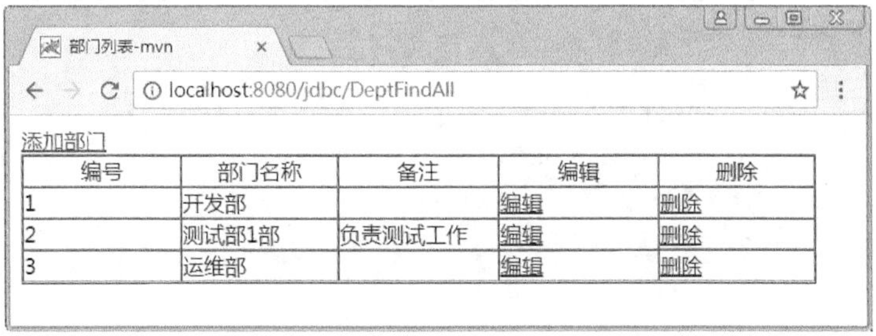

部门列表-mvn

localhost:8080/jdbc/DeptFindAll

添加部门

编号	部门名称	备注	编辑	删除
1	开发部		编辑	删除
2	测试部1部	负责测试工作	编辑	删除
3	运维部		编辑	删除

图 8.1　在 Web 环境中测试注解

8.2　Component-scan

<context:annotation-config/>能够实现为属性注入值，从而简化了 XML 的配置，但 Bean 对象的创建依然要定义在 XML 文件中。Spring 引入了组件自动扫描机制，可以在指定的包下寻找标注了@Component、@Service、@Controller、@Respository 注解的类，然后自动创建该类的对象，并将对象交给 Spring 容器管理。这些注解的作用和 XML 中的 Bean 节点配置的作用是相同的，从而进一步简化了 XML 的配置。使用 Component-scan 需要两步。

第一步：启用 Component-scan 配置

在 Spring 配置文件中，启用 Component-scan 配置

```
<?xml version="1.0" encoding="UTF-8"?>
<beans xmlns="http://www.springframework.org/schema/beans"
    ......>
    <!-- 启用组件扫描 -->
    <context:component-scan base-package="cn.itlaobing"/>
    ......
</beans>
```

该配置隐式注册了对注解进行解析处理的处理器类。base-package 属性指定需要扫描的包及其子包，如果需要扫描多个包，包与包之间用分号分隔。

第二步：在类的名上标注注解

在类名上可标注的注解有@Component、@Service、@Controller、@Respository。@Service 用于标注在业务类上，@Controller 用于标注在控制器类上，@Respository 用于标注在数据访问类上，@Component 用于标注在以上三种类之外的类上。这些注解并没有严格区分必须用在哪个组件上，事实上也可以将@Controller 注解用在业务类上，之所以这样区别只是为了便于识别是业务类还是控制器而已。

```
@Service("deptService")
public class DeptService {
    @Resource(name="deptDao")
    private DeptDao deptDao =null;
    public List<DeptModel> findAll(){
        return deptDao.findAll();
    }
}
```

@Service("deptService") 标注在 DeptService 类上，表示告诉 Spring 容器负责创建 DeptService 类的对象，并将创建的对象名称设置为 deptService。

8.2.1 @Scope

使用@Scope 注解告诉 Spring 容器创建的 Bean 的作用域。

```
@Service("deptService") @Scope("prototype")
public class DeptService {
    @Resource(name="deptDao")
    private DeptDao deptDao =null;
    public List<DeptModel> findAll(){
        return deptDao.findAll();
    }
}
```

Scope 的值包括 singleton、prototype、request、session。Singleton 表示创建单例模式的 Bean 对象，prototype 表示创建原型模式的 Bean 对象，request 表示创建请求范围的 Bean 对象，session 表示创建 session 范围的 Bean 对象。

8.2.2 @PostConstruct 和@PreDestroy

通过@PostConstruct 可设置 Bean 初始化时调用的方法，通过@PreDestroy 可设置 Bean 销毁时调用的方法。

```
@Service("deptService")
public class DeptService {
    @PostConstruct
    public void init(){
        System.out.println("DeptService 类已经初始化");
    }
    @PreDestroy
    public void destory(){
        System.out.println("DeptService 类已经销毁");
    }
}
```

Init()方法上标注了@PostConstruct 注解，当 Spring 容器实例化 DeptService 类时就会调用 init()方法，由 init()方法完成初始化任务。destory()方法上标注了@PreDestroy 注解，当 Spring 容器销毁 DeptService 对象时就会调用 destory()，由 destory()方法完成资源回收任务。

8.2.3 第二次重构

任务 2：使用组件扫描重构“Spring JDBC 示例”

使用组件扫描继续重构，将由 XML 配置文件创建 Bean 对象修改为由注解创建 Bean 对象。

第一步：重构 applicationContext.xml

```
<?xml version="1.0" encoding="UTF-8"?>
<beans 省略部分代码>
    <!--启用注解配置-->
    <context:annotation-config/>
    <!-- 启用组件扫描-->
    <context:component-scan base-package="cn.itlaobing"/>
    //省略部分配置，省略的部分与原配置相同
    <!-- 以下部分是定义 Bean 和属性值注入，这部分转移到类内部通过注解配置 -->
    <!--
    <bean id="deptDao" class="cn.itlaobing.jdbc.dao.DeptDao">
        <property name="jdbcTemplate" ref="jdbcTemplate"></property>
    </bean>
    <bean id="deptService" class="cn.itlaobing.jdbc.service.DeptService">
        <property name="deptDao" ref="deptDao"></property>
    </bean>
    -->
</beans>
```

在 Spring 配置文件 applicationContext.xml 中启动了注解配置，实现了为类的属性注入值，启动了组件扫描，实现了由 Spring 容器创建 Bean 对象。

第二步：重构 DeptDao

```
@Repository("deptDao")
public class DeptDao {
    //从 Spring 容器中获取 jdbcTemplate 对象注入给 jdbcTemplate 属性
    @Resource(name="jdbcTemplate")
    private JdbcTemplate jdbcTemplate;
    public void setJdbcTemplate(JdbcTemplate jdbcTemplate) {
        this.jdbcTemplate = jdbcTemplate;
    }
    //省略部分代码
}
```

@Repository("deptDao")注解告诉 Spring 容器创建 DeptDao 类的对象，并将对象命名为 deptDao。@Resource 注解告诉 Spring 容器为 jdbcTemplate 属性注入值。

第三步：重构 DeptService

```
@Service("deptService")
public class DeptService {
    //从 Spring 容器中获取 deptDao 对象注入给 deptDao 属性
    @Resource(name="deptDao")
    private DeptDao deptDao =null;
    public void setDeptDao(DeptDao deptDao) {
        this.deptDao = deptDao;
    }
    //省略部分代码
}
```

@Service("deptService")注解告诉 spring 容器创建 DeptService 类的对象，并将对象命名为 deptService。@Resource 注解告诉 spring 容器为 deptDao 属性注入值。

第四步：单元测试

在单元测试类 Test，创建单元测试方法 test2()，代码如下所示：

```
package cn.itlaobing.test;
import org.springframework.context.ApplicationContext;
import org.springframework.context.support.ClassPathXmlApplicationContext;
import cn.itlaobing.jdbc.model.DeptModel;
import cn.itlaobing.jdbc.service.DeptService;
public class Test {
```

```
    @org.junit.Test
    public void test2() {
        ApplicationContext ctx = new
            ClassPathXmlApplicationContext("applicationContext.xml");
        DeptService service = (DeptService) ctx.getBean("deptService");
        DeptModel model = service.findById(1);
        System.out.println("id="+model.getId());
        System.out.println("deptName="+model.getDeptName());
        System.out.println("memo="+model.getMemo());
    }
}
```

运行结果如下：

```
id=1
deptName=开发部
memo=null
```

第五步：在 Web 中测试

将项目部署到 Tomcat 服务中，启动 Tomcat 服务器，在浏览器地址栏中输入 http://localhost:8080/jdbc/DeptFindAll，运行结果如图 8.2 所示。

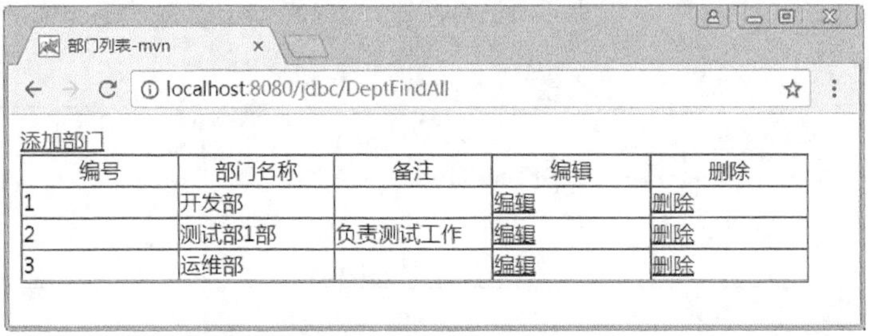

部门列表-mvn

localhost:8080/jdbc/DeptFindAll

添加部门

编号	部门名称	备注	编辑	删除
1	开发部		编辑	删除
2	测试部1部	负责测试工作	编辑	删除
3	运维部		编辑	删除

图 8.2　在 Web 环境中测试注解

8.3　Java-based

一直以来，Spring 大量的 XML 配置及复杂的依赖管理饱受非议。为了实现免 XML 的开发体验，Spring 添加了 Java-based 开发模式。Java-based 开发模式中使用注解@Configuration、@Bean、@ImportResource、@ComponentScan 等。

@Bean 注解用于标注在方法上，@Bean 注解标注的方法表示实例化、配置、初始化一个新的被 Spring 容器管理的 Bean 对象。@Bean 注解相当于 xml 配置文件中的<bean />。@Bean 通常和@Configuration 注解一起使用。

@Configuration 注解用于标注在类上，标注了@Configuration 注解的类将作为 Bean 定义的来源。此外@Configuration 类允许 Bean 之间依赖，只需简单地调用该类中其他的@Bean 方法。

@ImportResource 注解标注在类上，表示该类导入的外部资源。

```
@Configuration
public class AppConfig {
    @Bean
    public DeptDao deptDao() {
        DeptDao deptDao = new DeptDao();
        return deptDao;
    }
    @Bean(name="deptService")
    public DeptService deptService() {
        DeptService service =new DeptService();
        service.setDeptDao(deptDao());
        return service;
    }
}
```

(1) @Configuration 注解用于告诉 Spring 容器，AppConfig 类是 Bean 定义的来源类。

(2) @Bean

```
public DeptDao deptDao() {
    DeptDao deptDao = new DeptDao();
    return deptDao;
}
```

相当于

```
<bean id="deptDao" class="cn.itlaobing.jdbc.dao.DeptDao">
</bean>
```

(3) @Bean(name="deptService")

```
public DeptService deptService() {
    DeptService service =new DeptService();
    service.setDeptDao(deptDao());
    return service;
}
```

相当于

```
<bean id="deptService" class="cn.itlaobing.jdbc.service.DeptService">
    <property name="deptDao" ref="deptDao"></property>
</bean>
```

任务 3：使用 Java-based 重构“Spring JDBC 示例”程序。

第一步：修改 applicationContext.xml

使用 Java-based 后，XML 配置文件仅用于加载数据库连接信息，其余的配置都转移到类内，使用注解配置。

```
<?xml version="1.0" encoding="UTF-8"?>
<beans 省略部分代码>
    <!-- 读取数据库配置文件 db.properties，获取数据库连接信息 -->
    <context:property-placeholder location="classpath:db.properties"/>
</beans>
```

第二步：创建 AppConfig 类

新建包 cn.itlaobing.jdbc.config，在该包中创建类 AppConfig。

```
package cn.itlaobing.jdbc.config;
import java.beans.PropertyVetoException;
import javax.sql.DataSource;
import org.springframework.beans.factory.annotation.Value;
import org.springframework.context.annotation.Bean;
import org.springframework.context.annotation.Configuration;
import org.springframework.context.annotation.ImportResource;
import org.springframework.jdbc.core.JdbcTemplate;
import com.mchange.v2.c3p0.ComboPooledDataSource;
import cn.itlaobing.jdbc.dao.DeptDao;
import cn.itlaobing.jdbc.service.DeptService;
@Configuration //Bean 定义的来源类
@ImportResource("classpath:applicationContext.xml") //导入数据库连接信息配置文件
public class AppConfig {
    /* 定义数据源 */
    @Value("${jdbc.driverClass}")        //注入 driverClass
    private String driverClass;
    @Value("${jdbc.jdbcUrl}")            //注入 jdbcUrl
    private String jdbcUrl;
    @Value("${jdbc.user}")               //注入 driverClass
    private String user;
    @Value("${jdbc.password}")           //注入 password
    private String password;
```

```
@Value("${jdbc.initialPoolSize}")  //注入 initialPoolSize
private String initialPoolSize;
@Value("${jdbc.maxPoolSize}")      //注入 maxPoolSize
private String maxPoolSize;
@Value("${jdbc.minPoolSize}")      //注入 minPoolSize
private String minPoolSize;
@Value("${jdbc.acquireIncrement}") //注入 acquireIncrement
private String acquireIncrement;

//定义 bean 对象 dataSource
@Bean
public DataSource dataSource(){
    ComboPooledDataSource dataSource = new ComboPooledDataSource();
    try {
        dataSource.setDriverClass(driverClass);
    } catch (PropertyVetoException e) {
        e.printStackTrace();
    }
    dataSource.setJdbcUrl(jdbcUrl);
    dataSource.setUser(user);
    dataSource.setPassword(password);
    dataSource.setInitialPoolSize(Integer.parseInt(initialPoolSize));
    dataSource.setMaxPoolSize(Integer.parseInt(maxPoolSize));
    dataSource.setMinPoolSize(Integer.parseInt(minPoolSize));
    dataSource.setAcquireIncrement(Integer.parseInt(acquireIncrement));
    return dataSource;
}
//定义 Bean 对象 jdbcTemplate
@Bean
public JdbcTemplate jdbcTemplate()  {
    return new jdbcTemplate(dataSource());
}
//定义 Bean 对象 deptDao
@Bean
public DeptDao deptDao() {
    DeptDao deptDao = new DeptDao();
    deptDao.setJdbcTemplate(jdbcTemplate());
    return deptDao;
}
//定义 Bean 对象 deptService
@Bean
```

```
    public DeptService deptService() {
        DeptService service =new DeptService();
        service.setDeptDao(deptDao());
        return service;
    }
}
```

AppConfig 类上标注了@Configuration 注解，表示 AppConfig 类是 Bean 的来源类。@ImportResource("classpath:applicationContext.xml") 注解表示加载类路径下的 applicationContext.xml 配置文件，该配置文件提供了数据库连接信息。@Value("${key}")表示从 applicationContext.xml 配置文件中读取 key 对应的 value，注入给@Value("${key}")标注的属性。@Bean 表示其标注的方法返回对象是交给 Spring 容器管理。

第三步：启动 Spring 容器

修改 web.xml 以启动 Spring 容器。

```
<?xml version="1.0" encoding="UTF-8"?>
<web-app 省略部分配置>
    <!--启动 Spring 容器 配置 ContextLoaderListener 使用
    AnnotationConfigWebApplicationContext 代替默认的 XmlWebApplicationContext-->
    <context-param>
        <param-name>contextClass</param-name>
        <param-value>
        org.springframework.web.context.support.AnnotationConfigWeb-
            ApplicationContext
        </param-value>
    </context-param>
    <!—启动 Spring 容器 给出 Configuration 的位置-->
    <context-param>
        <param-name>contextConfigLocation</param-name>
        <param-value>cn.itlaobing.jdbc.config.AppConfig</param-value>
    </context-param>
    <!—启动 spring 容器 -->
    <listener>
        <listener-class>
            org.springframework.web.context.ContextLoaderListener
        </listener-class>
    </listener>
    //省略部分配置，省略的部分与原配置相同
</web-app>
```

Spring 容器在 Web 环境中是通过 listener 启动的，org.springframework.web.context.

ContextLoaderListener 类是 Spring 容器的启动类。context-param 加载了注解解析类 AnnotationConfigWebApplicationContext 和 Bean 的来源类 AppConfig。

第四步：单元测试

在测试类 Test 中添加单元测试方法 test3()。

```
@org.junit.Test
public void test3() {
     ApplicationContext ctx = new
        AnnotationConfigApplicationContext(AppConfig.class);
     DeptService service = (DeptService) ctx.getBean("deptService");
     DeptModel model = service.findById(1);
     System.out.println("id="+model.getId());
     System.out.println("deptName="+model.getDeptName());
     System.out.println("memo="+model.getMemo());
}
```

运行结果如下：

```
id=1
deptName=开发部
memo=null
```

第五步：在 Web 中测试

将项目部署到 Tomcat 中服务器，启动 Tomcat 服务器，在浏览器地址栏中输入 http://localhost:8080/jdbc/DeptFindAll，运行结果如图 8.3 所示。

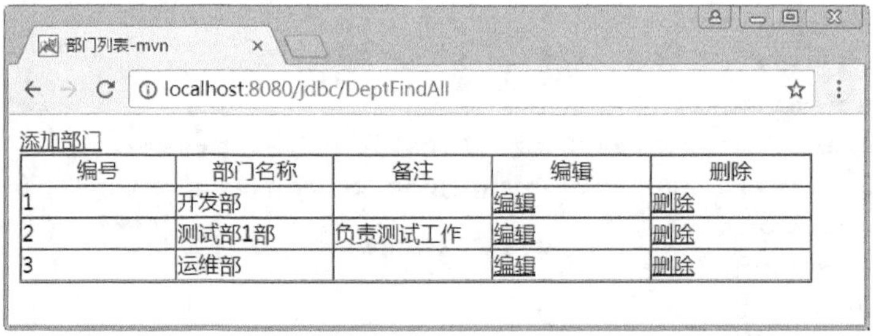

部门列表-mvn

localhost:8080/jdbc/DeptFindAll

添加部门

编号	部门名称	备注	编辑	删除
1	开发部		编辑	删除
2	测试部1部	负责测试工作	编辑	删除
3	运维部		编辑	删除

图 8.3 在 Web 环境中测试注解

第 9 章　Spring 测试

【本章内容】

1. JUnit 在 Spring 中测试存在的问题
2. Spring Test

【能力目标】

1. 掌握 JUnit 测试 Spring 单元的缺陷
2. 掌握在 Spring Test 框架下进行单元测试

在 Spring 框架中包含着许多模块，其中包括 Spring Test 模块，如图 9.1 所示，Spring Test 模块是专门进行 Spring 的单元测试。

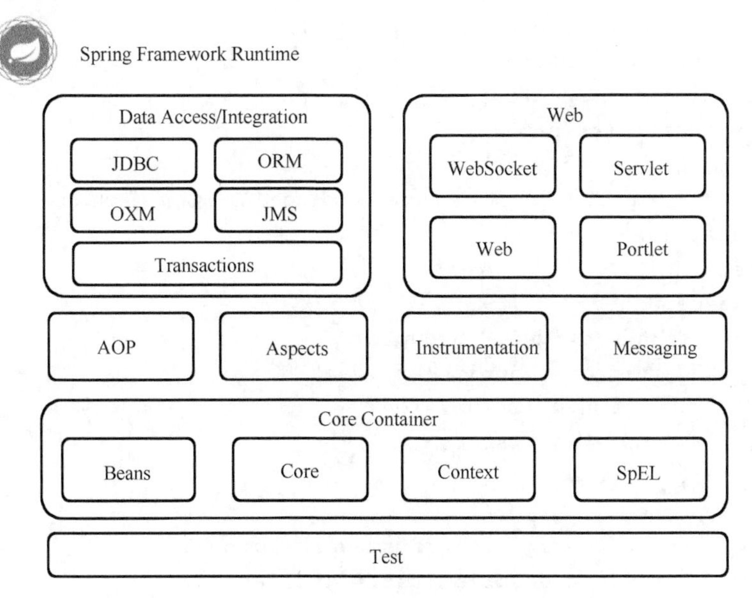

图 9.1　Spring 模块

以往的单元测试都是使用 JUnit 进行的，那么 Spring 为什么要推出 Spring Test 呢？我们先来看一看传统的 JUnit 测试。

9.1 JUnit 对 Spring 进行单元测试的问题

传统的单元测试是 JUnit 测试框架下进行的，Spring 的单元测试也可以在 JUnit 框架下进行，但存在着一些问题。

任务 1：使用 JUnit 进行 Spring 单元测试

第一步：搭建 JUnit 测试环境

新建 maven-archetype-quickstart 项目，Group ID=cn.itlaobing，Artifact ID=JunitTest。准备相关的 jar 包，使用 JUnit 进行 Spring 单元测试需要导入 JUnit 的 jar 包、spring-beans 的 jar 包 spring-context 的 jar 包，在 pom.xml 中导入这些 jar 包。

```
    <project xmlns="http://maven.apache.org/POM/4.0.0"
xmlns:xsi="http://www. w3.org/2001/XMLSchema-instance"
        xsi:schemaLocation="http://maven.apache.org/POM/4.0.0
http://maven. apache.org/xsd/maven-4.0.0.xsd">
        <modelVersion>4.0.0</modelVersion>
        <groupId>cn.itlaobing</groupId>
        <artifactId>junittest</artifactId>
        <version>0.0.1-SNAPSHOT</version>
        <packaging>jar</packaging>
        <name>junittest</name>
        <url>http://maven.apache.org</url>
        <properties><project.build.sourceEncoding>UTF-8</project.build.sourceEncoding>
        </properties>
        <dependencies>
            <dependency>
                <groupId>junit</groupId>
                <artifactId>junit</artifactId>
                <version>4.12</version>
                <scope>test</scope>
            </dependency>
            <dependency>
                <groupId>org.springframework</groupId>
                <artifactId>spring-test</artifactId>
                <version>4.3.10.RELEASE</version>
                <scope>test</scope>
            </dependency>
            <dependency>
                <groupId>org.springframework</groupId>
```

```
            <artifactId>spring-beans</artifactId>
            <version>4.3.10.RELEASE</version>
        </dependency>
        <dependency>
            <groupId>org.springframework</groupId>
            <artifactId>spring-context</artifactId>
            <version>4.3.10.RELEASE</version>
        </dependency>
    </dependencies>
</project>
```

第二步：创建被测试的类

在该项目中创建 Source Folder，命名为 src/main/java，在 src/main/java 中创建包 cn.itlaobing.springtest，在 cn.itlaobing.springtest 包中创建被测试的类 HelloWorld。

```
package cn.itlaobing.springtest;
public class HelloWorld {
    public void sayHello() {
        System.out.println("Hello World");
    }
}
```

第三步：创建 Spirng 配置文件 applicationContext.xml

在该项目中创建 Source Folder，命名为 src/main/resources，在 src/main/ resources 中创建 Spring 配置文件 applicationContext.xml。

```
<?xml version="1.0" encoding="UTF-8"?>
<beans xmlns="http://www.springframework.org/schema/beans"
    xmlns:xsi="http://www.w3.org/2001/XMLSchema-instance"
    xsi:schemaLocation="http://www.springframework.org/schema/beans
    http://www.springframework.org/schema/beans/spring-beans.xsd">
    <bean id="helloWorld" class="cn.itlaobing.springtest.HelloWorld"></bean>
</beans>
```

第四步：创建测试类

在该项目中创建 Source Folder，命名为 src/test/java，在 src/test/java 中创建包 cn.itlaobing.springtest，在 cn.itlaobing.springtest 包中创建测试类 HelloWorldTest。

```
package cn.itlaobing.springtest;
import org.junit.Before;
import org.junit.Test;
import org.springframework.context.support.ClassPathXmlApplicationContext;
```

```
public class HelloWorldTest{
    org.springframework.context.ApplicationContext ctx=null;;
    @Before
    public void setUp() {
        ctx =new ClassPathXmlApplicationContext("applicationContext.xml");
    }
    @Test
    public void testHelloWorld(){
        HelloWorld helloWorld = (HelloWorld) ctx.getBean("helloWorld");
        helloWorld.sayHello();
    }
}
```

第五步：项目结构如图 9.2 所示

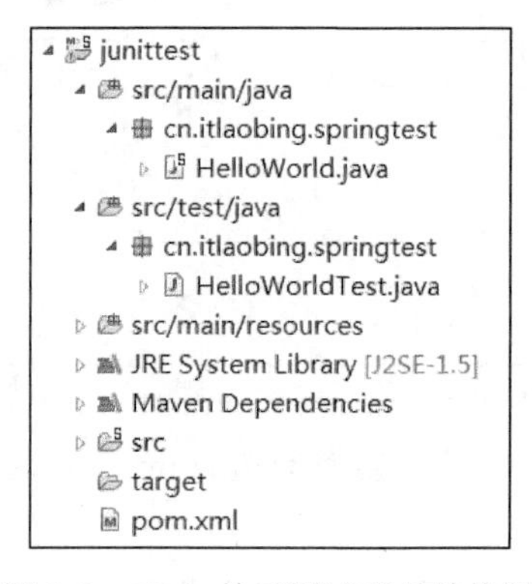

图 9.2　JUnit 单元测试项目结构图

第六步：进行单元测试

运行单元测试 testHelloWorld()，运行结果如下：

```
Hello World
```

第七步：问题分析

观察 HelloWorldTest 测试类，该类中的 setUp()方法实现了创建 Spring 容器。该类的 testHelloWorld()方法实现了从 Spring 容器中获取 Bean 对象并完成单元测试。该测试框架存在的问题如下：

(1)每次测试都会实例化 Spring 容器，性能开销很大。

(2)不应该由测试代码管理 Spring 容器，应该是由 Spring 容器来管理测试代码，如图 9.3 所示。

(3)无法独立于服务器完成事务测试等。

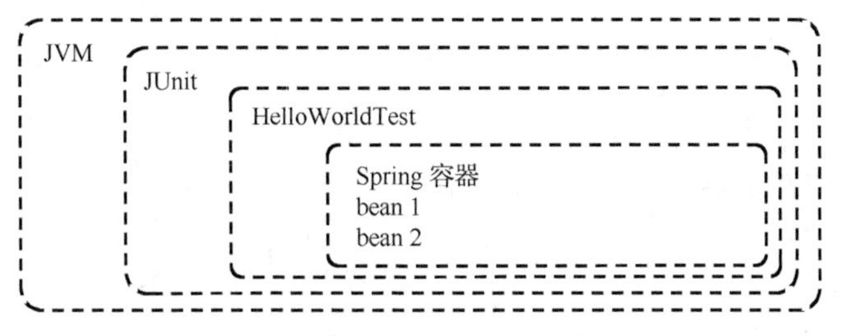

图 9.3 JUnit 管理 Spring 容器

9.2 Spring Test

Spring Test 具有以下优点：

(1) Spring Test 有助于减少启动容器的开销，提高测试效率。

(2) Spring Test 可以直接使用@AutoWired 注入 Spring 容器或 Bean。

(3) Spring Test 还支持事务测试，集成测试等。

Spring Test 结构如图 9.4 所示。

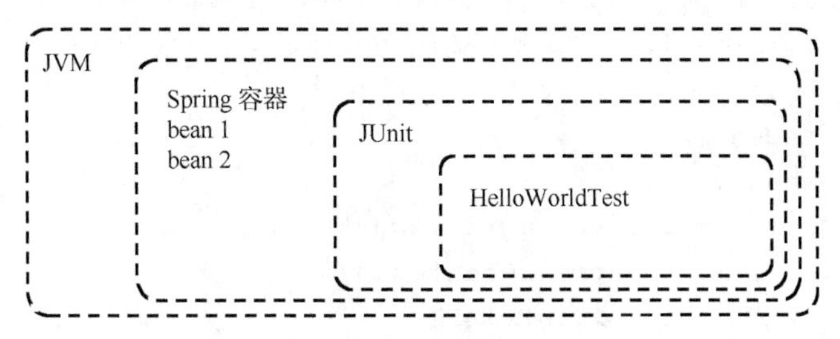

图 9.4 Spring 容器管理 JUnit

任务 2：使用 Spring Test 进行单元测试

第一步：搭建 Spring Test 测试环境

新建 maven-archetype-quickstart 项目，Group ID=cn.itlaobing，Artifact ID=SpringTest。Spring Test 测试需要导入 JUnit 的 jar 包、spring-test 的 jar 包、spring-context 的 jar 包。在 pom.xml 中导入这些 jar 包。

```
    <project xmlns="http://maven.apache.org/POM/4.0.0"
xmlns:xsi="http://www.w3.org/2001/XMLSchema-instance"
        xsi:schemaLocation="http://maven.apache.org/POM/4.0.0
http://maven. apache.org/xsd/maven-4.0.0.xsd">
        <modelVersion>4.0.0</modelVersion>
        <groupId>cn.itlaobing</groupId>
        <artifactId>springtest</artifactId>
```

```
    <version>0.0.1-SNAPSHOT</version>
    <packaging>jar</packaging>
    <name>springtest</name>
    <url>http://maven.apache.org</url>
    <properties>
        <project.build.sourceEncoding>UTF-8</project.build.sourceEncoding>
    </properties>
    <dependencies>
        <!—Spring test 框架依赖的 junit 版本不能低于 4.12-->
        <dependency>
            <groupId>junit</groupId>
            <artifactId>junit</artifactId>
            <version>4.12</version>
            <scope>test</scope>
        </dependency>
        <dependency>
            <groupId>org.springframework</groupId>
            <artifactId>spring-test</artifactId>
            <version>4.3.10.RELEASE</version>
            <scope>test</scope>
        </dependency>
        <dependency>
            <groupId>org.springframework</groupId>
            <artifactId>spring-context</artifactId>
            <version>4.3.10.RELEASE</version>
        </dependency>
    </dependencies>
</project>
```

第二步：创建被测试的类

在该项目中创建 Source Folder，命名为 src/main/java，在 src/main/java 中创建包 cn.itlaobing.springtest，在 cn.itlaobing.springtest 包中创建被测试的类 HelloWorld。

```
package cn.itlaobing.springtest;
public class HelloWorld {
    public void sayHello() {
        System.out.println("Hello World");
    }
}
```

第三步：创建 Spring 配置文件 applicationContext.xml

在该项目中创建 Source Folder，命名为 src/main/resources，在 src/main/ resources 中创建 Spring 配置文件 applicationContext.xml。

```
<?xml version="1.0" encoding="UTF-8"?>
<beans xmlns="http://www.springframework.org/schema/beans"
    xmlns:xsi="http://www.w3.org/2001/XMLSchema-instance"
    xsi:schemaLocation="http://www.springframework.org/schema/beans
http://www.springframework.org/schema/beans/spring-beans.xsd">
    <bean id="helloWorld" class="cn.itlaobing.springtest.HelloWorld"></bean>
</beans>
```

第四步：创建测试类

在该项目中创建 Source Folder，命名为 src/test/java，在 src/test/java 中创建包 cn.itlaobing.springtest，在 cn.itlaobing.springtest 包中创建测试类 SpringTestXML。

```
package cn.itlaobing.springtest;
import org.junit.Test;
import org.junit.runner.RunWith;
import org.springframework.beans.factory.annotation.Autowired;
import org.springframework.test.context.ContextConfiguration;
import org.springframework.test.context.junit4.SpringJUnit4ClassRunner;
//表示先启动 Spring 容器，把 junit 运行在 Spring 容器中
@RunWith(SpringJUnit4ClassRunner.class)
//表示从 CLASSPATH 路径去加载配置文件
@ContextConfiguration(locations="classpath:applicationContext.xml")
public class SpringTestXML{
    //Spring test 框架默认启用 annotation-config，扫描@Autowired 注解
    @Autowired HelloWorld helloWorld = null;
    @Test
    public void testHelloWorld(){
        helloWorld.sayHello();
    }
}
```

(1) 注解@RunWith(SpringJUnit4ClassRunner.class)，表示先启动 Spring 容器，把 JUnit 运行在 Spring 容器中。

(2) 注解@ContextConfiguration(locations="classpath:applicationContext.xml")，表示加载 Spring 的配置文件 applicationContext.xml，加载后 Spring 容器将根据配置文件创建 Bean 对象，并将 Bean 对象交给 Spring 容器管理。本例中创建的 Bean 对象是 helloWorld。

(3)注解@Autowired HelloWorld helloWorld 表示从 Spring 容器中获取 HelloWorld 类型的 Bean 对象，然后注入给 helloWorld 属性。

(4)注解@Test 是单元测试注解，在 testHelloWorld()方法中完成单元测试。

第五步：单元测试

运行单元测试 testHelloWorld()，运行结果如下：

```
Hello World
```

第六步：Spring Test 分析

@RunWith 注解先启动 Spring Test，然后将 JUnit 运行在 Spring Test 环境中。多次进行单元测试时，仅启动一次 Spring Test，减少了系统开销。

本例中使用 XML 配置文件配置 Bean，Spring 官方推荐使用 Java-based 配置，从而尽量避免出现 XML 配置。再一次使用 Java-based 重构本例。

第一步：创建 AppConfig 类

在 cn.itlaobing.springtest 包中创建类 AppConfig，AppConfig 类定义如下：

```
package cn.itlaobing.springtest;
import org.springframework.context.annotation.Bean;
import org.springframework.context.annotation.Configuration;
@Configuration
public class AppConfig {
    @Bean(name="helloWorld")
    public HelloWorld helloWorld() {
        return new HelloWorld();
    }
}
```

(1)注解@Configuration 定义了 Bean 定义的来源。

(2)注解@Bean(name="helloWorld")创建了 Bean 对象 helloWorld，并交给 Spring 容器管理。

第二步：创建单元测试类

在 cn.itlaobing.springtest 包中创建单元测试类 StringTestJavaBased。

```
package cn.itlaobing.springtest;
import org.junit.Test;
import org.junit.runner.RunWith;
import org.springframework.beans.factory.BeanFactory;
import org.springframework.beans.factory.annotation.Autowired;
import org.springframework.test.context.ContextConfiguration;
import org.springframework.test.context.junit4.SpringJUnit4ClassRunner;
```

```
////表示先启动 Spring 容器，把 junit 运行在 Spring 容器中
@RunWith(SpringJUnit4ClassRunner.class)
//表示从 AppConfig 类是 Bean 的来源
@ContextConfiguration(classes=AppConfig.class)
public class SpringTestJavaBased {
    @Autowired HelloWorld helloWorld = null;
    @Test
    public void testHelloWorld() {
        helloWorld.sayHello();
    }
}
```

(1) @ContextConfiguration(locations="classpath:applicationContext.xml") 加载 XML 配置。

(2) @ContextConfiguration(classes=AppConfig.class) 加载 Java-based 配置。

第三步：单元测试

运行 SpringTestJavaBased 类中的 testHelloWorld() 单元测试，运行结果如下：

```
Hello World
```

Spring Test 项目的项目最终结构如图 9.5 所示。

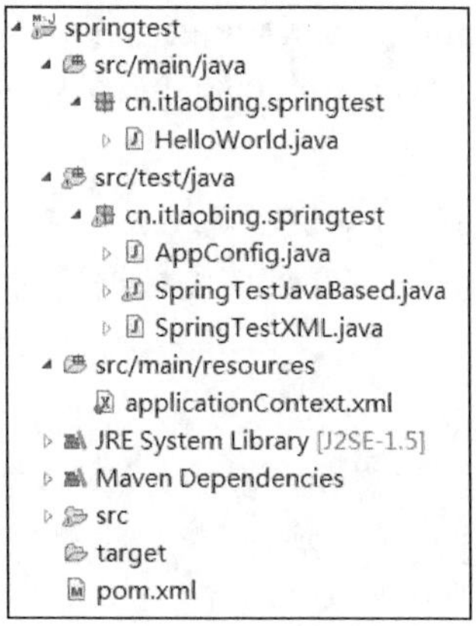

springtest
src/main/java
cn.itlaobing.springtest
HelloWorld.java
src/test/java
cn.itlaobing.springtest
AppConfig.java
SpringTestJavaBased.java
SpringTestXML.java
src/main/resources
applicationContext.xml
JRE System Library [J2SE-1.5]
Maven Dependencies
src
target
pom.xml

图 9.5　Spring Test 项目的结构图

第 10 章　Spring AOP

【本章内容】

1. AOP
2. Proxy 模式
3. 声明式事务

【能力目标】

1. 理解 AOP
2. 理解 Proxy 模式
3. 能够使用 Spring 声明式事务开发应用程序

10.1　体验 AOP 的神奇之旅

AOP(Aspect Oriented Programming)是 OOP 的延续，称为面向切面编程。AOP 可以通过预编译方式或者运行时动态代理实现在不修改源代码的情况下给程序动态添加额外功能的技术。AOP 是 Spring 的核心之一。

任务 1：编写程序实现保存部门信息功能

创建一个部门的业务类 DeptService 和部门的数据访问类 DeptDao，业务类调用数据访问类完成保存部门信息功能。

第一步：创建项目

创面一个 maven 项目，GroupID="cn.itlaobing"，Artifact ID="springaop"。

第二步：导入 jar 包

在 maven 的 pom.xml 配置文件中导入 jar 包。

```
    <project xmlns="http://maven.apache.org/POM/4.0.0"
xmlns:xsi="http://www. w3.org/2001/XMLSchema-instance"
        xsi:schemaLocation="http://maven.apache.org/POM/4.0.0
http://maven. apache.org/xsd/maven-4.0.0.xsd">
        <modelVersion>4.0.0</modelVersion>
        <groupId>cn.itlaobing</groupId>
        <artifactId>springaop</artifactId>
        <version>0.0.1-SNAPSHOT</version>
```

```
    <packaging>jar</packaging>
    <name>aop</name>
    <url>http://maven.apache.org</url>
    <properties>
        <project.build.sourceEncoding>UTF-8</project.build.sourceEncoding>
    </properties>
    <dependencies>
        <dependency>
            <groupId>junit</groupId>
            <artifactId>junit</artifactId>
            <version>4.12</version>
            <scope>test</scope>
        </dependency>
        <dependency>
            <groupId>org.springframework</groupId>
            <artifactId>spring-test</artifactId>
            <version>4.3.10.RELEASE</version>
            <scope>test</scope>
        </dependency>
        <dependency>
            <groupId>org.springframework</groupId>
            <artifactId>spring-context</artifactId>
            <version>4.3.10.RELEASE</version>
        </dependency>
    </dependencies>
</project>
```

在 POM 文件中导入了 Spring 的 jar 包和 JUnit 的 jar 包。

第三步：定义 DeptDao 类

```
package cn.itlaobing.aop.dao;
import org.springframework.stereotype.Repository;
@Repository
public class DeptDao {
    public void save() {
        System.out.println("正在保存部门信息");
    }
}
```

DeptDao 类上标注了@Repository 注解，表示将 DeptDao 对象的创建交给了 Spring 容器，DeptDao 类中定义 save()方法，用于模拟数据访问层保存数据。

第四步：定义 DeptService 类

```
package cn.itlaobing.aop.service;
import org.springframework.beans.factory.annotation.Autowired;
import org.springframework.stereotype.Service;
import cn.itlaobing.aop.dao.DeptDao;
@Service
public class DeptService {
    @Autowired private DeptDao deptDao = null;
    public void save() {
        deptDao.save();
    }
}
```

DeptService 类上标注了@Service 注解，表示将 DeptService 对象的创建交给了 Spring 容器，@Autowired 实现从 Spring 容器中为 deptDao 属性注入值，DeptService 类中定义 save() 方法，用于模拟业务层保存数据。

第五步：定义配置文件

```
<?xml version="1.0" encoding="UTF-8"?>
<beans xmlns="http://www.springframework.org/schema/beans"
    xmlns:xsi="http://www.w3.org/2001/XMLSchema-instance"
    xmlns:aop="http://www.springframework.org/schema/aop"
    xmlns:context="http://www.springframework.org/schema/context"
    xsi:schemaLocation="http://www.springframework.org/schema/beans
http:// www.springframework.org/schema/beans/spring-beans.xsd
        http://www.springframework.org/schema/aop
http://www.springframework.org/schema/aop/spring-aop-4.3.xsd
        http://www.springframework.org/schema/context
http://www.springframework.org/schema/context/spring-context-4.3.xsd">
    <context:component-scan base-package="cn.itlaobing.aop"/>
</beans>
```

配置文件中配置了组件扫描 cn.itlaobing.aop 包下的类。

第六步：定义单元测试类

```
package cn.itlaobing.aop;
import org.junit.Test;
import org.junit.runner.RunWith;
import org.springframework.beans.factory.annotation.Autowired;
import org.springframework.test.context.ContextConfiguration;
import org.springframework.test.context.junit4.SpringJUnit4ClassRunner;
import cn.itlaobing.aop.service.DeptService;
```

```
@RunWith(SpringJUnit4ClassRunner.class)
@ContextConfiguration(locations="classpath:applicatonContext.xml")
public class AopTest {
    @Autowired DeptService deptService = null;
    @Test
    public void testDeptService() {
        deptService.save();
    }
}
```

单元测试类中启动了 Spring Test 进行单元测试。

第七步：单元测试

运行单元测试，运行结果如下：

```
正在保存部门信息
```

本例在 Spring 容器中创建了 DeptService 和 DeptDao 两个 Bean 对象。在 Spring Test 中进行了单元测试，在单元测试中调用了 DeptService 的 save()方法，DeptService 的 save()方法调用了 DeptDao 的 save()方法，实现了保存部门信息。

如果现在业务需求中要实现在 DeptService 调用 DeptDao 之前写入“准备保存部门信息”的业务日志，在调用方法结束后写入“部门信息保存完毕”的业务日志。在不更改原有代码的情况下能够实现吗？

一些业务方法执行前需要执行该业务之外的附加逻辑(比如：安全验证逻辑、日志处理、事务处理、错误检查等)，但是为了功能模块之间解耦合、代码重用等要求，一个业务方法功能要尽可能独立，一些业务逻辑之外的附加逻辑就散落在应用程序主体业务之外，而这些的琐碎工作(又称 Advice：通知)又是重要的。AOP 技术就是在切面(Aspect：方面，切面)类中定义通知方法(Advice)，在主体业务程序执行过程中，在需要执行 Advice 方法的某个点上，将 Aspect 类中的 Advice 方法调用，从而在不修改主体业务逻辑代码的情况下，增强业务的功能。

任务 2：使用 AOP 技术为保存部门信息功能添加记录日志功能。

第一步：重构 pom.xml 文件

使用 AOP 需要导入 spring-aop、aspectjrt、aspectjweaver 的 jar 包，在 POM 文件中导入这些 jar 包。

```
省略部分代码
<!-- AOP 需要导入 spring-aop -->
<dependency>
    <groupId>org.springframework</groupId>
    <artifactId>spring-aop</artifactId>
    <version>4.3.10.RELEASE</version>
```

```
</dependency>
<!-- AOP 需要导入 aspectjrt -->
<dependency>
    <groupId>org.aspectj</groupId>
    <artifactId>aspectjrt</artifactId>
    <version>1.8.10</version>
</dependency>
<!-- AOP 需要导入 aspectjweaver -->
<dependency>
    <groupId>org.aspectj</groupId>
    <artifactId>aspectjweaver</artifactId>
    <version>1.8.10</version>
</dependency>
省略部分代码
```

第二步：重构 applicationContext.xml 配置文件

使用 AOP 需要在 Spring 配置文件中添加 AOP 命名空间，并设置<aop:aspectj-autoproxy/>，<aop:aspectj-autoproxy/>隐式注册了 AOP 的注解解析器。

```
<?xml version="1.0" encoding="UTF-8"?>
<beans xmlns="http://www.springframework.org/schema/beans"
    xmlns:xsi="http://www.w3.org/2001/XMLSchema-instance"
    xmlns:aop="http://www.springframework.org/schema/aop"
    xmlns:context="http://www.springframework.org/schema/context"
    xsi:schemaLocation="http://www.springframework.org/schema/beans
http://www.springframework.org/schema/beans/spring-beans.xsd
        http://www.springframework.org/schema/aop
http://www.springframework.org/schema/aop/spring-aop-4.3.xsd
        http://www.springframework.org/schema/context
http://www.springframework.org/schema/context/spring-context-4.3.xsd">
    <context:component-scan base-package="cn.itlaobing.aop"/>
    <!--  启用 aspectj 扫描  -->
    <aop:aspectj-autoproxy/>
</beans>
```

第三步：定义切面类

```
package cn.itlaobing.aop.advice;
import org.aspectj.lang.annotation.After;
import org.aspectj.lang.annotation.Aspect;
import org.aspectj.lang.annotation.Before;
import org.aspectj.lang.annotation.Pointcut;
```

```
import org.springframework.stereotype.Component;
//定义切面
@Aspect
@Component
public class DeptServiceLog {
    //定义切入点
    @Pointcut("execution(* cn.itlaobing.aop.dao.DeptDao.save())")
    //切入点的名称为 save()
    private void save() {}

    @Before("save()")
    public void saveBefore() {
        System.out.println("准备保存部门信息");
    }
    @After("save()")
    public void saveAfter() {
        System.out.println("部门信息保存完毕");
    }
}
```

(1)@Aspect 注解用于标注类，它所标注的类是切面类，切面类中包含两部分内容，一部分是切入点(@Pointcut)，另一部分是通知方法(Advice)。

(2)@Pointcut 注解用于定义切入点，切入点是用 AspectJ 表达式指示在什么地方将 Advice 方法切入进去(执行 Advice 方法)。定义切入点时需要定义切入的地方和切入点的名称，如图 10.1 所示。

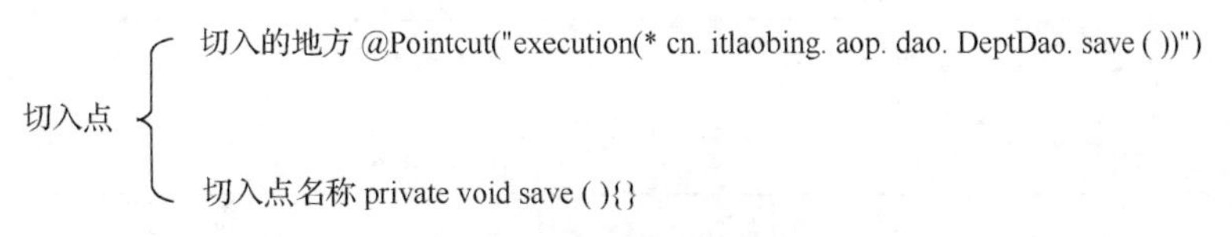

图 10.1　切入点

本例中的切入地方是调用 cn.itlaobing.aop.dao.DeptDao 类的 save()方法时，本例中的切入点名称是 save()，切入点名称的定义与定义方法类似。

(3)@Before 和@After 注解标注在 Advice 方法上，用于指示在什么时机执行 Advice 方法。@Before 表示调用方法之前，@After 表示调用方法之后。

(4)Advice 方法的执行需要由@Pointcut 和 Advice 的类型共同决定，如图 10.2 所示。在本例中的@Pointcut+@Before 表示在调用 DeptDao 类的 save()方法之前执行 saveBefore()方法，@Pointcut+@After 表示在调用 DeptDao 类的 save()方法之后调用 saveAfter()方法。

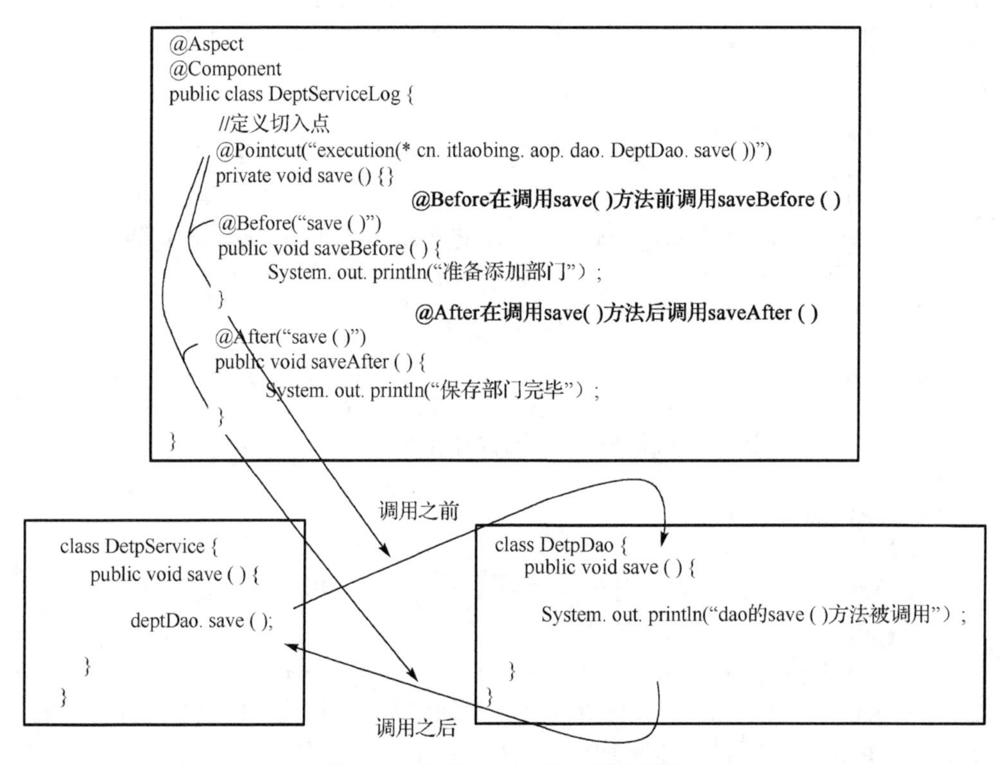

图 10.2 执行 advice 的时机示意图

第四步：单元测试

运行 AopTest 类的 testDeptService() 单元测试方法，运行结果如下：

```
准备保存部门信息
正在保存部门信息
部门信息保存完毕
```

运行结果输出了“准备保存部门信息”和“部门信息保存完毕”。根据运行结果可以得出结论，在 DeptService 调用 DeptDao 类的 save() 方法之前先调用了 DeptServiceLog 类的 saveBefore() 方法，在 DeptService 调用 DeptDao 类的 save() 方法之后调用了 DeptServiceLog 类的 saveAfter () 方法。而 saveBefore() 方法与 saveAfter() 方法正是用于记录日志的方法。如此一来就实现了在不更改 DeptService 类和 DeptDao 类源码的情况下，完成了记录日志的功能。

这正是 AOP 的神奇之处。AOP 能够实现在不更改原有代码的情况下，在调用方法之前、调用之后、被调用方法抛出异常后、被调用方法返回值后去执行另外一个方法，以增强原有业务的功能。

10.1.1 AspectJ 表达式

切入点是用 AspectJ 表达式定义的，AspectJ 中 execution()是固定写法，在()内描述切入点的位置。AspectJ 有多种写法，例如“..”表示任何参数任何子包，“*”表示任何返回值、包、类、方法。表 10.1 列举了一些常用的 AspectJ 表达式。

表 10.1 常用的 AspectJ 表达式

1：无返回值、cn.itlaobing.dao.DeptDao.save 方法，参数 cn.itlaobing.model.DetpModel
execution(public void cn.itlaobing.dao.DeptDao.save(cn.itlaobing.model.DetpModel))
2：任何包、任何类、任何返回值、任何方法参数
execution(public * *(..))
3：任何包、任何类、任何返回值、任何 set 开头方法的任何参数
execution(public * set*(..))
4：任何返回值、cn.itlaobing.dao.DeptDao 类中的任何方法、任何参数
execution(* cn.itlaobing.dao.DeptDao.*(..))
5：任何返回值、cn.itlaobing.dao 包中任何类中的任何方法、任何参数
execution(* cn.itlaobing.dao.*.*(..))
6：任何返回值、cn.itlaobing.dao 包中任何层次子包、任何类、任何方法、任何参数
execution(* cn.itlaobing.dao..*.*(..))
7：·void 和!void(非 void)
execution(public void cn.itlaobing.dao..*.*(..)) execution(public !void cn.itlaobing.dao..*.*(..))

10.1.2 Advice 类型

Advice 是切入点上调用的方法，Advice 的类型决定了调用 Advice 方法的时机。Advice 的类型包括@Before、@After、@AfterReturning、@AfterThrowing、@Around 共 5 种。@Before 是在调用切入点方法前调用 Advice，@After 是调用切入点方法后调用 Advice，@AfterReturning 是在切入点方法返回值后调用 advice，@AfterThrowing 是在切入点方法发生异常时调用 advice。切入点调用时机见下面的代码示例。

```
try {
    此时调用@Before 标注的 Advice
    调用目标方法 dao.save();
    此时调用@AfterReturning 标注的 Advice
} catch (Exception e) {
    此时调用@AfterThrowing 标注的 Advice
}finally{
    此时调用@After 标注的 Advice
}
```

(1)前置 Advice(@Before)

目标方法调用前执行的 Advice，该 Advice 无法阻止对目标方法的调用。

(2)后置 Advice (@AfterReturning)

在目标方法返回值后执行的 advice，不包括抛出异常的情况。

(3)最终 Advice (@After)

目标方法调用结束后执行的 advice，不论是正常退出还是异常退出。

(4)抛出异常后 Advice (@AfterThrowing)

在方法抛出异常退出时执行的 advice。

(5)环绕 Advice (@Around)

包围目标方法，可以在目标方法调用前后完成自定义行为，可以阻止对目标方法的调用。

10.2 代理(Proxy)

AOP 能够实现在不更改原有代码的前提下，在前置调用 Advice、后置调用 Advice、最终调用 Advice、抛出异常后调用 Advice、环绕调用 Advice，从而实现了增强业务功能。

AOP 的实现原理是代理设计模式。代理可以理解为你让林冲帮你交作业，而林冲又让鲁智深代替林冲帮你交作业。你本想调用林冲，而实际上你调用的是鲁智深，这时我们就说鲁智深是林冲的代理对象。在软件开发中，你本想调用 A 类，而 A 类委托给代理类 B，实际上调用的是 B 类，那么就称 B 类是 A 类的代理类。

代理模式有多种实现方法，包括静态代理、JDK 动态代理、CGLib 代理。Spring AOP 使用的是使用 CGLib 代理。

任务 3：编写程序实现静态代理。

编写程序实现 DeptService 类的 save()方法调用 DeptDao 类的 save()方法，实现添加部门业务，参考代码如下：

```
class DeptService{
    DeptDao dao = new DeptDao();
    public void save() {
        dao.save();
    }
}
class DeptDao{
    public void save() {
        System.out.println("正在保存部门信息");
    }
```

```
}
public class Test{
    public static void main(String[] args) {
        DeptService service =new DeptService();
        service.save();
    }
}
```

上述代码定义了DeptService部门业务类，部门业务类中定义了保存部门名称的业务方法save()，还定义了DeptDao部门数据访问类，部门数据访问类中定义了数据访问方法save()，定义了测试类Test，测试类Test实现了保存部门信息。

运行结果如下：

```
正在保存部门信息
```

需求变化了，要求在调用业务类DeptService的save()方法前，添加业务日志，记录“准备保存部门信息”，在调用业务类DeptService的save()方法后，添加业务日志，记录“部门信息保存完毕”。在不更改原有代码的情况下，使用静态代理实现添加日志功能。

定义DeptService类的子类SubDeptService作为DeptService类的代理类，在子类SubDeptService中重写父类DeptService的save()方法，在子类SubDeptService的save()方法中完成添加日志功能，参考代码如下：

```
class SubDetpService extends DeptService{
    //重写父类的save()方法
    @Override
    public void save() {
        saveBefore();//@Before(调用前置Advice方法写日志)
        super.save();//调用目标方法，完成原有的业务
        saveAfter();//@AfterReturning(调用后置Advice方法写日志)
    }
    //Advice
    public void saveBefore() {
        System.out.println("准备保存部门信息");
    }
    //Advice
    public void saveAfter() {
        System.out.println("保存部门信息完毕");
    }
}
public class Test{
    public static void main(String[] args) {
```

```
        DeptService service =new SubDetpService();
        service.save();
    }
}
```

(1)在 main()方法中创建的业务对象是子类 SubDetpService 的对象，调用的 save()方法是子类对象 SubDeptService 的 save()方法。SubDetpService 对象就是 DeptService 的代理对象。

(2)子类 SubDeptService 重写了父类 DeptService 的 save()方法。

(3)子类 SubDeptService 的 save()方法内部先调用 saveBefore()方法，再调用父类的 save()方法，最后调用 saveAfter()方法，实现了添加部门前和添加部门后写日志的功能。

运行结果如下，实现了不更改原有代码的情况下，使用静态代理增加了业务功能。

```
准备保存部门信息
正在保存部门信息
保存部门信息完毕
```

10.3 声明式事务

数据库中的事务是保证一个业务中的多条语句要么都执行，要么都不执行。事务具有四个特性，事务的原子性表明事务是不可再分的，即要么都执行，要么都不执行。事务的一致性表明事务执行前后数据处于一致的状态。事务的隔离性表明多事务同时操作一个资源时，事务之间可以设置隔离执行，互不影响。事务的持久性表明事务对数据的更改是永久性的。

声明式事务是 AOP 的重要应用之一，声明式事务能够以标注注解的方式开启事务，提交事务和回滚事务。

任务 4：在 Spring JDBC 中使用 Spring 声明式事务

下面以用户管理为例，说明声明式事务在开发中的应用。

10.3.1 准备环境

第一步：创建数据库、数据表

创建 usermanager 数据库，在 usermanager 数据库中创建保存用户信息的 userInfo 表，表中包含 id，username 和 userpass 列，创建保存用户详细信息的 userDetails 表，表中包含 id，age，tel，gender 列。userInfo 表的 id 列设置为主键列，userDetails 表的 id 列设置为主键列，同时也设置成外键，在 userInfo 表和 userDetail 表之间形成主键一对一的关系。用户注册时将用户信息写入到 userInfo 表中，将用户详细信息写入到 userDetail 表中。

```
create database usermanager;
use usermanager;
```

```
create table userInfo
(
  id int auto_increment primary key,
  username varchar(20),
  userpass varchar(20)
);
create table userDetail
(
  id int primary key,
  age int,
  tel varchar(20),
  gender varchar(20)
);
alter table userDetail add constraint fk_userInfo_userDetails foreign key (id)
references userInfo(id);
```

第二步：创建项目

创建 maven 项目，选择 maven-archetype-quickstart 骨架，GroupId=“cn.itlaobing”，ArtifactId=“springTransactional”。

第三步：导入 jar 包

导入 Spring-jdbc 的 jar 包，导入 Spring Test 的 jar 包，导入 Spring-AOP 的 jar 包、MySQL 的 jar 包。

```
<project xmlns="http://maven.apache.org/POM/4.0.0"
xmlns:xsi="http://www. w3.org/2001/XMLSchema-instance"
    xsi:schemaLocation="http://maven.apache.org/POM/4.0.0
http://maven. apache.org/xsd/maven-4.0.0.xsd">
    <modelVersion>4.0.0</modelVersion>
    <groupId>cn.itlaobing</groupId>
    <artifactId>springTransactional</artifactId>
    <version>0.0.1-SNAPSHOT</version>
    <packaging>jar</packaging>
    <name>springTransactional</name>
    <url>http://maven.apache.org</url>
    <properties>
        <project.build.sourceEncoding>UTF-8</project.build.sourceEncoding>
    </properties>
    <dependencies>
        <!-- Spring Test 框架 -->
        <dependency>
            <groupId>junit</groupId>
```

```
            <artifactId>junit</artifactId>
            <version>4.12</version>
            <scope>test</scope>
        </dependency>
        <dependency>
            <groupId>org.springframework</groupId>
            <artifactId>spring-test</artifactId>
            <version>4.3.10.RELEASE</version>
            <scope>test</scope>
        </dependency>
        <dependency>
            <groupId>org.springframework</groupId>
            <artifactId>spring-context</artifactId>
            <version>4.3.10.RELEASE</version>
        </dependency>
        <!-- Spring JDBC -->
        <dependency>
            <groupId>org.springframework</groupId>
            <artifactId>spring-jdbc</artifactId>
            <version>4.3.10.RELEASE</version>
        </dependency>
        <dependency>
            <groupId>mysql</groupId>
            <artifactId>mysql-connector-java</artifactId>
            <version>5.1.43</version>
        </dependency>
        <dependency>
            <groupId>com.mchange</groupId>
            <artifactId>c3p0</artifactId>
            <version>0.9.5.2</version>
        </dependency>
        <!-- Spring AOP -->
        <dependency>
            <groupId>org.springframework</groupId>
            <artifactId>spring-aop</artifactId>
            <version>4.3.10.RELEASE</version>
        </dependency>
        <dependency>
            <groupId>org.aspectj</groupId>
            <artifactId>aspectjrt</artifactId>
            <version>1.8.10</version>
```

```
        </dependency>
        <dependency>
            <groupId>org.aspectj</groupId>
            <artifactId>aspectjweaver</artifactId>
            <version>1.8.10</version>
        </dependency>
    </dependencies>
</project>
```

第四步：创建数据库连接信息配置文件

在 src/main/resources 中创建数据库连接信息配置文件，命名为 db.properties。

```
jdbc.driverClass=com.mysql.jdbc.Driver
jdbc.jdbcUrl=jdbc\:mysql\://localhost\:3306/usermanager1
jdbc.user=root
jdbc.password=root
jdbc.initialPoolSize=10
jdbc.maxPoolSize=100
jdbc.minPoolSize=10
jdbc.acquireIncrement=10
```

第五步：创建 Spring 配置文件

在 src/main/resources 中创建 Spring 配置文件，命名为 applicationContext.xml，选择 context、aop、tx、jdbc 命名空间。

```
<?xml version="1.0" encoding="UTF-8"?>
<beans xmlns="http://www.springframework.org/schema/beans"
    xmlns:xsi="http://www.w3.org/2001/XMLSchema-instance"
    xmlns:aop="http://www.springframework.org/schema/aop"
    xmlns:context="http://www.springframework.org/schema/context"
    xmlns:jdbc="http://www.springframework.org/schema/jdbc"
    xmlns:tx="http://www.springframework.org/schema/tx"
    xsi:schemaLocation="http://www.springframework.org/schema/beans
http://www.springframework.org/schema/beans/spring-beans.xsd
        http://www.springframework.org/schema/aop
http://www.springframework.org/schema/aop/spring-aop-4.3.xsd
        http://www.springframework.org/schema/context
http://www.springframework.org/schema/context/spring-context-4.3.xsd
        http://www.springframework.org/schema/jdbc
http://www.springframework.org/schema/jdbc/spring-jdbc-4.3.xsd
        http://www.springframework.org/schema/tx
http://www.springframework.org/schema/tx/spring-tx-4.3.xsd">
```

```
        <!-- 启用注解配置 -->
        <context:annotation-config/>
        <!-- 启用组件扫描-->
        <context:component-scan base-package="cn.itlaobing.springTransactional"/>
        <!-- 启用 AOP 的 aspectJ 注解扫描 -->
        <aop:aspectj-autoproxy/>
        <!-- 加载数据库连接信息 -->
        <context:property-placeholder location="classpath:db.properties"/>
        <!-- 配置数据源，为 jdbcTemplate 对象提供支持 -->
        <bean id="dataSource" class="com.mchange.v2.c3p0.ComboPooledDataSource">
            <property name="driverClass" value="${jdbc.driverClass}"></property>
            <property name="jdbcUrl" value="${jdbc.jdbcUrl}"></property>
            <property name="user" value="${jdbc.user}"></property>
            <property name="password" value="${jdbc.password}"></property>
            <!-- 初始化时的连接数,取值应该在 maxPoolSize 和 minPoolSize 之间,默认是 3 -->
            <property name="initialPoolSize" value="${jdbc.initialPoolSize}"></property>
            <!-- 连接池中保留的最大连接数量，默认 15 -->
            <property name="maxPoolSize" value="${jdbc.maxPoolSize}"></property>
            <!-- 连接池中保留的最小连接数量，默认 3 -->
            <property name="minPoolSize" value="${jdbc.minPoolSize}"></property>
            <!-- 当连接池中的连接耗尽的时候，c3p0 一次同时获取的连接数，默认 3 -->
            <property name="acquireIncrement" value="${jdbc.acquireIncrement}"></property>
        </bean>
        <!-- 定义 jdbctemplate -->
        <bean id="jdbcTemplate" class="org.springframework.jdbc.core.JdbcTemplate">
            <property name="dataSource" ref="dataSource"></property>
        </bean>
        <!-- 配置声明式事务-定义事务管理器 -->
        <bean id="transactionManager"
            class="org.springframework.jdbc.datasource.DataSourceTransaction-
Manager">
            <property name="dataSource" ref="dataSource"></property>
        </bean>
        <!-- 配置声明式事务-启用事务注解扫描 -->
        <tx:annotation-driven transaction-manager="transactionManager"/>
    </beans>
```

(1) 在 Spring 配置文件中启用了注解配置和组件扫描，加载了数据库连接信息的配置文件，创建了数据源对象，创建了 jdbcTemplate 对象。

(2) 使用 Spring 声明式事务，需要在 Spring 框架中配置事务管理器 transactionManager，并为事务管理器注入数据源 dataSource。

(3) 使用 Spring 声明式事务，需要打开事务注解扫描<tx:annotation-driven />

第六步：创建实体类、业务类和数据访问类

在 cn.itlaobing.springTransactional 包下创建子包 model、mapper、service、dao。

在 model 子包中创建 UserInfoModel 类和 UserDetailsModel 类。将 UserDetailsModel 作为 UserInfoModel 的属性，形成一对一关系。

```
public class UserInfoModel {
    private Integer id;
    private String userName;
    private String userPass;
    private UserDetailModel detailModel;
    //省略 get/set
}
public class UserDetailModel {
    private Integer id;
    private Integer age;
    private String tel;
    private String gender;
    //省略 get/set
}
```

在 mapper 包中创建 UserInfoMapper 类，该类实现 Spring 提供的 RowMapper 接口，并实现 mapRow()方法，用于将查询结果集对象 rs 指向的一条记录转换为一个 UserInfoModel 对象。创建 UserDetailMapper 类，该类也实现 Spring 提供的 RowMapper 接口，并实现 mapRow()方法，用于将查询结果集对象 rs 指向的一条记录转换为一个 UserDetailModel 对象。

```
public class UserInfoMapper implements RowMapper<UserInfoModel>{
    public UserInfoModel mapRow(ResultSet rs, int arg1) throws SQLException {
        UserInfoModel model =new UserInfoModel();
        model.setId(rs.getInt("id"));
        model.setUserName(rs.getString("userName"));
        model.setUserPass(rs.getString("userPass"));
        return model;
    }
}
public class UserDetailMapper implements RowMapper<UserDetailModel>{
    public UserDetailModel mapRow(ResultSet rs, int arg1) throws SQLException {
        UserDetailModel model =new UserDetailModel();
        model.setId(rs.getInt("id"));
        model.setAge(rs.getInt("age"));
```

```
            model.setTel(rs.getString("tel"));
            model.setGender(rs.getString("gender"));
            return model;
        }
    }
```

在 dao 包下创建 UserInfoDao 类和 UserDetailDao 类。

```
@Repository
public class UserInfoDao {
    @Autowired private JdbcTemplate jdbcTemplate;
    public UserInfoModel findById(int id) {
        return jdbcTemplate.queryForObject("select * from userInfo where id=?",
            new UserInfoMapper(),id);
    }
    //保存 model 后，返回新增记录的主键值
    public int save(final UserInfoModel model) {
        KeyHolder keyHolder = new GeneratedKeyHolder();
        jdbcTemplate.update(new PreparedStatementCreator() {
            public PreparedStatement createPreparedStatement(Connection conn)
            throws SQLException {
                PreparedStatement pstmt = conn.prepareStatement("insert into
                    userInfo(userName,userPass)values(?,?)",
                    PreparedStatement.RETURN_GENERATED_KEYS);
                pstmt.setObject(1, model.getUserName());
                pstmt.setObject(2, model.getUserPass());
                return pstmt;
            }
        }, keyHolder);
        return keyHolder.getKey().intValue();
    }
}
@Repository
public class UserDetailDao {
    @Autowired private JdbcTemplate jdbcTemplate;
    public int save(UserDetailModel model) throws Exception {
        return jdbcTemplate.update("insert into userdetail(id,age,tel,gender)values
         (?,?,?,?)", model.getId(),model.getAge(),model.getTel(),model.getGender());
    }
}
```

(1) UserInfoDao 类和 UserDetailDao 类上都标注了@Repository 注解，表示由 Spring 容器负责创建这两个类的对象。

(2) 使用@Autowired 注解为 UserInfoDao 类的 jdbcTemplate 属性注入值，为 UserDetailDao 类的 jdbcTemplate 对象注入值。

(3) UserInfoDao 类的 save() 方法实现了添加用户后返回新增用户的自增长主键值。

(4) KeyHolder 接口用于获取自增长的主键值。

(5) UserInfoDao 类的 save() 方法的参数 model 由于需要在匿名类中使用，因此参数前面必须添加 final 修饰。final 修复方法参数时表示参数的值不允许在方法内部被改变。

至此声明式事务的测试环境以及准备完毕，接下来演示 Spring 的声明式事务。声明式事务是 AOP 的重要应用，是通过在业务类或方法上标注@Transactional 注解实现的。

10.3.2 测试 1：不使用事务注册用户（一）

在 service 包下创建 UserInfoService 业务类，在业务类上标注@Servcie 注解，让 Spring 容器管理业务对象。在业务类中定义业务方法 save()，save() 方法中使用 UserInfoDao 类的对象向 userInfo 表中保存用户信息，并得到注册用户的主键值，再将主键值赋值给 UserDetailModel 对象，使用 UserDetailDao 对象向 userdetail 表中保存用户详细信息。

```
@Service
public class UserInfoService {
    @Autowired private UserInfoDao userInfoDao = null;
    @Autowired private UserDetailDao userDetailDao = null;
    public int save(UserInfoModel model) {
        int id = userInfoDao.save(model);//向 userInfo 表添加记录，返回主键值
        model.getDetailModel().setId(id);//将主键值设置为 userDetail 表的主键
        userDetailDao.save(model.getDetailModel());//向 userDetail 表添加记录
        return id;
    }
}
```

在 src/test/java 中创建单元测试类 TransactionalTest。

```
@RunWith(SpringJUnit4ClassRunner.class)
@ContextConfiguration(locations="classpath:applicationContext.xml")
public class TransactionalTest {
    @Autowired UserInfoService userInfoService = null;
    @Test
    public void testSave() {
        UserInfoModel model =new UserInfoModel();
        model.setUserName("admin");
        model.setUserPass("123");
        int id = userInfoService.save(model);
```

```
            System.out.println("新增用户的主键是: "+id);
        }
    }
```

在单元测试类中启动了 Spring 测试环境，userInfoServcie 对象调用 save()方法，实现用户注册功能。

执行单元测试 testSave()，运行结果输出“新增用户的主键是：1”。

查看表中的数据如图 10.3 所示。

	id	userName	userPass
☐	1	admin	123

	id	age	tel	gender
☐	1	(NULL)	(NULL)	(NULL)

图 10.3　不使用事务注册用户

根据查询数据库的结果判断用户注册成功。这个用户注册的业务是先向 userInfo 表中添加记录，再向 userDetail 表添加记录，并将 userInfo 表的生成的自增长主键值作为 userDetail 表的主键值。

10.3.3　测试 2：不使用事务注册用户(二)

分别向两张表中添加记录，实现用户注册，应该在事务下进行，以保证两张表的记录要么都添加成功，要么都回滚。

为了表示其中一条添加语句失败，将 UserDetailDao 类的 save()中的 SQL 语句写错，将 userDetail 写成 userDetail1，再次运行单元测试，结果失败了，提示“Table 'usermanager. userDetail1' doesn't exist”。查看表中的数据如图 10.4 所示。

	id	userName	userPass
☐	1	admin	123
☐	2	admin	123

	id	age	tel	gender
☐	1	(NULL)	(NULL)	(NULL)

图 10.4　不使用事务注册用户

根据查询数据库的结果判断注册失败，因为向 userInfo 表中保存数据成功，而向 userDetail 表中保存数据失败，说明向 userInfo 表和向 userDetail 表保存数据的两条 insert 语句不在一个事务中。

10.3.4　测试 3：在事务中注册用户(一)

Spring 声明式事务是对业务方法标注事务注解@Transactional，即方法调用前开始事务，方法调用结束后提交事务，从而大大简化了开发中事务的处理。

在 UserInfoService 类的 save()方法上标注@Transactional 注解，表示该方法调用前开始事务，方法调用结束后提交事务或回滚事务。

```
@Transactional
public int save(UserInfoModel model) {
    int id = userInfoDao.save(model);
    model.getDetailModel().setId(id);
    userDetailDao.save(model.getDetailModel());
    return id;
}
```

再次运行单元测试 testSave()，运行结果提示“Table 'usermanager.userDetail1' doesn't exist”。查看表中的数据如图 10.5 所示。

	id	userName	userPass
☐	1	admin	123
☐	2	admin	123

	id	age	tel	gender
☐	1	(NULL)	(NULL)	(NULL)

图 10.5 在声明式事务中注册用户

查询数据库，结果显示没有新增记录。这是因为向 userInfo 表添加用户信息成功了，但是向 userDetail 表添加用户详细信息时抛出了异常，导致事务回滚，因此两张表中都没有新增记录。说明声明式事务标注在方法上，在方法调用前开始事务，方法调用结束后回滚了事务。

10.3.5 测试 4：在事务中注册用户（二）

将 UserDetailDao 类的 save()方法中 SQL 语句的 userDetail1 重新改成 userDetail 后再次运行单元测试 testSave()，运行结果输出“新增用户的主键是：4”，查看表中的数据如图 10.6 所示：

	id	userName	userPass
☐	1	admin	123
☐	2	admin	123
☐	4	admin	123

	id	age	tel	gender
☐	1	(NULL)	(NULL)	(NULL)
☐	4	(NULL)	(NULL)	(NULL)

图 10.6 在声明式事务中注册用户

查询数据库，结果显示在 userInfo 表和 userDetail 表中都新增了 id 为 4 的记录。这是因为向 userInfo 表添加用户信息成功了，向 userDetail 表添加用户详细信息时也成功了，最后提交事务。说明声明式事务标注在方法上，在方法调用前开始事务，方法调用结束后提交了事务。

10.3.6 Spring 事务的提交行为

将@Transactional 注解标注在业务方法上，表示告诉 Spring 容器，该方法调用前要打开事务，方法调用结束后提交或回滚事务。如果方法内抛出运行时异常(RuntimeException，也称为 unchecked 异常）事务将回滚，方法内抛出设计时异常（Exception 也称为 checked 异常）事务将提交。测试 3 中抛出的异常就是 RuntimeException，导致事务回滚。

10.3.7 测试 5：在事务中抛出 Exception 异常

修改 UserDetail 类的 save()方法，在方法内部抛出 Exception 异常，在相应的类中对异常进行捕获。

```
    public int save(UserDetailModel model) throws Exception {
        if(true) {
            throw new Exception();
        }
        return jdbcTemplate.update("insert into userdetail(id,age,tel,gender)
values(?,?,?,?)",
            model.getId(),model.getAge(),model.getTel(),model.getGender());
    }
```

运行单元测试 testSave()，运行结果显示测试通过，查看图 10.7 中的数据如下。

id	userName	userPass
1	admin	123
2	admin	123
4	admin	123
5	admin	123

id	age	tel	gender
1	(NULL)	(NULL)	(NULL)
4	(NULL)	(NULL)	(NULL)

图 10.7 运行结果

查询数据库，结果显示 userInfo 表新增了 id 为 5 的记录，而 userDetail 表中没有新增记录，说明方法内抛出 Exception 异常时事务会提交。

通过设置@Transactional 的 noRollbackFor 属性或 rollbackFor 属性可以改变事务的提交行为。当设置 noRollbackFor=RuntimeException.class 时表示抛出 RuntimeException 异常时不回滚事务，而是提交事务，例如：

```
    @Transactional(noRollbackFor=RuntimeException.class)
    public int save(UserInfoModel model) throws Exception {
        int id = userInfoDao.save(model);
        model.getDetailModel().setId(id);
        userDetailDao.save(model.getDetailModel());
        return id;
    }
```

save()方法抛出 RuntimeException 异常时不回滚事务，而是提交事务。

当设置 rollbackFor=Exception.class 时表示抛出 Exception 异常时回滚事务，而不是提交事务，例如：

```
@Transactional(rollbackFor=Exception.class)
public int save(UserInfoModel model) throws Exception {
    int id = userInfoDao.save(model);
    model.getDetailModel().setId(id);
    userDetailDao.save(model.getDetailModel());
    return id;
}
```

save()方法抛出 Exception 异常时回滚事务，而不是提交事务。

事务是由业务类发起的，因此事务控制应该在业务类中进行。下面的方法 method1()，method2()，method3()都在 save()方法中被调用，而 save()方法调用前开启事务，调用后结束事务，因此这三个方法都在同一个事务中。

```
@Transactional
public void save(UserInfoModel model){
    method1();
    method2();
    method3();
}
```

10.3.8 不需要事务管理的方法

将@Transactional 标注在业务类上表示业务类中所有的方法在调用前开始事务，调用结束后提交或回滚事务。但是 getXxx()方法或 findXxx()等查询数据的方法并没有更新数据，因此这些用于查询数据的方法不应该放在事务中。如果查询数据的方法也开启了事务，那么对程序的性能是有影响的。通过设置事务的传播行为来要求查询数据方法调用时不使用事务。事务的传播行为是通过设置 Propagation 枚举值实现的。

例如在 save()方法内部调用 findById()方法查询数据，应在 findById()方法上标注 propagation=Propagation.NOT_SUPPORTED，Propagation 的枚举值 NOT_SUPPORTED 表示其修饰的方法不支持在事务中运行。

```
@Transactional
public class UserInfoService {
    @Transactional(propagation=Propagation.NOT_SUPPORTED)
    public UserInfoModel findById(int id) {
        省略部分代码
    }
    public int save(UserInfoModel model) throws Exception {
        dao.save();
        findById(1);
```

```
            dao.update();
        }
    }
```

@Transactional 注解标注在 UserInfoService 类上，因此该类中的每个方法调用前都开启事务，调用结束后提交或回滚事务。但是在 findById() 方法上标注了 Propagation.NOT_SUPPORTED，说明在调用 findById()方法时不开启事务，也就是说该方法不支持在事务中运行，实现了查询数据的方法不在事务中运行，减少系统开销，提高程序运行的性能。

10.3.9 事务的传播行为

Propagation 用于设置事务的传播行为，事务的传播行为是指从一个开启事务的方法调用另外一个方法时，是否将事务传播给被调用方法。事务的传播行为有以下几个设置：

(1) REQUIRED(必须)

业务方法需要在一个事务中运行。如果方法运行时，已经处在一个事务中，那么就加入该事务，否则为自己创建一个新的事务。该项为默认值。

(2) NOT_SUPPORTED(不支持)

声明方法不需要事务。如果方法没有关联到一个事务，Spring 容器不会为它开启事务。如果方法在一个事务中被调用，该事务会被挂起(suspend)，在方法调用结束后，原先的事务便会恢复(resume)执行。

(3) REQUIRESNEW(必须开启新事务)

表明不管是否存在事务，业务方法总会为自己发起一个新的事务。如果方法已经运行在一个事务中，则原有事务会被挂起，新的事务会被创建。直到方法执行结束，新事务才算结束，原先的事务才会恢复执行。

(4) MANDATORY(强制)

该属性指定业务方法只能在一个已经存在的事务中执行，业务方法不能发起自己的事务。如果业务方法没有在事务的环境下调用，Spring 容器就会抛出异常。

(5) SUPPORTS(支持)

这一事务属性表明，如果业务方法在某个事务范围内被调用，则方法成为该事务的一部分。如果业务方法在事务范围外被调用，则方法在没有事务的环境下运行。

(6) NEVER(从不)

指定业务方法绝对不能在事务范围内执行。如果业务方法在某个事务中执行，Spring 容器会抛出异常，只有业务方法没有关联到任何事务，才能正常执行。

(7) NESTED(内部)

如果一个活动的事务存在，则运行在一个嵌套的事务中；如果没有活动事务，则按照 REQUIRED 属性执行。它使用了一个单独的事务，这个事务拥有多个可以回滚的保存点，内部事务的回滚不会对外部事务造成影响。外部事务回滚会对内部事务造成影响。它只对 DataSourceTransactionManager 事务管理器有效。

10.3.10 事务的隔离性

@Transactional 还可以设置 readOnly、timeout、isolation 属性，例如：@Transactional (propagation = Propagation.REQUIRED , readOnly=true , timeout=30 , isolation = Isolation . READ_COMMITTED)。

(1) readOnly 表示只读事务，不允许更新数据，查询方法可以设置该属性，以提升效率。

(2) timeout 是事务执行的超时时间，默认值是 30 秒。

(3) isolation 是数据库的事务隔离级别。

如果多个事务并发操作同一个资源(例如一个事务修改某条记录的同时，另外一个事务正在删除或者读取这条记录)可能会发生以下的问题。

(1) 脏读：一个事务读取到另外一个事务未提交的更新数据。

(2) 不可重复读：在同一个事务中，多次读取同一个数据，返回的结果不同。意思是说后面的读取可以读到另外一个事务已经提交的更新数据。

(3) 可重复读：在同一个事务中多次读取数据时，能保证每次所读取的数据都是一样的，意思是说后面读取不能读到另外一个事务提交的更新数据。

(4) 幻像读：一个事务读取到另外一个事务已经提交的 insert 或 delete 数据。例如当对某行执行插入或删除操作，而该行属于某个事务正在读取的行的范围时，会发生幻像读问题。事务第一次读的行范围显示出其中一行已不复存在于第二次读或后续读中，因为该行已被其他事务删除。同样，由于其他事务的插入操作，事务的第二次或后续读显示有一行已不存在于原始读中。

为了避免事务并发带来的问题，数据库系统提供了 4 种事务隔离级别供用户选择。不同的隔离级别采用不同的锁来实现。

(1) Read Uncommited：未提交读隔离级别(会出现脏读、不可重复读、幻像读)。

(2) Read Commited：已提交读隔离级别(不会出现脏读，会出现不可重复读、幻像读)。

(3) Repeatable Read 可重复读(不会出现脏读、不可重复读，会出现幻像读)。

(4) Serializable：串行化(不会出现脏读、不可重复读、幻像读)。

MS SQL Server 默认隔离级别是 Read Commited，MySQL 默认隔离级别是 Repeatable Read，Oracle 默认隔离级别是 Read Commited。

第 11 章　Spring MVC 简介

【本章内容】

1. Spring MVC 的架构
2. Spring MVC 的组件
3. Spring MVC 入门实战

【能力目标】

1. 能够配置 Spring MVC 开发环境
2. 理解 Spring MVC 运行机制
3. 能够编写 Spring MVC 入门实战

11.1　Spring MVC 介绍

Spring MVC 是一个模型-视图-控制器框架，是围绕一个 DispatcherServlet 来设计的，这个 Servlet 会把请求分发给各个处理器，并支持可配置的处理器映射、视图渲染、本地化、时区与主题渲染等，甚至还能支持文件上传。处理器是你的应用中注解了@Controller 和@RequestMapping 的类和方法，Spring 为处理器方法提供了极其多样灵活的配置。Spring 3.0 以后提供了@Controller 注解机制、@PathVariable 注解以及一些其他的特性，你可以使用它们来进行 RESTful Web 站点和应用的开发。

11.2　Web 编程的过程

在 MVC 设计模式下的 Web 编程，无论使用什么技术，什么框架，无非是要解决以下 5 个问题，如图 11.1 所示：

(1) 视图向控制器发出请求并提交数据。

(2) 控制器获取数据、对数据进行相应的类型转换、对数据进行验证、调用模型。

(3) 模型进行业务处理，并将业务处理后的数据返回给控制器。

(4) 控制器再将数据响应给视图。

(5) 视图对响应的数据进行渲染显示。

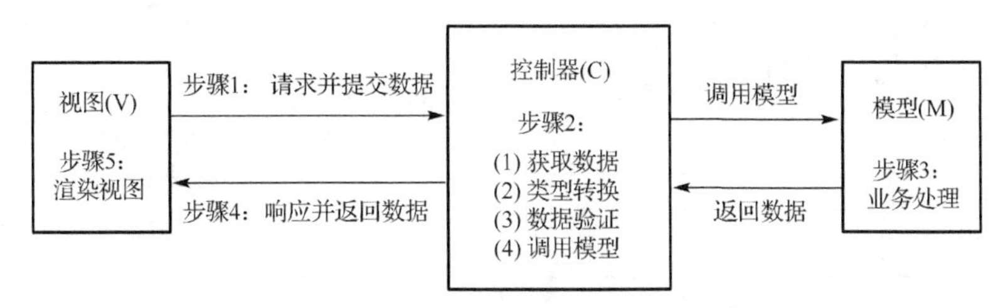

图 11.1 Web 编程需要解决的 5 个问题

Spring MVC 也是 MVC 设计模式，同样需要解决以上的 5 个问题。Spring Web MVC 也是一种基于 MVC 设计模式的、请求驱动类型的轻量级 Web 框架。是 Spring 框架的一个模块，如图 11.2 所示。既然是框架，那么大多数开发人员需要的功能框架都已经实现了，开发人员只需在框架上的基础上，完成个性化的需求。

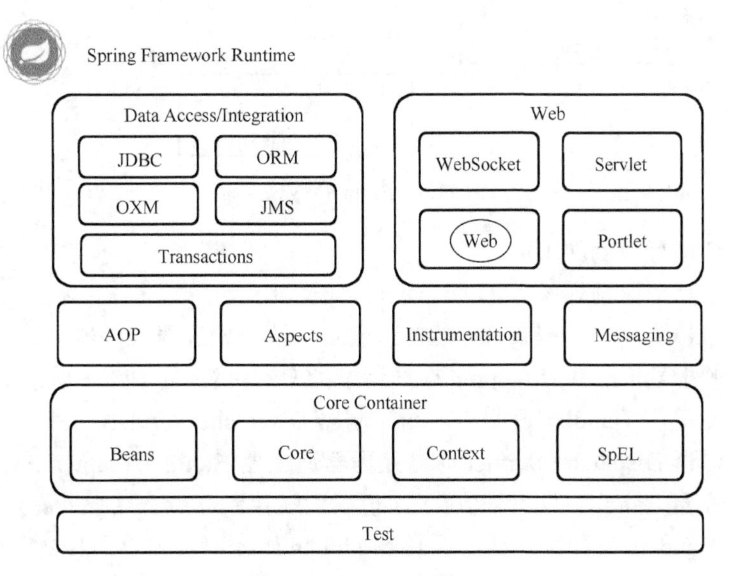

图 11.2 Spring 架构

Spring Web MVC 也是服务到工作者模式的实现。前端控制器是 DispatcherServlet，应用控制器被拆为处理器映射器(Handler Mapping)和视图解析器(View Resolver)，处理器为 Controller 接口(仅包含 ModelAndView handleRequest(request, response) 方法)的实现，支持本地化(Locale)解析、主题(Theme)解析及文件上传等，提供了非常灵活的数据验证、格式化和数据绑定机制，提供了强大的约定大于配置(惯例优先原则)的契约式编程支持。本书的案例是基于 Spring MVC 4.3.10 版本上讲解的。

11.3 Spring MVC 架构

Spring MVC 架构如图 11.3 所示。

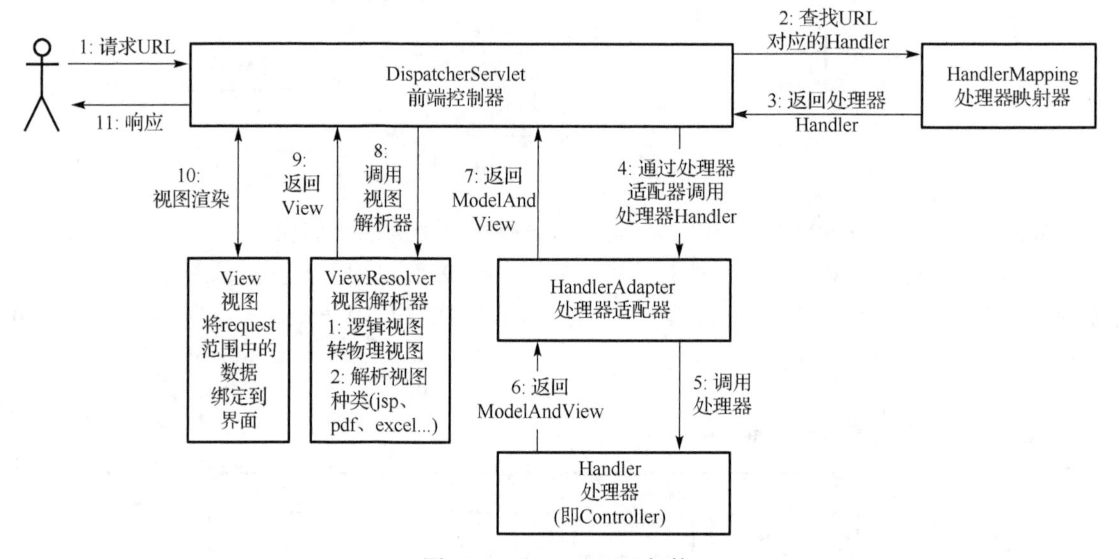

图 11.3 Spring MVC 架构

Spring MVC 运行机制如下：

(1) 用户发送请求至前端控制器 DispatcherServlet。

(2) 前端控制器 DispatcherServlet 接收请求后，调用处理器映射器 HandlerMapping。

(3) 处理器映射器 HandlerMapping 根据请求的 URL 找到处理该请求的处理器 Handler(即 Controller)，将处理器 Handler 返回给前端控制器 DispatcherServlet。

(4) 前端控制器 DispatcherServlet 通过处理器适配器 HandlerAdapter 调用处理器 Handler。

(5) 执行处理器 Handler(即 Controller，也叫后端控制器或应用控制器)。

(6) 处理器 Handler 执行完成后，返回 ModelAndView(实体数据和视图)给处理器适配器 HandlerAdapter。

(7) 处理器适配器 HandlerAdapter 将处理器 Handler 执行的结果 ModelAndView 返回给前端控制器 DispatcherServlet。

(8) 前端控制器 DispatcherServlet 将 ModelAndView 传给视图解析器 ViewReslover。

(9) 视图解析器 ViewReslover 根据逻辑视图解析出物理视图并返回。

(10) 前端控制器 DispatcherServlet 对视图 View 进行渲染(即将模型数据填充至视图中)。

(11) 前端控制器 DispatcherServlet 响应用户。

Spring MVC 提供的组件包括：

(1) DispatcherServlet。

(2) HandlerMapping。

(3) HandlerAdapter。

(4) ViewReslover。

需要程序开发人员编写的组件包括：

(1) Handler。

(2) View。

11.4 Spring MVC 组件

DispatcherServlet：Spring 中提供了 org.springframework.web.servlet.DispatcherServlet 类，它从 HttpServlet 继承而来，它就是 Spring MVC 中的前端控制器(Front controller)。

HandlerMapping：DispatcherServlet 自己并不处理请求，而是将请求交给页面控制器。那么在 DispatcherServlet 中如何选择正确的页面控制器呢？这件事情就交给 HandlerMapping 来做了，经过了 HandlerMapping 处理之后，DispatcherServlet 就知道要将请求交给哪个页面控制器来处理了。

HandlerAdapter：经过了 HandlerMapping 处理之后，DispatcherServlet 就获取到了处理器，但是处理器有多种，为了方便调用，DispatcherServlet 将这些处理器包装成处理器适配器 HandlerAdapter，HandlerAdapter 调用真正的处理器的功能处理方法，完成功能处理；并返回一个 ModelAndView 对象(包含模型数据、逻辑视图名)。

ModelAndView：DispatcherServlet 取得了 ModelAndView 之后，需要将把逻辑视图名解析为具体的 View，比如 jsp 视图，pdf 视图等，这个解析过程由 ViewResolver 来完成。

ViewResolver：ViewResolver 将把逻辑视图名解析为具体的 View，通过这种策略模式，很容易更换其他视图技术。

View：DispatcherServlet 通过 ViewResolver 取得了具体的 View 之后，就需要将 Model 中的数据渲染到视图上，最终 DispatcherServlet 将渲染的结果响应到客户端。

11.5 Spring MVC 入门实战

11.5.1 创建 maven 项目

首先使用 STS(Spring Tool Suite™) 创建一个 maven 项目。STS 是 Spring 社区基于 Eclipse 开发工具专为 Spring 开发定制的，方便创建调试运行维护 Spring 应用。启动 STS 后，切换当前的透视图为 Spring 透视图，如图 11.4 所示。

新建一个 maven 项目，输入 Group Id 为 cn.itlaobing.springmvc，输入 Artifact Id 为 springmvc-demo，packaging 选择 war，war 表示创建的是一个 Web 应用项目。创建完 maven 项目之后，会发现 STS 有一个报错，如图 11.5 所示，这是因为 POM 文件中正在做相关的配置，之后这个错误就会自动消失。

图 11.4　Spring 透视图　　　　图 11.5　maven 项目配置时显示的错误

11.5.2　配置 pom.xml

现在创建的 maven 工程并没有自动创建一个标准 Web 项目所应该有的 WEB-INF 目录，也没有 web.xml 文件，所以首先在 src/main/webapp 目录中添加 WEB-INF 目录，然后添加 web.xml 文件。可以使用 STS 创建一个普通的 Web 项目，然后将 WEB-INF 连带 web.xml 一起拷贝到 maven 项目中。然后在 pom.xml 文件中将编译器级别调整为 1.8，代码如下：

```
<project xmlns=http://maven.apache.org/POM/4.0.0
xmlns:xsi="http://www.w3.org/2001/XMLSchema-instance"
xsi:schemaLocation="http://maven.apache.org/POM/4.0.0
http://maven.apache.org/xsd/maven-4.0.0.xsd">
<modelVersion>4.0.0</modelVersion>
<groupId>cn.itlaobing.springmvc</groupId>
<artifactId>springmvc-demo</artifactId>
<version>0.0.1-SNAPSHOT</version>
<packaging>war</packaging>
<properties>
  <!-- *********************编译器配置*************************** -->
  <maven.compiler.source>1.8</maven.compiler.source>
  <maven.compiler.target>1.8</maven.compiler.target>
  <maven.compiler.compilerVersion>1.8</maven.compiler.compilerVersion>
 </properties>
</project>
```

maven.compiler.source，maven.compiler.target 和 maven.compiler.compilerVersion 用于设置编译器的版本，这里将编译器的版本设置为 1.8。

设置完成后，鼠标右键点击项目名称，在弹出的对话框中选择“Maven”，在弹出的菜单中执行“Update Project...”来更新项目，使得 pom 中的设置生效，如图 11.6 所示。

现在项目的结构如图 11.7 所示。

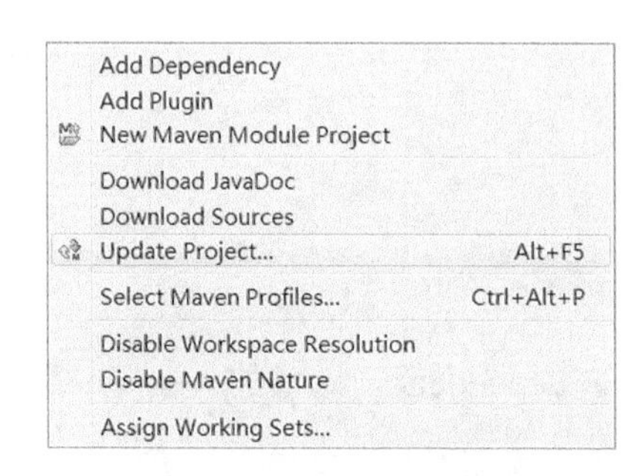

图 11.6 更新 maven 项目

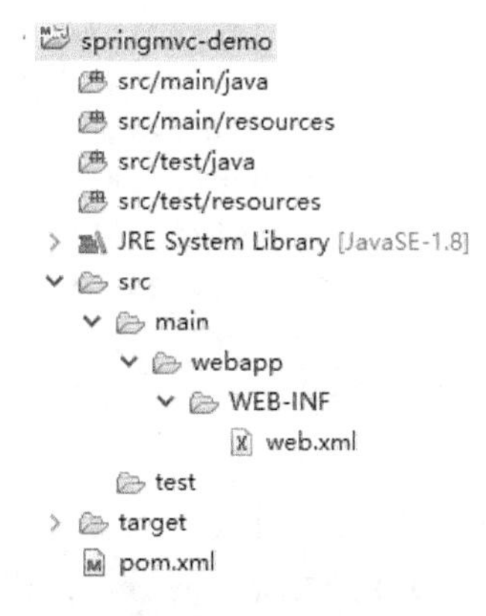

图 11.7 项目结构图

11.5.3 pom 文件中引入 Spring 依赖包

开发 Spring MVC 程序需要导入 Spring MVC 相关的依赖 jar 包，为了统一版本号，在 pom 文件中定义一个属性，然后在依赖中使用，这里需要引入两个依赖，一个是 spring-webmvc 的依赖，另一个是 JSTL 依赖，完整配置如下：

```
<project xmlns=http://maven.apache.org/POM/4.0.0
xmlns:xsi="http://www.w3.org/2001/XMLSchema-instance"
xsi:schemaLocation="http://maven.apache.org/POM/4.0.0
http://maven.apache.org/xsd/maven-4.0.0.xsd">
<modelVersion>4.0.0</modelVersion>
<groupId>cn.itlaobing.springmvc</groupId>
<artifactId>springmvc-demo</artifactId>
<version>0.0.1-SNAPSHOT</version>
<packaging>war</packaging>
  <properties>
      <!-- *********************编译器配置*************************** -->
      <maven.compiler.source>1.8</maven.compiler.source>
      <maven.compiler.target>1.8</maven.compiler.target>
      <maven.compiler.compilerVersion>1.8</maven.compiler.compilerVersion>
      <!-- 自定义属性 -->
```

```
        <spring.version>4.3.10.RELEASE</spring.version>
    </properties>
    <dependencies>
        <dependency>
            <groupId>org.springframework</groupId>
            <artifactId>spring-webmvc</artifactId>
            <version>${spring.version}</version>
        </dependency>
          <dependency>
            <groupId>javax.servlet</groupId>
            <artifactId>jstl</artifactId>
            <version>1.2</version>
        </dependency>
    </dependencies>
</project>
```

spring.version 属性定义了统一的版本信息，在 dependency 元素的 version 属性中使用 ${spring.version}引用统一的版本。在 pom 文件中添加了 spring-webmvc 和 jstl 的依赖。

11.5.4 配置 DispatcherServlet

Spring MVC 提供了 org.springframework.web.servlet.DispatcherServlet 这个 Servlet，DispatcherServlet 是 Spring MVC 请求的入口，需要在 web.xml 中启动 Spring MVC：

```
<?xml version="1.0" encoding="UTF-8"?>
<web-app xmlns:xsi="http://www.w3.org/2001/XMLSchema-instance"
    xmlns="http://xmlns.jcp.org/xml/ns/javaee"
    xsi:schemaLocation="http://xmlns.jcp.org/xml/ns/javaee
http://xmlns.jcp.org/xml/ns/javaee/web-app_3_1.xsd"
    id="WebApp_ID" version="3.1">
<!-- 启动 spring MVC -->
<servlet>
    <servlet-name>springmvc</servlet-name>
    <servlet-class>org.springframework.web.servlet.DispatcherServlet</servlet-class>
    <load-on-startup>1</load-on-startup>
</servlet>
<servlet-mapping>
    <servlet-name>springmvc</servlet-name>
    <!-- 默认 servlet 映射 -->
    <url-pattern>/</url-pattern>
</servlet-mapping>
</web-app>
```

这个 Servlet 启动之后，会作为应用默认的 Servlet 来拦截请求，请求将会交给 Spring 容器来处理，所以这个 Servlet 在启动的时候会自动加载 Spring 容器。默认情况下它会到/WEB-INF/目录中读取 [servlet-name]-servlet.xml 文件，这个文件就是 Spring 的配置文件，所以我们需要在 WEB-INF 中建立一个 springmvc-servlet.xml 文件。鼠标右键单击“WEB-INF”目录，在弹出的对话框中选择“new>other”，在弹出对话框的 Wizards 中输入过滤文本“spring bean”如图 11.8 所示，选择“Spring bean Configuration File”，然后点击“Next”，输入文件名“springmvc-servlet.xml”，点击“Finish”按钮完成 Spring MVC 配置文件的创建。

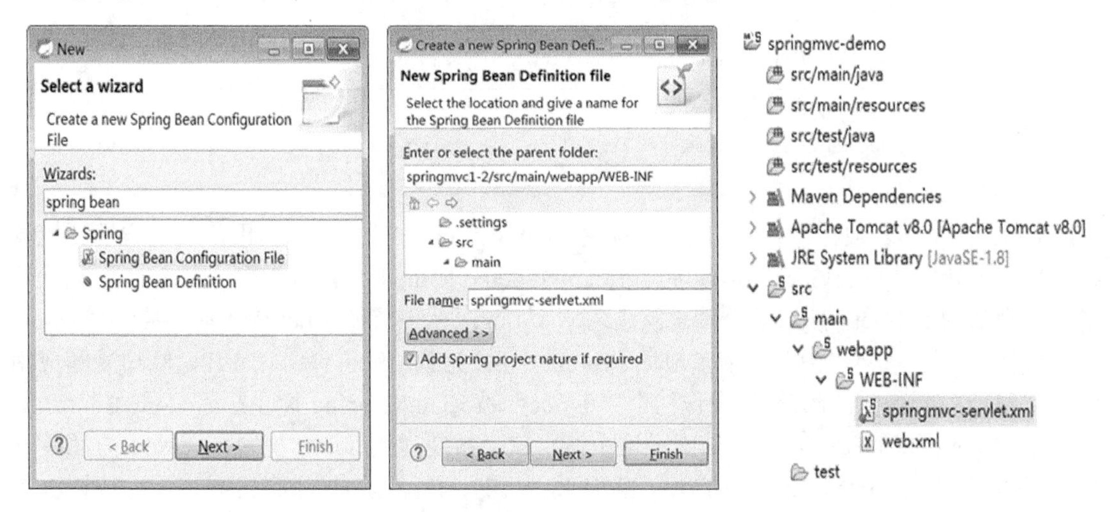

图 11.8 创建 Spring MVC 配置文件

11.5.5 创建 Controller

Spring MVC 中 Controller 是控制器，它是一个普通的 Java 类，用来接收用户从客户端发出的请求。这个 Controller 类全名为 cn.itlaobing.springmvc.web.controller.HomeController，如图 11.9 所示。

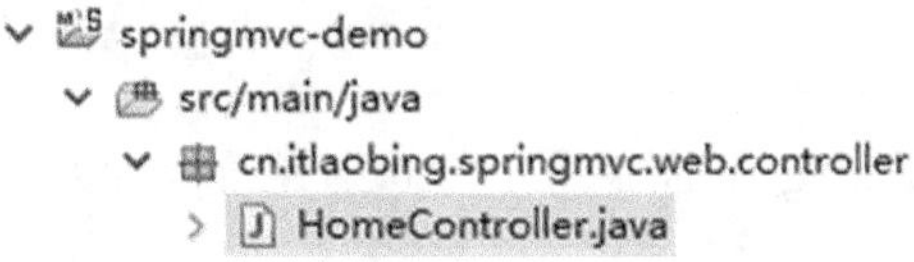

springmvc-demo
src/main/java
cn.itlaobing.springmvc.web.controller
HomeController.java

图 11.9 控制器类 HomeController

```
@Controller
public class HomeController {
    @GetMapping("/home")
    public String home(Model model){
```

```
            model.addAttribute("msg", "Hello Spring MVC !");
            return "home";
        }
    }
```

在类上面添加@Controller 表示该类是一个 Controller 组件，它对应的就是 Spring MVC 中的“C”部分。Spring 容器在启动的时候扫描应用 classpath 下包中的类，如果类上面有@Controller 这样的注解，就会将这个类放入到 Spring 容器中进行管理。Spring 容器会扫描哪些包，需要在 springmvc-servlet.xml 中进行配置，配置代码如下。

src/main/webapp/WEB-INF/springmvc-servlet.xml 文件部分配置：

```
...
<context:component-scan base-package="cn.itlaobing.springmvc.web.controller" />
...
```

@GetMapping 被标注在 String home(Model model)方法上表示当用户从客户端浏览器中发出 get 请求“http://localhost:8080/springmvc-demo/home”后，由于在 web.xml 中只配置了一个默认的 Servlet，所以这个请求就进入这个 Servlet，这个 Servlet 就是前端控制器(Front Controller)。在 Servlet 中取出请求地址“/home”后(完整路径去掉协议，IP，端口号和应用上下文路径后所剩下的部分)，发现这个“/home”被@GetMapping 标注在了 HomeController 的 String home(Model model)方法上，这个请求就会被映射到 home 方法上，home 方法就开始执行。所以@GetMapping 的含义就是将客户端的请求映射到方法上。想要这个@GetMapping 生效，我们需要在 springmvc-servlet.xml 中进行配置，配置代码如下:

```
<beans
    ...
    xmlns:mvc="http://www.springframework.org/schema/mvc"
    xsi:schemaLocation="
    ...
    <mvc:annotation-driven />
    ...
</beans>
```

需要注意的是@GetMapping 后面括号中的映射地址是相对于上下文路径 contextPath 的相对路径。

当请求到来时，Spring MVC 在 Spring 容器中取出请求对应的 Controller Bean 对象，然后调用 home 方法，在调用方法的时候，发现该方法需要一个 Model 接口类型的参数，此时就会实例化一个 Model 类型的对象，这个对象用来存放一些数据，将来这些数据会被带到视图上进行渲染。

home()方法是有 Spring MVC 框架来调用的，参数 Model 的实例化也是由框架来完成的，框架调用 home 方法的时候，将实例化出来的 model 对象传入到 home()方法中。这里的 Model 对应的就是 Spring MVC 中的“M”部分。

Model 的全称是 org.springframework.ui.Model ，它是一个接口，Spring 中提供了它的实现类，至于这个实现类是什么，现在无须关心。Spring 框架会自动创建它的实例对象然后传递到方法中。我们只需要知道它对应的就是 Spring MVC 中的 M 部分，是一个存储数据的地方，视图上要呈现的数据都保存到这个对象中。

Model 的 addAttribute(String attributeName, Object attributeValue) 方法以 key-value 的形式将数据保存起来。这种做法这与 HttpSession, HttpServletRequest 的 addAttribute 方法一样，都是为了将数据带到视图上。

“home” 作为 pubic String home(Model model)方法的返回值，这个返回值表示视图的名称，也就是说 Controller 的 home 方法执行完毕之后，Spring MVC 框架得到的视图名称为“home”，它到底对应的是什么？这就需要用到视图解析器了，视图解析器需要在 src/main/webapp/WEB-INF/springmvc-servlet.xml 中进行配置。

```
...
<bean class="org.springframework.web.servlet.view.InternalResourceViewResolver">
  <property name="viewClass" value="org.springframework.web.servlet.view.JstlView" />
  <property name="prefix" value="/WEB-INF/views/" />
  <property name="suffix" value=".jsp" />
</bean>
...
```

这里配置了一个 Bean，类名为 InternalResourceViewResolver，它是一个视图解析器，通常用它来解析 JSP 视图，所以在 viewClass 属性中指定了一个 JstlView 类，表示 JSTL 视图。

prefix 和 suffix 很重要，分别表示视图文件的前缀和后缀。前面提到 Controller 中的 home 方法返回了一个字符串“home”， 前端控制器 DispatcherServlet 根据配置的 InternalResourceViewResolver 来解析这个“home”，解析的方式就是使用 prefix+返回的视图的名称+suffix 得到完成的视图路径“/WEB-INF/views/home.jsp”这样就能够找到 JSP 模板了。

以下是完整的 src/main/webapp/WEB-INF/springmvc-servlet.xml 配置：

```
<?xml version="1.0" encoding="UTF-8"?>
<beans xmlns="http://www.springframework.org/schema/beans"
    xmlns:xsi="http://www.w3.org/2001/XMLSchema-instance"
xmlns:context= "http://www.springframework.org/schema/context"
    xmlns:mvc="http://www.springframework.org/schema/mvc"
```

```
    xsi:schemaLocation="http://www.springframework.org/schema/beans
        http://www.springframework.org/schema/beans/spring-beans-4.3.xsd
        http://www.springframework.org/schema/context
        http://www.springframework.org/schema/context/spring-context-4.3.xsd
        http://www.springframework.org/schema/mvc
        http://www.springframework.org/schema/mvc/spring-mvc-4.3.xsd">

    <context:component-scan base-package="cn.itlaobing.springmvc.web.controller" />
    <mvc:annotation-driven />
    <bean class="org.springframework.web.servlet.view.InternalResourceViewResolver">
      <property name="viewClass" value="org.springframework.web.servlet.view.JstlView" />
      <property name="prefix" value="/WEB-INF/views/" />
      <property name="suffix" value=".jsp" />
    </bean>
</beans>
```

11.5.6 创建视图

视图就是输入和输出数据的界面，需要在 src/main/webapp/WEB-INF/views 目录中创建一个 home.jsp，项目结构和代码如图 11.10 所示：

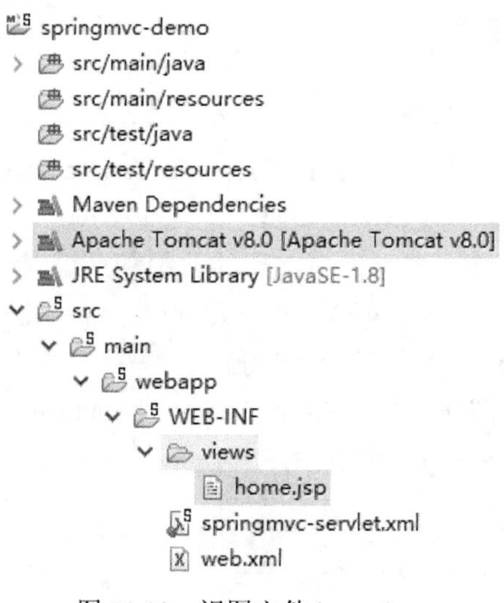

图 11.10 视图文件 home.jsp

src/main/webapp/WEB-INF/views/home.jsp 代码：

```
<%@ page language="java" pageEncoding="UTF-8"%>
<!DOCTYPE html>
<html>
<head>
<title>Spring MVC Home</title>
</head>
<body>${msg}</body>
</html>
```

我们在 HomeController 类的 home()方法中已经向 Model 中放入了要显示的数据，要显示数据的 key 是"msg"，要显示的值是"Hello Spring MVC"，在 jsp 页面上使用 EL 表达式${msg}就可以将数据取出来，渲染到视图上。

11.5.7 启动服务器运行

将当前项目部署到 Tomcat 服务器中后，启动 Tomcat 服务器，打卡浏览器，在地址栏中输入 http://localhost:8080/springmvc-demo/home，测试运行结果如图 11.11 所示，至此已经完成了 Spring MVC 入门实战。

图 11.11 运行结果

11.5.8 使用 Tomcat maven plugin

Spring MVC 入门实战是部署在外部的 Tomcat 服务器中的，在团队开发中，这种使用外部 Tomcat 的配置很容易造成开发运行环境不一致，因为每个开发者有可能 Tomcat 版本不一样，IDE 开发工具不一致，从而导致各种问题。为了在开发团队中有一致的环境，推荐使用 Tomcat maven plugin 来运行 Web 程序。

Tomcat maven plugin 官方地址为 http://tomcat.apache.org/maven-plugin.html， 目前版本停留在了 2.2，使用的是 Tomcat7。

首先在 POM 中配置 Tomcat maven plugin，配置完成后完整的 POM 如下：

```
    <project xmlns="http://maven.apache.org/POM/4.0.0"
xmlns:xsi="http://www.w3.org/2001/XMLSchema-instance"
        xsi:schemaLocation="http://maven.apache.org/POM/4.0.0
    http://maven. apache.org/xsd/maven-4.0.0.xsd">
        <modelVersion>4.0.0</modelVersion>
        <groupId>cn.itlaobing.springmvc</groupId>
        <artifactId>springmvc-demo</artifactId>
```

```
    <version>0.0.1-SNAPSHOT</version>
    <packaging>war</packaging>
    <properties>
        <!-- *********************编译器配置*************************** -->
        <maven.compiler.source>1.8</maven.compiler.source>
        <maven.compiler.target>1.8</maven.compiler.target>
        <maven.compiler.compilerVersion>1.8</maven.compiler.compilerVersion>
        <!-- 自定义属性 -->
        <spring.version>4.3.10.RELEASE</spring.version>
    </properties>
    <dependencies>
        <dependency>
            <groupId>org.springframework</groupId>
            <artifactId>spring-webmvc</artifactId>
            <version>${spring.version}</version>
        </dependency>
        <dependency>
            <groupId>javax.servlet</groupId>
            <artifactId>jstl</artifactId>
            <version>1.2</version>
        </dependency>
        <dependency>
            <groupId>javax.servlet</groupId>
            <artifactId>javax.servlet-api</artifactId>
            <version>3.1.0</version>
            <scope>provided</scope>
        </dependency>
    </dependencies>
    <build>
        <plugins>
            <plugin>
                <groupId>org.apache.tomcat.maven</groupId>
                <artifactId>tomcat7-maven-plugin</artifactId>
                <version>2.2</version>
                <configuration>
                    <path>/</path> <!-- 应用程序上下文路径 contextPath -->
                    <port>9090</port><!-- tomcat 所使用的端口号 -->
                </configuration>
            </plugin>
        </plugins>
    </build>
</project>
```

在 POM 中添加了 javax.servlet 依赖，因为现在没有使用外部的 Tomcat。当使用外部 Tomcat 的时候，外部 Tomcat 会将外部 Tomcat 自带的相关 jar 包添加到项目的构建路径(Build Path)中，让 Web 项目在开发时使用外部 Tomcat 提供的 jar 包。外部 Tomcat 提供的 jar 包包括 Servlet-API。当使用 Tomcat maven plugin 作为运行环境时，由于 Tomcat maven plugin 没有提供 Servlet-API 的 jar 包，因此就需要在 POM 中导入 Servlet-API 的 jar 包。

这里有一点特别要注意的就是<scope>provided</scope>，它表明该包只在编译和测试的时候用，运行和发布的时候不会用到。如果不添加，那么这个包在 Tomcat 运行的时候会起作用，这样就与 Tomcat 本身自带的 Servlet API 有了冲突，所以一定要注意添加这个 Scope 为 provided。

POM 中还增加 build 节点，这个节点中配置了 Tomcat maven plugin，启动 Tomcat 服务器就是靠这个插件来启动的，其中的 path 元素用于设置应用程序上下文路径，本例中应用程序上下文路径设置为斜杠，port 元素用于设置 Tomcat 服务器的端口号，本例中设置为 9090。

启动 Tomat 有两种方式：一种是在命令行窗口中使用 mvn tomcat7:run 来运行，前提是必须将命令行路径切换到项目的根目录下；另一种方式是在 STS 中配置运行，如图 11.12 和图 11.13 所示。在 name 中输入服务器的标签，在 Main 选项卡的 Goals 中输入 tomcat7:run。

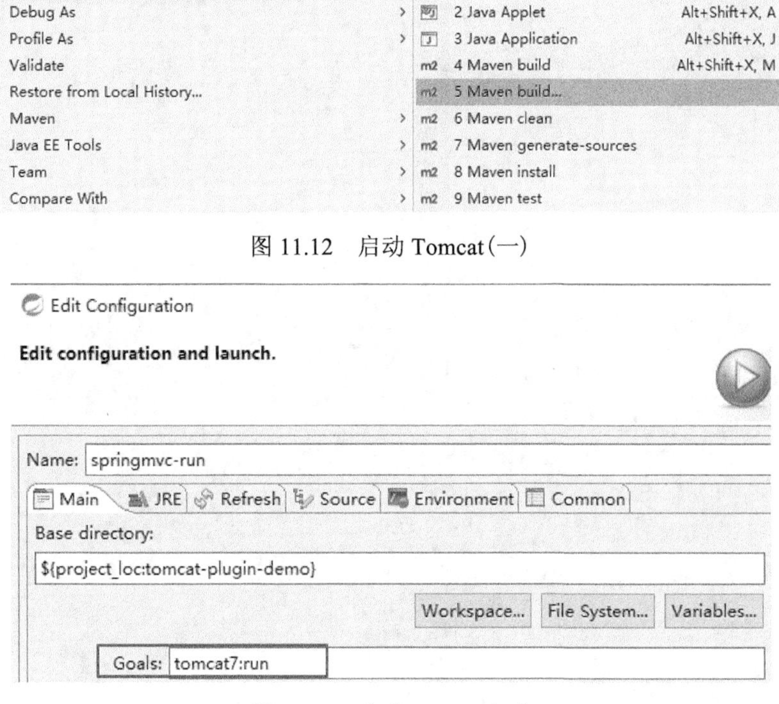

图 11.12 启动 Tomcat(一)

图 11.13 启动 Tomcat(二)

配置好之后点击 run 按钮，如图 11.14 所示，项目就启动了。这种配置只需要配置一次即可，因为只要运行一次，这个配置就会被 STS 保留下来，在工具栏的 debug 按钮和 run 按钮下可以再次运行保留下来的配置。如果我们使用 debug 模式运行，修改类后不用再次重启服务器就能生效。

启动后，我们在控制台中可以看到输出，其中最后一行是：信息: Starting ProtocolHandler ["http-bio-9090"] 这就表明，Tomcat 已经在 9090 端口上启动了，根据插件中的配置，应用程序上下文路径为斜杠，在浏览器中输入地址：http://localhost:9090/home 就可以正常访问应用了。若要停止 Tomcat 运行，点击 Console 面板右侧的红色方框按钮就可以停止运行 Tomcat，如图 11.15 所示。

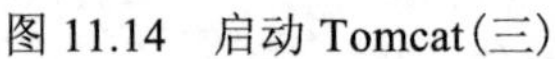
图 11.14 启动 Tomcat(三)

图 11.15 停止 Tomcat 服务器

第 12 章　Spring MVC 控制器

【本章内容】

1. DispatcherServlet 控制器
2. HandlerMapping 处理器映射器
3. HandlerAdapter 处理器适配器
4. 处理器方法
5. 返回值处理

【能力目标】

1. 了解核心控制器类 DispatcherServlet
2. 了解处理器映射器，了解处理器适配器
3. 了解控制器
4. 能够编写处理器方法
5. 能够对处理器返回值处理

Spirng MVC 官方将控制器分为前端控制器(Front Controller)和 Controller。所谓的 Front Controller 其实就是 DispatcherServlet，之所以称它为 Front Controller 是因为 DispatcherServlet 是整个应用的入口，所有的请求都会经过这个 Servlet，而这个 Servlet 是 Spring MVC 框架为我们定义好的，整个框架的启动都由它来完成，处于最前端，所以称它为 Front Controller。而 Controller 则是我们自己定义的类，前端控制器根据配置，将请求可以“路由”到我们自己定义的控制器中的方法上。所以无论是 Front Controller 还是自己定义的 Controller 类，都还是属于 MVC 中的 C 的范畴。

12.1　DispatcherServlet

首先来看 DispatcherServlet 这个类的继承关系，在 STS/Eclipse 中选中 DispatcherServlet 类，然后使用快捷键 Ctrl+T 查看类的继承关系，如图 12.1 所示。

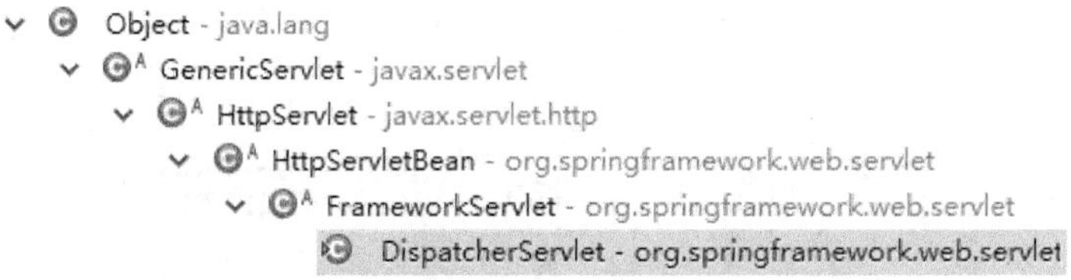

Object - java.lang
  GenericServlet - javax.servlet
    HttpServlet - javax.servlet.http
      HttpServletBean - org.springframework.web.servlet
        FrameworkServlet - org.springframework.web.servlet
          DispatcherServlet - org.springframework.web.servlet

图 12.1　DispatcherServlet 类的继承关系

继承关系图中显示 DispatcherServlet 从 HttpServlet 继承而来，所以它是一个标准的 Servlet。在启动 Spring MVC 的时候会加载 Spring 配置文件，配置文件的名称要求是 /WEB-INF/[servlet-name]-servlet.xml。如果想自定义 Spring MVC 配置文件的名称和位置该如何做呢？

在 DispatcherServlet 的父类 FrameworkServlet 中定义了一个属性 contextConfigLocation，contextConfigLocation 属性保存了 Spring MVC 的配置文件的位置，contextConfigLocation 的值可以在 web.xml 的 Servlet 配置中通过初始化参数 init-param 来配置。所以我们通过 Servlet 的 init-param 这个配置参数来改变 Spring 上下文的配置路径，配置如下：

```
<servlet>
    <servlet-name>springmvc</servlet-name>
    <servlet-class>org.springframework.web.servlet.DispatcherServlet</servlet-class>
    <!-- 配置 Spring MVC 配置文件名称和路径-->
    <init-param>
        <param-name>contextConfigLocation</param-name>
        <param-value>classpath:applicationContext-mvc.xml</param-value>
    </init-param>
    <load-on-startup>1</load-on-startup>
</servlet>
<servlet-mapping>
    <servlet-name>springmvc</servlet-name>
    <url-pattern>/</url-pattern>
</servlet-mapping>
```

将 Spring MVC 配置文件由默认位置 src/main/webapp/WEB-INF/springmvc-servlet.xml 更改为 src/main/resources 文件夹中，并重新命名为 applicationContext-mvc.xml。因为在 maven 项目中，src/main/resources 目录中的文件编译后会与类文件放在同一个目录下，也就是在 classpath 中，所以在 param-value 的配置使用 classpath: 表示到 classpath 中加载 applicationContext-mvc.xml。

12.2 HandlerMapping 与 HandlerAdapter

DispatcherServlet 作为前端控制器接收到请求之后，是如何找到我们自己写的 Controller Bean，并且执行其中的方法的呢？在 Spring MVC 中还有两个很重要的组件：HandlerMapping 与 HandlerAdapter。HandlerMapping 称为处理器映射器，HandlerAdapter 称为处理器适配器。HandlerMapping 完成的工作是负责在 SpringContext 中找到我们自己定义的 Controller Bean，而 HandlerAdapter 则是适配到要调用的 Controller 中的方法。这两个类完成的工作一般不需要我们干预，了解它们的工作原理有助于我们灵活地使用 Spring MVC 框架。

12.2.1 HandlerMapping

HandlerMapping 是处理器映射器，其作用是将浏览器地址栏中输入的请求路径映射到控制器的方法上，以明确浏览器的请求路径交给控制器的哪个方法来响应。

使用 HandlerMapping 需要在 Spring 配置文件中配置注解驱动，配置方法如下：

```
<mvc:annotation-driven />
```

Spring 在解析 <mvc:annotation-driven/> 的时候，会在背后注册相关的注解解析器类，由注解解析器类负责具体的映射工作。

12.2.2 HandlerAdapter

HalderAdapter 是处理器适配器，其作用是根据 HandlerMapping 的映射结果去调用控制器中的方法，以响应用户的请求。

当客户端发起请求后，DispatcherServlet 就会将请求交给 HandlerMapping 实例，HandlerMapping 根据请求的地址找到具体要执行的 Controller 类中的方法，最终这个方法的调用还需要交给 HalderAdapter 来完成。在 HanlderAdapter 调用 Controller 类中的方法之前还有一些事情需要处理，比如说数据类型的转换，Controller 类中方法参数的准备等。

与 HandlerMapping 一样，使用 HalderAdapter 需要在 Spring 配置文件中配置注解驱动，配置方法如下：

```
<mvc:annotation-driven />
```

Spring 在解析 <mvc:annotation-driven /> 的时候，会在背后注册相关的注解解析器类，由注解解析器类负责具体的方法调用工作。

12.3 Controller

这里的 Controller 就是自己定义的控制器类，这个控制器类就是一个普通的 Java 类，它之所以能够成为控制器，是因为在这个类上标注了@Controller 这个注解，@Controller 注解表示告诉 Spring MVC 框架由@Controller 标注的类是控制器类。

12.3.1 @Controller

Spring 配置中指定了自动扫描的 basepackage 后，Spring 会扫描这些包以及子包中使用了@Controller 标注的类，然后实例化出对象，并将对象加入到 Spring IOC 容器中，注入依赖。需要注意的是这个 Bean 对象在 Spring IOC 容器中是单例的，每次请求到来的时候，使用的是同一个 Bean 对象。既然是单例的，那么我们在编码的时候一定要注意这个特性，在这个类中定义 field 的时候，要特别注意这个 field 会被所有的请求共享。

12.3.2 @RequestMapping

在 Controller 类中定义的方法可以用来处理请求，在 Spring MVC 中它叫作处理器方法(HandlerMethod)，它之所以能够成为一个处理器方法，是因为我们在这个方法上面标注了@RequestMapping 注解，正是因为这个注解，RequestMappingHandlerMapping 才能扫描到它，才能被 HalderAdapter 适配到，然后被框架调用。下面是这个 annotation 的定义：

```
@Target({ElementType.METHOD, ElementType.TYPE})
@Retention(RetentionPolicy.RUNTIME)
@Documented
@Mapping
public @interface RequestMapping {
    String name() default "";
    @AliasFor("path")
    String[] value() default {};
    @AliasFor("value")
    String[] path() default {};
    RequestMethod[] method() default {};
    String[] params() default {};
    String[] headers() default {};
    String[] consumes() default {};
    String[] produces() default {};
}
```

@RequestMapping 注解的作用就是与请求相匹配，如果匹配上了，@RequestMapping 注解修饰的方法才会被执行，这里我们只需要关注两个属性：

value：请求的路径。这个路径相对于应用的上下文，它是 path 的别名。类型是一个 String[]，也就是说它可以匹配多个请求路径。

method：请求的方法。HTTP 协议的请求方式有 GET 和 POST。

当前的请求只有与@RequestMapping 上指定的属性都匹配的时候，才会执行它标注的方法。下面分析几个例子，假设应用的上下文路径为 http://localhost:9090/：

@RequestMapping("/users") 请求的路径为 "http://localhost:9090/users"，请求方式没有限制，即可以是 GET 也可以是 POST。

@RequestMapping(value="/users" , method= RequestMethod.GET) 请求路径为 "http://localhost:9090/users"，请求方式只能是 GET。因为现在有两个参数，所以 value 就不能省略了。RequestMethod 是一个枚举类型，定义了所有的请求方式。当然 value 也可以换成 path，因为它们相互为对方的别名。

@RequestMapping(value="/users"，method={ RequestMethod.GET，RequestMethod.POST})请求路径为"http://localhost:9090/users"，请求方式只能是 GET 或者 POST。

@RequestMapping({"/home","/index","/",""})可以匹配的路径有 4 个：

"http://localhost: 9090/home" ,

"http://localhost:9090/index" ,

"http://localhost:9090/" ,

"http://localhost:9090" ,而请求方式没有限制。

在 RequestMapping 类的定义上，我们发现它的@Target 是{ElementType.METHOD, ElementType.TYPE} 也就是说它既可以标注在方法上，还可以标注在类上，那么如果它标注在类上有什么作用呢？比如下面的代码：

```
@Controller
@RequestMapping("/students")
public class StudentController {
    @RequestMapping(method={RequestMethod.GET,RequestMethod.POST})
    public String index(){
        return null;
    }
    @RequestMapping(value="/create",method=RequestMethod.POST)
    public String create(){
        return null;
    }
    @RequestMapping(value="/update",method=RequestMethod.POST)
    public String update(){
        return null;
```

```
        }
    }
```

首先 StudentController 类上添加了@RequestMapping，那么这个类中定义的所有处理器方法都是基于这个@RequestMapping 的。index 方法匹配的是: "/students"， 因为 index 方法上的@RequestMapping 没有指定 value/path，默认为空字符串，匹配的方法是 GET 或者 POST。create 方法匹配的是"/students/create"，方法是 POST，update 方法匹配的是"/students/update"。

12.3.3 RESTful 风格的 URL

REST (Representational State Transfer) 是一种网络应用程序的设计风格和开发方式。REST 指的是一组架构约束条件和原则，满足这些约束条件和原则的应用程序或设计就是 RESTful。RESTful 摒弃了在浏览器地址栏中通过键值对方式传递参数的方式，实现了浏览器地址栏中 URI 本身传递数据的方式。

可以在@RequestMapping 中使用 value 或者 path 来匹配请求路径，这些请求路径还可以做成一个模板，叫做 URI Template。例如@RequestMapping (value="/students/{id}",method=RequestMethod.GET)，其中"/students/{id}"就被模板化了，请求"/students/1"会与@RequestMapping 匹配上。从语意上解读为获取主键编号为 1 的学生的详细信息，这是一种 Restful 风格的 URL。Spring 框架处理的时候，就会获取到 id 的值为 1。URI 模板相当于在 URL 中定义变量，Spring 框架中可以方便地获取到这个变量，将一个 URL 进行了参数化。

使用 RESTful 风格时，需要将前端控制器的<url-pattern>设置为/，如下所示：

```
    <servlet>
        <servlet-name>springmvc</servlet-name>
        <servlet-class>org.springframework.web.servlet.DispatcherServlet</serv
let-class>
        <load-on-startup>1</load-on-startup>
    </servlet>
    <servlet-mapping>
        <servlet-name>springmvc</servlet-name>
        <url-pattern>/</url-pattern>
    </servlet-mapping>
```

那么如何获取到 RESTful 中的参数呢？这就需要用到@PathVariable 注解了，看下面的示例代码：

```
    @GetMapping("/students/{id}")
    public String show(@PathVariable("id") Integer id){
        return null;
    }
```

这个处理器方法完成的功能就是查询出学生的详细信息，至于是哪个学生，在 URI 模板中使用 id 变量指定。如果选择发出的请求是 http://localhost:9090/students/1， 那么 HandlerAdapter 在与这个处理器方法适配的时候，会从 URI 模板中取出 1 放入变量 id 中，处理器方法 show()开始调用的时候看到 show()方法的参数是 Integer id，而且这个参数用@pathVariable("id")进行了标注，那么它就将模板变量 id 的值赋值给 show()方法的 id 参数，这样在 show 方法中就可以使用这个变量了，利用这个值到后台数据库中查询详细的信息。

下面看看@PathVariable 这个注解的定义：

```
@Target(ElementType.PARAMETER)
@Retention(RetentionPolicy.RUNTIME)
@Documented
public @interface PathVariable {
    @AliasFor("name")
    String value() default "";
    @AliasFor("value")
    String name() default "";
    boolean required() default true;
}
```

@Target 指定了这个注解修饰的是参数，有 name 参数，并且是 value 参数的别名，它用于指明到 URI 模板中的哪个变量上取值，所以这个值一定要与模板中定义的变量名一致。如果处理器参数名称如上面的 Integer id 与模板中的变量名一致，此时@PathVariable 中可以不必指定，因为在适配的时候一旦发现@PathVariable 没有指定，就会拿到处理器方法参数的名称到模板中查找，代码如下：

```
@GetMapping("/students/{id}")
public String show(@PathVariable Integer id){
    return null;
}
```

所以需要注意一旦处理器方法参数名称与模板定义的变量不一致的时候就需要明确指明。required 参数表示是否是必需的，默认为 true，如果发现模板中没有定义变量，此时就会报告错误。

模板中可以定义多个变量，比如发送请求 "/students/1/subject/java" 意思是查看主键编号为 1 的学生的"java" 成绩，就可以使用下面的方式来匹配：

```
@GetMapping("/studnets/{id}/subject/{subjectName}")
public String show(@PathVariable Integer id, @PathVariable String
subjectName){
    return null;
}
```

12.3.4 静态资源访问

当前端控制器的<url-pattern>设置为斜杠时，表示对所有资源的访问都交给 Spring MVC 框架进行处理，这里的资源包括了静态资源，例如 html 文件，css 文件，图片文件等。如果没有为这些静态资源文件配置映射时，Spring MVC 是找不到对应的 Handler 的，因此需要配置对静态资源的直接访问，Spring MVC 的<mvc:resources mapping="" location="">实现对静态资源进行映射访问。

例如以下分别是对图片文件、js 文件、css 文件访问的配置：

```
<mvc:resources location="/images/" mapping="/images/**"/>
<mvc:resources location="/js/" mapping="/js/**"/>
<mvc:resources location="/css/" mapping="/css/**"/>
```

其中的**表示多级路径的通配符。

12.4 处理器方法

在 Spring MVC 中处理器方法的定义很灵活，方法签名(方法参数类型，顺序，返回值类型)并没有固定的写法。其中的原因就是前面介绍的 HandlerAapter 可以灵活地适配处理器方法，处理器方法需要的参数值，它可以灵活地“注入”进来。表 12.1 列出了处理器方法支持的常用的参数类型，其他的类型可以参考官方文档 https://docs.spring.io/spring/docs/current/spring-framework-reference/html/ 第 22.2.3 章节。

表 12.1 处理器方法支持的参数类型

参数类型	说明
ServletRequest,HttpServletRequest 或者 ServletResponse,HttpServletResponse	Servlet 请求和响应对象
HttpSession	如果有这个参数，那么这个参数永远不可能为 null session 访问不是线程安全的，如果需要线程安全，需要设置 AnnotationMethodHandlerAdapter 或 RequestMappingHandlerAdapter 的 synchronizeOnSession 属性为 true，即可线程安全地访问 session
org.springframework.web.context.request.WebRequest, org.springframework.web.context.request.NativeWebRequest	WebRequest 是 Spring Web MVC 提供的统一请求访问接口，不仅仅可以访问请求相关数据(如参数区数据、请求头数据，但访问不到 Cookie 区数据)，还可以访问会话和上下文中的数据；NativeWebRequest 继承了 WebRequest

续表

参数类型	说明
java.util.Map org.springframework.ui.Model,org.springframework.ui.ModelMap	送到 View 层去展现的数据
要绑定的自定义对象	自定义的实体
org.springframework.validation.Errors org.springframework.validation.BindingResult	错误信息和绑定结果，这两个参数需要放在自定义对象的后面

处理器方法参数上可以标注的注解如表 12.2 所示。

表 12.2 处理器方法参数上可以标注的注解

Annotation	说明
@PathVariable	注入 URI 模板变量
@RequestParam	注入请求参数，相当于 reqeust.getParameter(“参数名”)
@RequestHeader	注入请求头信息
@RequestPart	常用于文件上传，获取上传的文件内容(字节)
@RequestBody	获取请求内容

如果处理器方法中需要用到 HttpServletRequest 对象，虽然可以在方法上定义 HttpServletRequest 类型的参数自动注入，这里再提供一种获取该对象的另外一种方法：

```
    @GetMapping("/students/hello")
    public String hello(){
        //获取 HttpServletRequest 的另外一种获取 HttpServletRequest 对象的方法
        HttpServletRequest request=
    ((ServletRequestAttributes)Request ContextHolder.getRequestAttributes()).
getRequest();
        return null;
    }
```

这种方式的原理是 Spring MVC 框架将 HttpServletRequest 对象放到了 ThreadLocal 中，然后通过 RequestContextHolder 工具类来获取。有时由于某些原因我们需要对 Spring MVC 框架做一些封装或者扩展的时候，需要用到 HttpServletRequest 对象的时候，可以使用这种方式来获取。

12.4.1 获取请求数据

客户端的数据是按照 HTTP 协议报文格式来提交的，下面我们分析一段常见的 HTTP POST 提交的报文来理解报文的各个部分与处理器方法参数的对应关系。

请求方法：对应到@RequestMapping 中的方法。

请求URI：URI中的"/students/create" 对应到@RequestMapping中的value或者path。

请求头：例如获取请求头User-Agent中的值则使用@RequestHeader("User-Agent")来获取。

请求参数：例如获取name参数的值，则使用@RequestParam("name")来获取。某些时候，向服务器发送请求数据的时候，有可能是一段xml文本或者是一段JSON文本，注意此时请求头的Content-Type的值是application/xml 或者application/json，而并非参数的形式，那么服务器就需要使用@RequestBody来获取整段文本内容。

如果是上传的二进制文件，那么就使用@RequestPart来获取对应的字段的值。

参考代码如下：

```
@Controller
@RequestMapping("/students")
public class StudentController {
    private Log log=LogFactory.getLog(StudentController.class);
    @RequestMapping(value="/create",method=RequestMethod.POST)
    public String create(
            @RequestParam("name") String name,
            @RequestParam("age") Integer age,
            @RequestHeader("User-Agent") String userAgent,
            @RequestBody String requestBody){
        log.info("name:"+name);
        log.info("age:"+age);
        log.info("userAgent:"+userAgent);
        log.info("requestBody:"+requestBody);
        return null;
    }
}
```

如果请求参数的名称与处理器方法中的参数名称相同，那么在使用@RequestParam绑定的时候可以省略参数，甚至可以省略@RequestParam。

参考代码如下：

```
@Controller
@RequestMapping("/students")
public class StudentController {
    private Log log=LogFactory.getLog(StudentController.class);
    @RequestMapping(value="/create",method=RequestMethod.POST)
    public String create(String name, Integer age,
            @RequestHeader("User-Agent") String userAgent,
            @RequestBody String requestBody){
```

```
            log.info("name:"+name);
            log.info("age:"+age);
            log.info("userAgent:"+userAgent);
            log.info("requestBody:"+requestBody);
            return null;
        }
    }
```

12.4.2 参数绑定与类型转换

如果请求参数比较多，通常是将这些参数放到一个实体中，然后只需要在处理器方法上定义这个实体作为参数。HandlerAdapter 会将这个对象的实例创建出来，然后从请求参数中取出这些参数然后放到实体对象中，需要注意的是请求参数的名字需要与实体类中的 field 一一对应，只有对应的 field 才会提取参数的值。最后在调用处理器方法的时候传递给处理器方法，这个过程就是参数绑定的过程。

Postman 是 Google 开发的一款功能强大的网页调试与发送网页 HTTP 请求，并能运行测试用例的 Chrome 插件，模拟各种 HTTP requests，包括 GET、POST 请求，甚至还可以发送文件，送出额外的 header。如何安装请使用关键字“Postman”在搜索引擎中检索。启动后界面如图 12.2 所示。

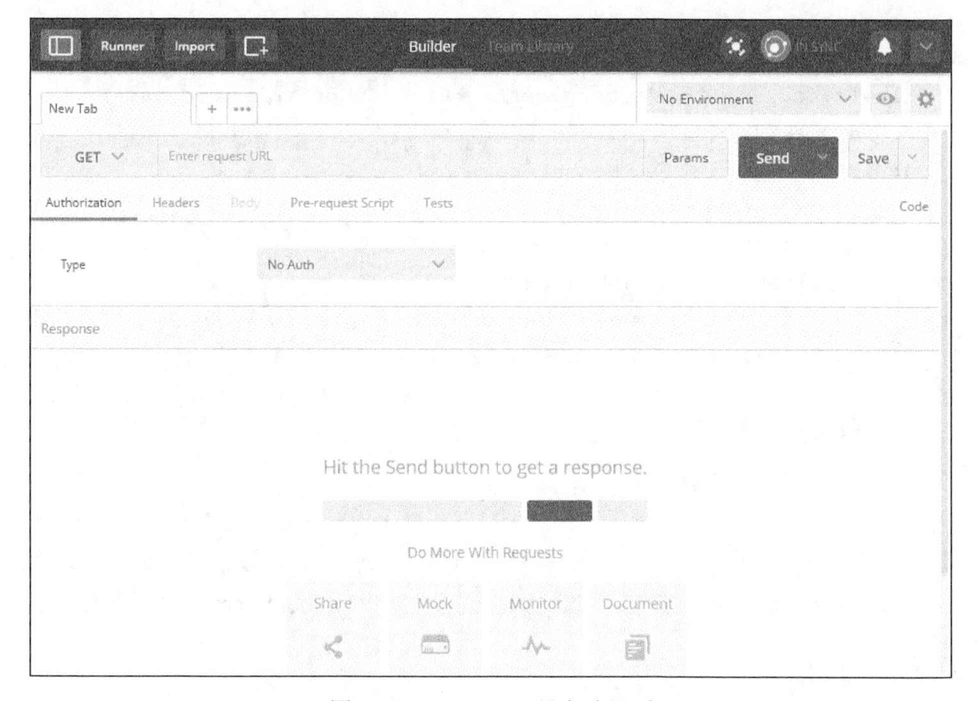

图 12.2 Postman 工具启动界面

假设有 Student 实体类，这个实体类中我们尝试添加了各种数据类型的属性，并且为性别属性定义了枚举类型 Gender，代码如下：

```
public class Student implements
Serializable {
      private Integer id;//编号
      private String name;//姓名
      private Gender gender;//性别
      @DateTimeFormat(pattern="yyyy-MM-dd")
      private Date birthday;//生日
      private String[] favorite;//爱好
      //省略 getter setter
}
```

```
public enum Gender {
    MALE("男"),FMALE("女");
//枚举类型对应的文本，方便在视图中显示
    private String text;
    private Gender(String text){
        this.text=text;
    }
    public String getText(){
        return text;
    }
}
```

在 Student 类的 birthday 属性上添加了一个@DateTimeFormat 注解，该注解用于设置日期类型的格式，具体日期格式由属性 pattern 指定为 yyyy-MM-dd。

编写 Controller 处理器方法，将提交的数据与实体中的属性进行绑定。

```
@Controller
@RequestMapping("/students")
public class StudentController {
    private Log log=LogFactory.getLog(StudentController.class);
    @RequestMapping(value="/create",method=RequestMethod.POST)
    public String create(Student student){
        log.info(student);
        log.info("id:"+student.getId()+
            " name:"+student.getName()+
            " gender:"+student.getGender().getText()+
            " birthday:"+student.getBirthday()+
            " favorite:"+Arrays.toString(student.getFavorite()));
        return null;
    }
}
```

启动服务器后，我们使用 Postman 模拟表单提交。这里假定应用上下文地址为：http://localhost:9090/，Postman 需要向 http://localhost:9090/students/create 发送 post 请求，提交的数据如图 12.3 所示。

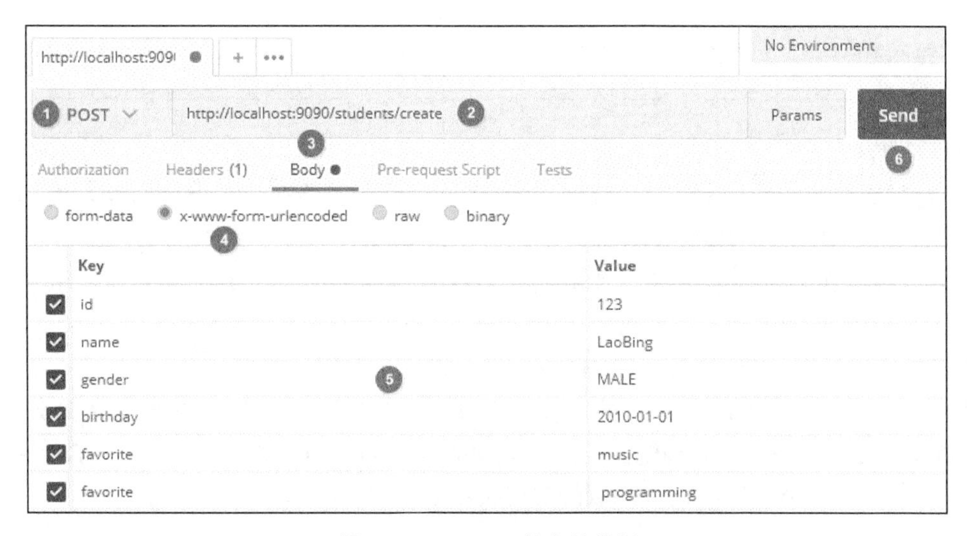

图 12.3 Postman 提交的数据

以下为图 12.3 中数字的说明：

(1) 因为处理器方法接收的是 POST 方式，所以这里选择 POST。

(2) 提交的地址。

(3) 选中 Body 这个选项之后就可以选择数据提交的格式。HTML Form 表单有一个 enctype 属性，这个属性表示如何对表单的数据进行编码，可以理解为数据的编码格式。默认值是 application/x-www-form-urlencoded 表示对表单数据进行 URL 编码，multipart/form-data 文件上传的时候使用该值。图 12.3 中的 form-data 就与 enctype="multipart/form-data" 对应，x-www-form-urlencoded 就与 enctype="application/x-www-form-urlencoded"对应。

(4) 现在是通过 Postman 来模拟浏览器的表单提交，所以选择 x-www-form-urlencoded 方式，表示对提交的数据进行 URL 编码。

(5) 要提交的数据，即提交的参数(parameter)，名称对应到 Student 类中的属性。注意到 Student 类中的 favorite 参数是一个 String[]，所以这里写了两个 favorite 参数，数据提交后会进入到 Student 实例的 String[] favorite 中。

(6) 准备好要提交的数据之后，就可以点击这个按钮提交数据了，点击这个按钮后，整个 HTTP 报文为：

```
POST /students/create HTTP/1.1
Host: localhost:9090
Content-Type: application/x-www-form-urlencoded
Cache-Control: no-cache
Postman-Token: f194dae3-7505-7e3b-45bc-aedbc48c4c6e
```

```
id=123&name=LaoBing&gender=MALE&birthday=2010-01-01&favorite=music&favor
ite=programming
```

后台打印的日志如下：

```
信息: id:123 name:LaoBing gender:MALE birthday:Fri Jan 01 00:00:00 CST 2010
favorite:[music,  programming]
```

观察后台打印的日子发现提交的数据被正确地保存到了实体类对象的属性中了，那么 Spring MVC 在工作的时候是如何做的呢？

处理器方法被调用前，HandlerAdapter 组件(实现类为 RequestMappingHandlerAdapter)需要做适配的工作，其目的就是为处理器方法的参数“注入”需要的值，这部分工作由 RequestMappingHandlerAdapter 内部的 HandlerMethodArgumentResolver(处理器方法参数解析器)来完成。它是一个接口，这个接口的实现类如表 12.3 所示。

表 12.3　HandlerMethodArgumentResolver 接口的实现类

解析器	解释
RequestParamMethodArgumentResolver	解析@RequestParam
PathVariableMethodArgumentResolver	解析@PathVariable
RequestResponseBodyMethodProcessor	解析@RequestBody
RequestHeaderMethodArgumentResolver	解析@RequestHead
ServletModelAttributeMethodProcessor	解析@ModelAttribute ()
ServletRequestMethodArgumentResolver	解析 WebRequest、ServletRequest、HttpServletRequest
ServletResponseMethodArgumentResolver	解析 WebResponse、ServletResponse、HttpServletResponse

这些 HandlerMethodArgumentResolver 早在 RequestMappingHandlerAdapter 初始化阶段的时候，就已经被注册了，所以 RequestMappingHandlerAdapter 在与处理器方法适配的时候，才能够解析各种各样的参数。当然我们也可以自己实现 HandlerMethodArgumentResolver 来对 Spring MVC 进行扩展。

参数解析完毕之后，下一步工作就是要做类型转换了。因为从客户端提交的 HTTP 报文都是文本，所以需要将这些文本转换成我们需要的类型，这个工作 Spring MVC 又是怎样完成的呢？

试想 Spring 的 xml 格式的配置文件中都是基于文本的，我们为 Bean 配置的 property 都是文本，但最终使用的时候都转换成了我们需要的 Java 数据类型。所以整个 Spring 框架自身就有一套类型转换(Type Conversion)，数据绑定(Data Binding)，数据校验(Validation)的机制。例如将文本“2020-01-01”转换成 java.util.Date 类型就是类型转换，在将这个 Date 类型 Set 到某个 Bean 中就是数据绑定，绑定完成后还要看数据是否合法，比如年龄是 int 类型的，但不能小于 0，这就是数据校验。

早期的 Spring 中使用的是 java.beans.PropertyEditor 这个接口，Spring 框架中对这个接口进行了扩展实现，放在了 org.springframework.beans.propertyeditors 这个包中，比如 CharacterEditor，PathEditor，PatternEditor 等，再加上 JDK 包 com.sun.beans.editors 中的类 BooleanEditor，ByteEditor，DoubleEditor，EnumEditor，FloatEditor，IntegerEditor，LongEditor，NumberEditor，StringEditor 等，这些类基本满足了 Spring 框架本身类型转换的需要。在 Spring3 的时候，引入了 org.springframework.core.convert 包，提供了通用的类型转换系统。该系统定义了一个 SPI（Service Provider Interface）可以用作 PropertyEditors 的替代品来转换外部 bean property value strings 到需要的 property 类型。该包中定义了一个 Converter 接口，并提供了这个接口的多种实现，通过这些实现类可以完成数据类型的转换工作。

Spring MVC 中当然也需要用到类型转换，它就用以上叙述的方式来进行转换。以我们 Student 类中 birthday 为例，它是一个 java.util.Date 类型，Spring MVC 中可以使用两种方式来完成类型转换：

(1) 使用 formatters。在 org.springframework.format.annotation 这个包中定义了两个注解，@DateTimeFormat 用于日期的格式化，@NumberFormat 用于数字的格式化。

(2) 使用 converters。此时就需要自己实现 Converter 接口，并在全局注册，步骤如下。

第一步：定义实现 Converter 接口的类，实现 convert() 方法

```
//需要实现 Converter 接口，这里是将 String 类型转换成 Date 类型
public class DateConverter implements Converter<String, Date>{
    private Log log=LogFactory.getLog(DateConverter.class);
    //实现 将日期串转成日期类型(格式是 yyyy-MM-dd)
   private SimpleDateFormat simpleDateFormat = new SimpleDateFormat("yyyy-MM-dd");
    @Override
    public Date convert(String source) {
       try {
          //转成直接返回
          return simpleDateFormat.parse(source);
       } catch (ParseException e) {
           log.error(e);
       }
       //如果参数绑定失败返回 null
       return null;
    }
}
```

DateConverter 类实现了 Converter 接口的 convert() 方法。convert() 方法实现了将传入的 String 类型的参数转换为 Date 类型的数据并返回。

第二步：配置文件中进行全局注册

```
<mvc:annotation-driven conversion-service="conversionService" />
<bean id="conversionService"
class="org.springframework.context.support.ConversionServiceFactoryBean">
    <property name="converters">
        <bean class="cn.itlaobing.springmvc.converter.DateConverter" />
    </property>
</bean>
```

在 mvc:annotation-driven 中通过 conversion-service 属性将 conversionService 对象注册到 Spring MVC 中。conversionService 通过 converters 属性加载了类型转换器 DateConverter。

12.4.3 数据校验

一个应用程序的业务逻辑，数据校验是必须要考虑和面对的事情。应用程序必须通过某种手段来确保输入的数据从语义上来讲是正确的。在通常的情况下，应用程序是分层的，不同的层由不同的开发人员来完成。很多时候同样的数据验证逻辑会出现在不同的层，这样就会导致代码冗余和一些管理的问题，比如说语义的一致性等。为了避免这样的情况发生，最好是将验证逻辑与相应的域模型(用于保存数据的 Java Bean 对象)进行绑定。

为此，Java 社区制定了 JSR 303 -Bean Validation 1.0 规范，为 JavaBean 验证定义了相应的注解和 API，例如@Null 必须为空，@NotNull 不允许为空，@Min(value) 最小值，@Max(最大值)，@Pattern(value)正则表达式匹配等，这些注解在 Bean Validation 规范中称为 constraint，即约束。目前最新版本为 JSR 349 -Bean Validation 1.1 规范。

Spring4 开始支持 JSR 349 -Bean Validation 1.1 规范，所以我们可以在 Spring 中使用它。但是 Bean Validation 仅仅是一个规范，需要实现后才能使用。Hibernate validator 就是这个实现者，所以要在 Spring MVC 中使用，需要引入 Hibernate validator 实现的 jar 包。

```
<dependency>
    <groupId>org.hibernate</groupId>
    <artifactId>hibernate-validator</artifactId>
    <version>5.0.2.Final</version>
</dependency>
```

引入依赖 Hibernate validator 的 jar 包之后，就可以在实体类的属性中加入规范中定义的注解，例如：

```
public class Student implements Serializable {
    …
     @NotEmpty(message="姓名不能为空")
     @Length(min = 3, max = 20, message = "姓名长度在 2 到 20 个字符之间")
```

```
    private String name;//姓名
    //省略 getter setter
}
```

@NotEmpty 注解标注在 name 属性上，用于验证 name 属性的值不允许为空，message 表示验证不通过时提示的错误信息。@Length 注解也标注在了 name 属性上，用于验证 name 属性值的长度，min 表示最小的合法长度，max 表示最大的合法长度，message 表示验证不通过时提示的错误信息。添加了这些注解之后，什么时候开始验证呢？也就是说这些验证什么时候触发，这就需要用到规范中定义的@Valid 注解，下面是具体的用法：

```
@Controller
@RequestMapping("/students")
public class StudentController {
    private Log log=LogFactory.getLog(StudentController.class);
    @RequestMapping(value="/create",method=RequestMethod.POST)
    public String create(@Valid Student student, BindingResult bindingResult){
        if(bindingResult.hasErrors()){
            List<FieldError> fieldErrors= bindingResult.getFieldErrors();
            //输出错误消息
            for(FieldError fieldError:fieldErrors){
                log.info(fieldError.getField()+ ":"+fieldError.getDefaultMessage());
            }
        }
        return null;
    }
}
```

在需要验证的实体前面添加@Valid 注解，当数据绑定完毕，处理器方法没有调用之前开始对 student 对象进行验证，验证的方式就是调用 Student 类中属性上添加的 constraint。bindingResult 对象用来保存验证的结果，开发的时候需要我们注意这个参数需要紧随@Valid 参数之后。不管验证的是什么，验证之后程序都会进入处理器方法中，在处理器方法中再对验证的结果进行处理。

现在打开 Postman，在提交数据的时候不提交 name 的值，或者提交的 name 长度只有两个字母，此时后台打印的日志如下：

```
信息: name:姓名不能为空
name:姓名长度在 2 到 20 个字符之间
```

Bean Validation 规范中定义的 constraint 如表 12.4 所示。

表 12.4 Bean Validation 规范中定义的 constraint

constraint	说明
@Null	限制只能为 null
@NotNull	限制必须不为 null
@AssertFalse	限制必须为 false
@AssertTrue	限制必须为 true
@DecimalMax (value)	限制必须为一个不大于指定值的数字
@DecimalMin (value)	限制必须为一个不小于指定值的数字
@Digits (integer,fraction)	限制必须为一个小数，且整数部分的位数不能超过 integer，小数部分的位数不能超过 fraction
@Future	限制必须是一个将来的日期
@Max (value)	限制必须为一个不大于指定值的数字
@Min (value)	限制必须为一个不小于指定值的数字
@Past	限制必须是一个过去的日期
@Pattern (value)	@Pattern (value) 限制必须符合指定的正则表达式
@Size (max,min)	限制字符长度必须在 min 到 max 之间

Hibernate validator 扩展的了 constraint，详见表 12.5 所示。

表 12.5 Hibernate validator 扩展的 constraint

constraint	说明
@Email	校验邮件地址
@Length (min=, max=)	功能同@Size，但是只支持 String 类型 对应的数据库表字段的长度会被设置成约束中定义的最大值
@NotBlank	不为 null，不为空值，不为全空格。功能强大于@NotEmpty
@NotEmpty	校验是否为 null 或者为空值。功能强于@NotNull
Range (min=, max=)	判断数值的范围，不仅支持数值类型，还支持字符串、字节等等类型

在 Spring MVC 中，Bean Validation 规范中定义的 constraint 和 Hibernate validator 扩展的 constraint 都可以使用。

12.4.4 @ModelAttribute

在编写 Controller 类代码的时候，经常会用到@ModelAttribute。从名称来看它应该是与 Model 相关的，先观察一下这个注解的定义：

```
@Target({ElementType.PARAMETER, ElementType.METHOD})
@Retention(RetentionPolicy.RUNTIME)
@Documented
```

```
public @interface ModelAttribute {
    @AliasFor("name")
    String value() default "";
    @AliasFor("value")
    String name() default "";
    boolean binding() default true;
}
```

可以看到@ModelAttribute 可以修饰方法的参数和方法，name 和 value 互为别名，那么它们表示什么意思？Model 对象是用来存储数据的，其数据结构是 key-value 的形式，所以 name 其实就是 key。@ModelAttribute 主要是为了方便对 Model 数据的存取。

@ModelAttribute 修饰方法

```
@Controller
@RequestMapping("/students")
public class StudentController {
    @RequestMapping(value="/create",method=RequestMethod.POST)
    public String create(@Valid Student student, BindingResult bindingResult){
        ...
    }
    @ModelAttribute("cityList")
    private List<String> cityList() {
          return Arrays.asList("北京", "山东");
    }
}
```

在 Controller 中定义了一个 private 的方法 cityList，并使用@ModelAttribute("cityList")进行了标注，当发送请求 http://localhost:9090/students/create 后，HandlerAdapter 进行适配的时候会适配到两个方法，分别是 private List<String> cityList 和 pubic String create，因为只要 Controller 类中的方法使用了@ModelAttribute 标注就会被适配到，而且优先于 create()方法执行。cityList 执行后返回的结果将会被保存到 Model 中，其 key 是@ModelAttribute 后面括号中指定的字符串。然后才执行处理器方法。换句话说，Controller 中在执行使用@ReqeustMapping 指定的每一个方法之前，都会先执行@ModelAttribute 标注的方法。

Spring MVC 中为什么要加入这样的特性？这个特性在什么场景下使用？对于一个信息通常会有新建和编辑，我们会使用一个 HTML 表单来呈现数据项。假设 Student 有一个 city(城市)的属性，那么表单上这个属性呈现出来的应该是一个下拉框或者复选框，这些选项值通常是动态的，也就是需要在后台计算的，计算完毕之后放到 Model 中，然后视图中就可以直接使用了。

@ModelAttribute 修饰参数

```
    @RequestMapping(value="/create",method=RequestMethod.POST)
    public String create(@ModelAttribute("student") @Valid Student student,
BindingResult bindingResult){
        ...
    }
```

@ModelAttribute 修饰了参数 student，HandlerAdapter 在做处理器方法适配的时候，首先到 Model 中查找 key 为 student 的对象，如果找到则取出这个对象，因为@ModelAttribute 标注的方法会优先执行，如果刚好有方法向 Model 中放了一个 name 为 student 对象，此时就会找到这个对象。如果没有找到，则利用反射创建一个新的对象，然后将这个对象放入 Model 中，接着从请求参数中获取值 set 到对象中，最后开始调用 create 方法的时候，将这个对象传递给方法。因为对象已经放到了 Model 中，所以直接可以在视图上使用了。@ModelAttribute 如果后面的括号中没有指定字符串，那么到 Model 中获取对象的时候，就使用参数的名字，也就是说上面代码@ModelAttribute 后面括号是可以省略的。

12.4.5 中文乱码处理

我们发现在提交请求的时候，如果输入的是中文，处理器方法获取到之后是乱码。Spring MVC 中已经为我们提供了防止中文乱码的过滤器，只需要在 web.xml 中配置好即可防止中文乱码，配置方法如下：

```
<filter>
    <filter-name>characterEncodingFilter</filter-name>
    <filter-class>org.springframework.web.filter.CharacterEncodingFilter</filter-class>
    <init-param>
        <param-name>encoding</param-name>
        <param-value>UTF-8</param-value>
    </init-param>
    <init-param>
        <param-name>forceEncoding</param-name>
        <param-value>true</param-value>
    </init-param>
</filter>
<filter-mapping>
    <filter-name>characterEncodingFilter</filter-name>
    <url-pattern>/*</url-pattern>
</filter-mapping
```

CharacterEncodingFilter 就是汉字编码过滤器，param-name 和 param-value 用于设置具体的编码方式，本例中使用的是 UTF-8 编码。

12.5 返回值处理器

处理器方法收集到提交的数据之后，调用业务组件完成业务，然后将结果保存到 Model 中，处理器方法返回结果，Spring MVC 需要对处理器方法的结果进行处理，那么处理器的返回值都支持哪些数据类型？框架是如何来解析这些返回的数据，如何在视图上渲染的？

12.5.1 返回值类型

Spring MVC 框架中的 HandlerMethodReturnValueHandler 是解析控制器方法返回值的接口。处理器方法支持的返回值类型有：ModelAndView，Model，Map，View，String，void。无论是哪种返回类型，HandlerMethodReturnValueHandler 接口都会统一处理后交给视图解析器来解析。对于开发人员来说，只需要把注意力集中在两点上即可，第一是 Model 对象，第二是 View 对象。

ModelAndView 包含了 Model 对象，也包含了视图对象，控制器方法返回 ModelAndView 对象的示例代码：

```
@GetMapping("/search")
public ModelAndView search(String name){
   //FIXME 应该调用业务类中数据库中查询，这里仅做测试使用
    List<Student> searchResult=new ArrayList<>();
    Student student=new Student();
    student.setName("LaoBing");
    searchResult.add(student);
    ModelAndView modelAndView=new ModelAndView("students/search");
    modelAndView.addObject("searchResult", searchResult);//可以继续添加其他数据
    return modelAndView;
}
```

返回的 ModelAndView 是通过 new 实例化出来的，然后通过代码将 Model 和 View 的名称设置到对象中，最后渲染的视图就是/WEB-INF/views/students/search.jsp，视图代码如下：

```
<%@ page language="java" pageEncoding="UTF-8"%>
<%@taglib prefix="c" uri="http://java.sun.com/jsp/jstl/core" %>
<!DOCTYPE html>
<html>
<head>
<title>搜索结果</title>
</head>
<body>
```

```
        search result:  <br />
        <c:forEach var="student" items="${searchResult}">
            ${student.name} <br />
        </c:forEach>
    </body>
    </html>
```

Model 对象可作为控制器方法参数，也可以作为控制器方法的返回值。Model 作为参数和返回值的示例代码如下：

```
@GetMapping("/search")
public Model search(String name,Model model){
//FIXME 应该调用业务类中数据库中查询，这里仅做测试使用
    List<Student> searchResult=new ArrayList<>();
    Student student=new Student();
    student.setName("LaoBing");
    searchResult.add(student);
    model.addAttribute("searchResult",searchResult);
    return model;
}
```

返回的 Model 对象是通过 search 方法传递进来的，Model 对象是 HandlerAdapter 适配的时候自动创建的。处理器方法仅仅返回了 Model 对象给 HandlerMethodReturnValueHandler，并没有指定视图的名称，HandlerMethodReturnValueHandler 在处理的时候会默认使用处理器方法对应的 URI 作为视图的名称，例如代码中为/students/search，HandlerMethodReturnValueHandler 就会把 /students/search 作为视图名，再结合返回的 Model，最终还是会构建出 ModelAndView 对象交给视图解析器来处理的，所以最后渲染的视图就是 /WEB-INF/views/students/search.jsp。

控制器方法返回 Map 集合：

```
@GetMapping("/search")
public Map<String, Object> search(String name){
    //FIXME 应该调用业务类中数据库中查询，这里仅做测试使用
    List<Student> searchResult=new ArrayList<>();
    Student student=new Student();
    student.setName("LaoBing");
    searchResult.add(student);
    Map<String,Object> model=new HashMap<>();
    model.put("searchResult", searchResult);
    return model;
}
```

返回的 Map 对象会作为 Model 数据，HandlerMethodReturnValueHandler 在处理的时候，与返回 Model 对象一样，最终都会构建出 ModelAndView 对象，Model 中的数据就是返回的 Map 对象，视图名称是/views/students/search，对应的 jsp 视图是/WEB-INF/views/ students /search.jsp。

控制器方法返回 String 和 void。控制器返回 String 是使用最多的情况，表示返回逻辑视图名，如果返回的是 void，并不代表不需要视图，HandlerMethodReturnValueHandler 会认为没有指定逻辑名称，而默认使用请求 URI 作为视图名称，如下面的代码最终还是会渲染成/WEB-INF/views/students/search.jsp：

```
@GetMapping("/search")
public void search(String name,Model model){
    //FIXME 应该调用业务类中数据库中查询，这里仅做测试使用
     List<Student> searchResult=new ArrayList<>();
     Student student=new Student();
     student.setName("LaoBing");
     searchResult.add(student);
     model.addAttribute("searchResult", searchResult);
}
```

12.5.2 @ResponseBody 与 @RestController

使用@ResponseBody 注解可以让控制器方法返回 JSON 视图，使用起来更简洁方便。在现代 Web 应用开发中，服务端往往需要为不同的客户端提供服务，比如移动端的开发需要为移动端提供数据服务，返回的是数据而不应该是渲染好的 HTML 代码，而 JSON 数据格式在现代开发中被大量使用，因为这种数据格式与程序语言无关，能够被大多数程序语言解析。

@ResponseBody 的定义如下：

```
@Target({ElementType.TYPE, ElementType.METHOD})
@Retention(RetentionPolicy.RUNTIME)
@Documented
public @interface ResponseBody {}
```

这个注解没有定义任何参数，它可以标注在 Class 和 Method 上，表示将数据作为 HTTP 的 ResponseBody(HTTP 协议响应报文的响应体)返回。HandlerMethodReturnValueHandler 在处理返回值的时候，如果发现处理器方法上被@ResponseBody 标注，就会将方法的返回值作为 Response Body 直接输出到客户端，而不会渲染视图。默认就是将返回值对象序列化成 JSON 格式，内部用到的就是 MappingJackson2JsonView 对象，所以在使用@ResponseBody 之前先确保在 maven 中加入 jackson-databind 依赖包。例如：

```
@GetMapping("/{id}")
@ResponseBody
public Student show(@PathVariable Integer id){
    Student student=new Student(100,"LaoBing",Gender.MALE);
    return student;
}
```

返回值是 Student 对象，并且 show 方法使用@ResponseBody 标注，此时就会将返回的 student 对象序列化成 JSON 字符串。Postman 测试结果如图 12.4 所示。

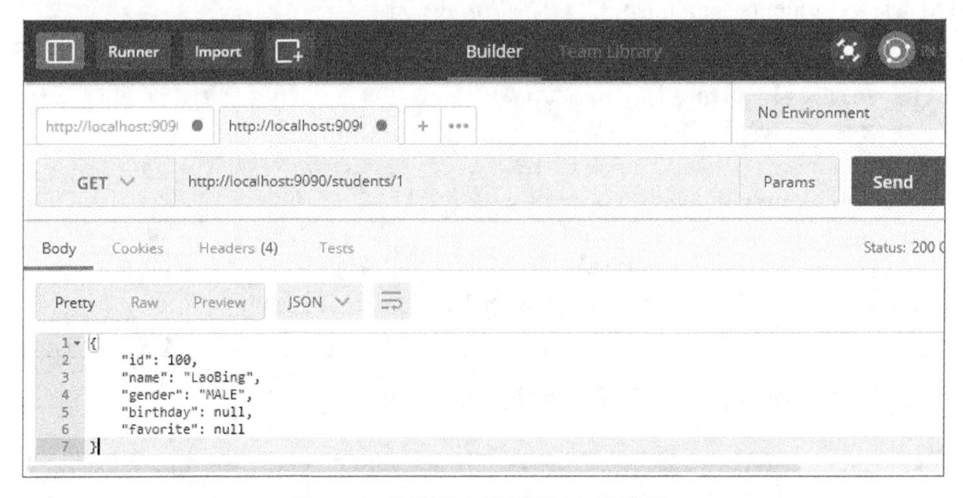

图 12.4 控制器方法返回 JSON 数据

为移动端提供服务的时候，所有的响应都是 JSON 格式的，在所有的方法上添加@ResponseBody 是一件很麻烦的事。我们关注到@ResponseBody 的定义，它还可以标注在 Class 上，一旦@ResponseBody 标注在 Controller 类上，那么所有的处理器方法的返回值都将会作为 ResponseBody 返回，也就是说所有的处理器方法的返回值都将被序列化为 JSON 格式的字符串响应到客户端。例如：

```
@Controller
@ResponseBody
@RequestMapping("/students")
public class StudentController {
    @GetMapping("/{id}")
    public Student show(@PathVariable Integer id){
        Student student=new Student(100,"LaoBing",Gender.MALE);
        return student;
    }
}
```

Spring 从 4.0 开始，为了简化开发增加了@RestController 注解，它的作用就相当于@Controller 与@ResponseBody 这两个注解。

@RestController 的定义如下：

```
@Target(ElementType.TYPE)
@Retention(RetentionPolicy.RUNTIME)
@Documented
@Controller
@ResponseBody
/**
* @since 4.0
*/
public @interface RestController {
    String value() default "";
}
```

注意到@Target(ElementType.TYPE)表示它是标注在 Class 上的，@Controller 与@ResponseBody 就可以被@RestController 替换掉了，代码如下：

```
//@Controller
//@ResponseBody
@RestController
@RequestMapping("/students")
public class StudentController {
    @GetMapping("/{id}")
    @ResponseBody
    public Student show(@PathVariable Integer id){
        Student student=new Student(100,"LaoBing",Gender.MALE);
        return student;
    }
}
```

12.5.3 重定向与请求转发

控制器方法的返回值只要是没有被@ResponseBody 注解所标注，HandlerMethodReturnValueHandler 处理的时候，都是用请求转发的方式来渲染视图，那么如何进行重定向？Spring MVC 有两种办法实现重定向，分别是 HttpServletResponse 对象的 sendRedirect()方法和 redirect:前缀。

使用 HttpServletResponse 的 sendRedirect 方法重定向：

```
@Controller
@RequestMapping("/students")
public class StudentController {
    private Log log=LogFactory.getLog(StudentController.class);
```

```
        @RequestMapping(method={RequestMethod.GET,RequestMethod.POST})
        public String index(){
            return  "/students/index";
        }
        @RequestMapping(value="/create",method=RequestMethod.POST)
        public void create(HttpServletResponse response ,@Valid Student student,
                BindingResult bindingResult){
            //TODO 业务逻辑处理
            try{
                response.sendRedirect("/students");
            }catch(IOException ex){
                log.error(ex);
            }
        }
    }
```

定义处理器方法参数为 HttpServletResponse，方法返回值为 void，调用处理器方法的时候自动注入 HttpServletResponse，然后使用 response.sendRedirect()方法进行重定向，浏览器会重新发起 http://localhost:9090/students 的请求，这个请求会被 index 方法处理。

使用 redirect:前缀重定向：

```
    @RequestMapping(value="/create",method=RequestMethod.POST)
    public ModelAndView create(
            @Valid Student student,
            BindingResult bindingResult){
        //TODO 业务逻辑处理
        ModelAndView modelAndView=new ModelAndView("redirect:/students");
        return modelAndView;
    }
```

控制器方法中返回的 ModelAndView 中包含的视图为"redirect:/students"，表示重定向到 students 视图。处理器方法如果返回一个字符串，这个字符串就是视图名称，最终还是会构建 ModelAndView 对象，例如：

```
    @RequestMapping(value="/create",method=RequestMethod.POST)
    public String create(@Valid Student student,BindingResult bindingResult){
        //TODO 业务逻辑处理
        return "redirect:/students/index";
    }
```

12.5.4 RedirectAttributes

在处理器方法中做重定向的时候，往往需要携带一些数据到下一次请求中，如果将这些携带的数据放在 Model 中，而 Model 对象在每次请求的时候都会创建，它实际上是只在

Reqeust 范围内有效的，重定向就是重新发起请求，所以 Model 会重新创建，这样数据是无法携带到下一个页面的。Spring MVC 中提供了 RedirectAttributes 对象，将数据存放在这个对象中，即使在重定向的情况下，数据也能携带过去。它提供了一个 addFlashAttribute 方法来存放数据，之所以叫作 FlashAttribute，是因为存放的该数据只要被取出一次，就会被删除掉，相当于“闪”了一下。其内部的原理其实就是把数据放到 session 中，用的时候从 session 中取出，然后再删除掉。

```
@Controller
@RequestMapping("/students")
public class StudentController {
    private Log log=LogFactory.getLog(StudentController.class);
    @RequestMapping(method={RequestMethod.GET,RequestMethod.POST})
    public String index(){
        return "/students/index";
    }
    @RequestMapping(value="/create",method=RequestMethod.POST)
    public String create(
            @Valid Student student,
            BindingResult bindingResult,
            RedirectAttributes redirectAttributes){
        //TODO 业务逻辑处理
        redirectAttributes.addFlashAttribute("message", "保存成功");
        return "redirect:/students";
    }
}
```

RedirectAttributes 对象需要从处理器方法参数中“注入”进来，而不是自己创建，然后通过 addFlashAtrribute 将“闪”消息存放到对象中，内部其实是保存到了 session 对象中了。

/WEB-INF/views/students/index.jsp 代码中取出数据：

```
<title>学生管理-首页</title>
</head>
<body>
    ${message}
</body>
</html>
```

EL 表达式会到四个范围中查找数据，虽然 message 是存放在 session 中的，但是 RedirectAttributes 将它处理成了只要取出一次，数据就会被清理掉，即“阅后即焚”。

第 13 章　Spring MVC 拦截器

【本章内容】

1. HandlerInterceptor 拦截器接口
2. HandlerInterceptorAdapter 抽象类
3. 拦截器
4. 拦截器链
5. 统一异常处理

【能力目标】

1. 能够开发自定义拦截器
2. 能够开发拦截器链
3. 能够使用拦截器统一处理异常

使用 Spring MVC 来开发 Web 应用，最重要的工作就是开发 Controller 中的处理器方法来处理请求。但实际开发场景中，有很多时候都需要在处理器方法执行之前，执行之后要统一做一些处理。比如登录检测，进入处理器之前要检测是否登录，如果没有登录就直接返回到登录页面。这种登录检测可以用 Spring MVC 提供的 Interceptor 拦截器来完成，类似于 Servlet 开发中的过滤器 Filter。Interceptor 拦截器用于对方法处理器进行预处理和后处理。

13.1　HandlerInterceptor 接口

HandlerInterceptor 接口是 Spring MVC 的拦截器，该接口的定义如下：

```
public interface HandlerInterceptor {
        boolean preHandle(HttpServletRequest request, HttpServletResponse
response, Object handler)throws Exception;
        void postHandle(HttpServletRequest request, HttpServletResponse
response, Object handler, ModelAndView modelAndView)throws Exception;
        void afterCompletion(HttpServletRequest request, HttpServletResponse
```

```
response, Object handler, Exception ex)throws Exception;
    }
```

该接口中定义了三个方法，这三个方法在调用是在 Spring MVC 框架内部完成的，调用这三个方法的时候，其参数的值也是从框架内部传递进来的。

- boolean preHandle()

preHandle()方法是预处理方法。实现处理器方法的预处理，就是在处理器方法执行之前这个方法会被执行，相当于拦截了处理器方法，框架会传递请求和响应对象给该方法，第三个参数为被拦截的处理器方法。如果 preHandle()方法返回 true 表示继续流程(如调用下一个拦截器或处理器方法)，返回 false 表示流程中断，不会继续调用其他的拦截器或处理器方法，此时我们需要通过 response 来产生响应。

- void postHandle()

postHandle()方法是后处理方法。实现处理器方法的后处理，就是在处理器方法调用完成，但在渲染视图之前该方法被调用。此时我们可以通过 modelAndView(模型和视图对象)对模型数据进行处理或对视图进行处理。

- afterCompletion()

afterCompletion()方法是在整个请求处理完毕时调用，即在视图渲染完毕时该方法被执行。

13.2 HandlerInterceptorAdapter 抽象类

Spring MVC 定义了 HandlerInterceptor 接口，然后对该接口做了实现，图 13.1 是这些类的关系。

HandlerInterceptor - org.springframework.web.servlet
MappedInterceptor - org.springframework.web.servlet.handler
WebContentInterceptor - org.springframework.web.servlet.mvc
AsyncHandlerInterceptor - org.springframework.web.servlet
HandlerInterceptorAdapter - org.springframework.web.servlet.handler
ConversionServiceExposingInterceptor - org.springframework.web.servlet.handler
CorsInterceptor - org.springframework.web.servlet.handler.AbstractHandlerMapping
LocaleChangeInterceptor - org.springframework.web.servlet.i18n
PathExposingHandlerInterceptor - org.springframework.web.servlet.handler.AbstractUrlHandlerMapping
ResourceUrlProviderExposingInterceptor - org.springframework.web.servlet.resource
ThemeChangeInterceptor - org.springframework.web.servlet.theme
UriTemplateVariablesHandlerInterceptor - org.springframework.web.servlet.handler.AbstractUrlHandlerMapping
UserRoleAuthorizationInterceptor - org.springframework.web.servlet.handler
WebRequestHandlerInterceptorAdapter - org.springframework.web.servlet.handler

图 13.1 HandlerInterceptor 接口的实现类 HandlerInterceptorAdapter

观察图 13.1 发现其中的 HandlerInterceptorAdapter 这个抽象类实现了 HandlerInterceptor 接口。preHandle()方法返回的值永远为 true，postHandle()和 afterCompletion()是空实现。我们需要添加自己的拦截器，只需要继承 HandlerInterceptorAdapter，按照需要重写这三个方法即可。

13.3 自定义拦截器实现步骤

以下的步骤展示了一个拦截器的实现步骤，并使用日志的形式打印各个方法的执行情况，注意观察各个方法的先后顺序。

第一步：编写类，继承 HandlerInterceptorAdapter

```
//让这个拦截器拦截所有的请求
public class AllHandlerInterceptor extends HandlerInterceptorAdapter {
    private Log log=LogFactory.getLog(AllHandlerInterceptor.class);
    @Override
    public boolean preHandle(HttpServletRequest request, HttpServletResponse
response, Object handler)  throws Exception {
        log.info("[LogHandlerInterceptor 拦截器][preHandle]方法,"
                + " handler:"+handler.getClass().getName());
        return true;
    }
    @Override
    public void postHandle(HttpServletRequest request, HttpServletResponse
response, Object handler,ModelAndView modelAndView) throws Exception {
        log.info("[LogHandlerInterceptor 拦截器][postHandle]方法,"
            + " handler:"+handler.getClass().getName()+
            "viewName:"+modelAndView.getViewName());
    }
    @Override
    public void afterCompletion(HttpServletRequest request, HttpServlet
Response response, Object handler, Exception ex)throws Exception {
        log.info("[LogHandlerInterceptor 拦截器][afterCompletion]方法,"
                + " handler:"+handler.getClass().getName());
    }
}
```

拦截器中的 preHandle()方法，postHandle()方法，afterCompletion()方法分别打印了一些日志信息。

第二步：注册拦截器

自定义的拦截器后如何让 Spring MVC 框架知道并使用呢，方法是将自定义的拦截器类注册到 Spring MVC 框架的流程处理中。在 Spring MVC 中注册自定义拦截器是在 Spring MVC 配置文件中配置的，配置方法如下：

```
<mvc:interceptors>
  <!-- 使用bean定义一个Interceptor,直接定义在mvc:interceptors根下面的Interce
ptor将拦截所有的请求 -->
   <bean class="cn.itlaobing.springmvc.web.interceptor.AllHandlerInterceptor" />
</mvc:interceptors>
```

mvc:interceptors 是专门用来注册拦截器对象的，这个节点中可以直接配置拦截器的 Bean 对象，如果直接在 mvc:interceptors 下配置 Bean，那么这个拦截器将会拦截所有的请求。

第三步：定义 Controller 类

```
@Controller
public class HomeController {
    private Log log=LogFactory.getLog(HomeController.class);
    @GetMapping("/home")
    public String home(Model model){
        log.info("[HomeController][home]方法");
        return "home";
    }
}
```

定义了控制器类 HomeController，在 HomeController 中定义了 home()方法，home()方法返回逻辑视图 home。

第四步：定义视图

在/WEB-INF/views/目录下定义视图文件 home.jsp，home.jsp 文件代码如下：

```
<body>
    <%
        Log log=LogFactory.getLog(this.getClass());
        log.info("[JSP视图] home.jsp 正在渲染成HTML");
    %>
</body>
```

第五步：启动 Tomcat 服务器

启动 Tomcat 服务器后，发送 http://localhost:9090/home 请求，观察控制台的输出，结果如下：

```
INFO: [LogHandlerInterceptor拦截器][preHandle]方法,
handler:org.springframework.web.method.HandlerMethod
```

```
INFO: [HomeController][home]方法
INFO: [LogHandlerInterceptor拦截器][postHandle]方法,
handler:org.springf ramework.web.method.HandlerMethod  viewName:home
INFO: [JSP视图] home.jsp 正在渲染成 HTML
INFO: [LogHandlerInterceptor拦截器][afterCompletion]方法,
handler:org. springframework.web.method.HandlerMethod
```

通过控制台输出的结果，分析 Spring MVC 拦截器内部的工作流程解析：

(1)系统启动初始化阶段，根据 Spring 配置文件的 mvc:interceptors 的配置，将 interceptor 对象配置到 Spring 容器中。

(2)客户端发出请求到 DispatcherServlet，DispatcherServlet 查看有没有拦截器与当前的请求相匹配，如果有则调用拦截器的 preHandle()方法进行预处理，这个预处理方法返回 true，流程继续往下，否则流程结束。

(3)如果 preHandle()方法返回 true，HandlerAdapter 适配到处理器方法后调用处理器方法。

(4)处理器方法执行完毕，经过 HandlerMethodReturnValueHandler 处理完毕后就可以获取到 ModelAndView 对象了，此时就调用拦截器的 postHandle()方法，并将 request，response，被拦截的处理器方法对象，ModelAndView 对象传递给 postHandle 方法。

(5)视图解析器解析视图，并完成视图的渲染。

(6)视图渲染完毕后调用拦截器的 afterCompletion 方法后，将完成了渲染的视图送到客户端后流程结束。

13.4 拦 截 器 链

如果系统中注册了多个拦截器，这多个拦截器就组成了拦截器链，这一点与 Servlet Filter 一样。现在实现一个拦截器，只拦截部分请求，并与全局的拦截器组成一个拦截器链。

第一步：定义一个新的拦截器类 AuthenticateHandlerInterceptor，该拦截器实现拦截对 /admin 目录下的所有请求，代码如下：

```
    //让这个拦截器拦截所有/admin/** 的请求
    public class AuthenticateHandlerInterceptor extends HandlerInterceptor
Adapter{
        private Log log=LogFactory.getLog(AuthenticateHandlerInterceptor.class);
        @Override
    public boolean preHandle(HttpServletRequest request, HttpServlet Response
response,
        Object handler) throws Exception {
            log.info("[AuthenticateHandlerInterceptor拦截器][preHandle]方法,"
```

```
                + " handler:"+handler.getClass().getName());
            return true;
        }
        @Override
        public void postHandle(HttpServletRequest request, HttpServlet Response
response,
            Object handler,ModelAndView modelAndView) throws Exception {
            log.info("[AuthenticateHandlerInterceptor拦截器][postHandle]方法,"
                    + " handler:"+handler.getClass().getName()+
                    "viewName:"+modelAndView.getViewName());
        }
        @Override
        public void afterCompletion(HttpServletRequest request, HttpServlet
Response response,
            Object handler, Exception ex)throws Exception {
            log.info("[AuthenticateHandlerInterceptor拦截器][afterCompletion]方法,"
                    + " handler:"+handler.getClass().getName());
        }
    }
```

拦截器 AuthenticateHandlerInterceptor 中的 preHandle()方法，postHandle()方法，afterCompletion()方法分别打印了一些日志信息。

第二步：拦截器注册

```
    <mvc:interceptors>
        <!-- 使用bean定义一个Interceptor,直接定义在mvc:interceptors根下面的Interceptor
将拦截所有的请求 -->
        <bean class="cn.itlaobing.springmvc.web.interceptor.AllHandlerInterceptor" />
        <mvc:interceptor>
            <!-- 拦截所有 /admin/**的请求 -->
            <mvc:mapping path="/admin/**" />
            <!-- 不拦截所有 /admin/login 的请求 -->
            <mvc:exclude-mapping path="/admin/login"/>
            <!-- 定义在mvc:interceptor下面的表示是对特定的请求才进行拦截的 -->
            <bean
              class="cn.itlaobing.springmvc.web.interceptor.AuthenticateHandlerInterceptor"/>
        </mvc:interceptor>
    </mvc:interceptors>
```

如果将拦截器注册到 mvc:interceptors 根节点下，那么这个拦截器拦截的就是所有的请求。如果只是拦截部分请求，则需要将拦截器注册到 mvc:interceptor 中，并把拦截器的 Bean 配置到这个节点上，然后用 mvc:mapping 元素配置拦截哪些请求，用 mvc:exclude-mapping 元素配置排除那些请求。注意本例中的/admin/**，这是一种 Ant 风格的匹配，Ant 风格的通配符有三种：？表示匹配任何单字符，*匹配 0 或者任意数量的字符，** 表示任意字符以及子目录下的任意字符。

第三步：修改 Controller 类

```
@Controller
public class HomeController {
    private Log log=LogFactory.getLog(HomeController.class);
    @GetMapping("/home")
    public String home(Model model){
        log.info("[HomeController][home]方法");
        return "home";
    }
    @GetMapping("/admin/login")
    public String adminLogin(){
        log.info("[HomeController][adminLogin]方法");
        return "admin/login";
    }
    @GetMapping("/admin/showUser")
    public String adminShowUsers(){
        log.info("[HomeController][adminShowUsers]方法");
        return "admin/showUser";
    }
}
```

控制器 HomeController 类中定义了 home()方法，adminLogin()方法，adminShowUsers()方法。

第四步：测试

现在开始访问 http://localhsot:9090/admin/login，因为 /admin/login 已经加入了不被拦截请求中，所以 AuthenticateHandlerInterceptor 不会起作用，只有全局的 AllHandlerInterceptor 起了作用。

使用 http://localhost:9090/admin/showUser 访问，输出日志：

```
INFO: [LogHandlerInterceptor 拦截器][preHandle]方法
NFO: [AuthenticateHandlerInterceptor 拦截器][preHandle]方法
INFO: [HomeController][adminShowUsers]方法
INFO: [AuthenticateHandlerInterceptor 拦截器][postHandle]方法
INFO: [LogHandlerInterceptor 拦截器][postHandle]方法
INFO: [AuthenticateHandlerInterceptor 拦截器][afterCompletion]方法
INFO: [LogHandlerInterceptor 拦截器][afterCompletion]方法
```

可以看到，多个拦截器就组成一个拦截器栈，开始执行的顺序就是在配置文件中申明的先后顺序。

13.5 @ControllerAdvice 与统一异常处理

除了 HandlerInterceptor 可以拦截处理器方法以外，Spring MVC 中还可以使用 AOP 的方式来拦截处理器方法，即处理器方法的增强。@ControllerAdvice 是 Spring 3.2 中定义的 annotation，它就可以用来增强或拦截处理器方法。执行流程是先定义一个类，并使用 @ControllerAdvice 标注该类，指定要拦截的类或方法。然后在这个类中定义一些使用 @ExceptionHandler，@ModelAttribute 标注的方法。当处理器方法被调用被拦截后这些方法将会被调用，实现统一处理异常处理。@ControllerAdvice 注解的定义如下：

```
@Target(ElementType.TYPE)
@Retention(RetentionPolicy.RUNTIME)
@Documented
@Component
public @interface ControllerAdvice {
    @AliasFor("basePackages")
    String[] value() default {};
    @AliasFor("value")
     String[] basePackages() default {};
     Class<?>[] basePackageClasses() default {};
     Class<?>[] assignableTypes() default {};
     Class<? extends Annotation>[] annotations() default {};
}
```

@ControllerAdvice 的定义表明该注解标注在 Class 上，至于要拦截或增强哪些处理器方法由定义的参数来指定。

- basePackages 与 value 互为别名，是 String[] 类型，应用在指定的很多包名上，这些包以及子包中类方法将会被拦截或增强。
- basePackageClasses 为 Class[]类型，即直接指定多个类。
- assignableType 应用在加了@Controller 的类，可以指定多个。
- annotations 应用在指定的注解的类或者方法上。

接下来看看如何使用@ControllerAdvice 注解来进行统一的异常处理。

1. 定义统一处理异常的 Advice 类

在 cn.itlaobing.springmvc.web.advice 包中定义一个统一异常处理的 Advice 类，命名为 GlobalHandlerAdvice，并使用@ControllerAdvice 标注该类。

```
package cn.itlaobing.springmvc.web.advice;
/**
 * 全局统一处理器方法拦截
 */
@ControllerAdvice("cn.itlaobing.springmvc.web.controller")
public class GlobalHandlerAdvice {
     public static final Log log = LogFactory.getLog(GlobalHandlerAdvice.class);
    @ModelAttribute("ctx")
    public String contextPath(HttpServletRequest request){
        return request.getContextPath();
    }
    @ExceptionHandler(Exception.class)
    public String allExceptionHandler(Exception exception,Model model){
        log.error(exception.getMessage(),exception);
        model.addAttribute("ex", exception);
        return "/errors/error500";
    }
}
```

在@ControllerAdvice 注解中指定了包 cn.itlaobing.springmvc.web.controller，这个包下的所有处理器方法将会被拦截。定义了一个使用@ModelAttribute 的方法用于获取应用程序上下文地址(contextPath)，存放在 Model 中，指定在处理器方法中使字符串 ctx 获取到上下文路径。allExceptionHandler()上面使用了@ExceptionHandler 标注，并指定了处理哪些异常类型。由于@ExceptionHandler 注解中使用的是 Exception.class，所以只要处理器方法中有异常抛出，都会被它统一拦截。拦截后返回的逻辑视图名称为 “/errors/error500”，对应的视图文件为：/WEB-INF/views/errors /error500.jsp，error500.jsp 文件中使用 EL 表达式就可以显示错误信息了，代码如下：

```
<body>
      ${ex}
</body>
```

2. 在 Spring 配置文件中指定包路径，让容器能够扫描到 GlobalHandlerAdvice 类

```
<context:component-scan base-package="cn.itlaobing.springmvc.web.controller,
    cn.itlaobing.springmvc.service.impl,cn.itlaobing.springmvc.web.advice" />
```

在 Spring MVC 配置文件的组件扫描包中添加 cn.itlaobing.springmvc.web.advice 包，让 Spring MVC 能够扫描到全局异常处理类 GlobalHandlerAdvice。

3. 检查全局异常是否生效

在 Controller 的处理器方法上获取 ctx，引发 NullPointException 异常以检验全局异常处理是否生效。

```
@Controller
public class HomeController {
  private Log log=LogFactory.getLog(HomeController.class);
  @GetMapping("/home")
  public String home(@ModelAttribute("ctx") String ctx, Model model){
  log.info("[HomeController][home]方法");
  log.info("ctx>>>>"+ctx);
  //手动引发异常
  String str=null;
  int length=str.length(); //会引发空指针异常
  return "home";
  }
}
```

特意在控制器 HomeController 类的 home()方法中使用空指针的 str 对象调用 length()方法来引发异常，目的是检查该异常是否能够被全局异常处理器捕获。

为了能够看到上下文路径是否获取到，在 pom.xml 文件中配置上下文路径为/demo，在 path 元素中将上下文路径设置为/demo。

```
<plugin>
    <groupId>org.apache.tomcat.maven</groupId>
    <artifactId>tomcat7-maven-plugin</artifactId>
    <version>2.2</version>
    <configuration>
        <path>/demo</path> <!-- 应用程序上下文路径 contextPath -->
        <port>9090</port><!-- tomcat 所使用的端口号 -->
        <uriEncoding>UTF-8</uriEncoding>
    </configuration>
</plugin>
```

4. 全局异常测试

启动Tomcat服务器，输入地址 http://localhost:9090/demo/hom，请求到达控制器的home()方法后，引发了 NullPointException，页面跳转到了/WEB-INF/views/errors/error500.jsp。而且在处理器方法中使用@ModelAttribute("ctx") String ctx，正确取到 contextPath 为“/demo”，全局异常已经生效。

第 14 章　视图解析器与标签库

【本章内容】

1. 视图解析器
2. Spring MVC JSP 标签库

【能力目标】

1. 会配置视图解析器
2. 能够开发视图
3. 能够使用 Spring MVC JSP 标签库展示数据

14.1　视图解析器

Spring MVC 执行完处理器方法后，由 HandlerMethodReturnValueHandler 将请求的结果处理为 ModelAndView 对象，然后这个对象就交给视图解析器（ViewResolver）去处理。Spring MVC 支持多种视图解析器，常用的有：

InternalResourceViewResolver：该视图解析器将视图名解析为一个 URL 文件地址，这个地址映射到 WEB-INF 目录下的 jsp 文件。

JasperReportsViewResolver：jasperReports 是一个基于 Java 的开源报表工具，该解析器将视图名解析为报表文件对应的 URL。

FreeMarkerViewResoler：这个解析器基于 FreeMarker 模板引擎技术，所有的视图渲染由 FreeMarker 模板引擎+FreeMarker 模板最终生成 HTML 视图内容。

VelocityViewResolver：这个解析器基于 Velocity 模板引擎技术。

XmlViewResolver：解析 XML 视图。

也就是说利用 Spring MVC 开发 Java Web 应用的时候，JSP 技术并不是唯一的视图选择，也可以选择其他模板引擎技术作为视图。开发的时候，我们可以选择一种视图解析器或者多种视图解析器混用，每个视图解析器都实现 Ordered 接口，该接口可以为视图解析器配置一个 order 属性用来指定解析器的优先顺序，order 越小优先级越高。Spring MVC 会按照视图解析器的优先顺序对逻辑视图名进行解析，直到解析成功并返回视图对象，否则抛出异常。

下面看看如何在 Spring MVC 中使用 Velocity 模板引擎，使用 Velocity 需要在 POM 中引入相关的依赖 jar 包，配置如下：

```
    <dependencies>
        …
    <dependency>
            <groupId>org.springframework</groupId>
            <artifactId>spring-context-support</artifactId>
            <version>${spring.version}</version>
    </dependency>
    <dependency>
            <groupId>org.apache.velocity</groupId>
            <artifactId>velocity</artifactId>
            <version>1.7</version>
    </dependency>
    ….
</dependencies>
```

在 POM 文件中引入了 spring-context-support 和 velocity 两个 jar 包，这两个 jar 包是能够支持 Velocity 运行。

在 Spring MVC 配置文件中配置视图解析器，这里使用了 InternalResourceViewResolver 与 VelocityViewResolver 混合使用的方式，为此而设置了两个视图解析器的优先级。

```
    …
    <bean class="org.springframework.web.servlet.view.InternalResourceViewResolver">
        <property name="order" value="1"></property>
        <property name="viewClass"
        value="org.springframework.web.servlet.view.JstlView" />
        <property name="prefix" value="/WEB-INF/views/" />
        <property name="suffix" value=".jsp" />
    </bean>
    <bean class="org.springframework.web.servlet.view.velocity.VelocityConfigurer">
        <property name="resourceLoaderPath" value="/WEB-INF/velocity/" />
        <property name="velocityProperties">
            <props>
                <prop key="input.encoding">UTF-8</prop>
                <prop key="output.encoding">UTF-8</prop>
```

```
            </props>
        </property>
    </bean>
    <bean
class="org.springframework.web.servlet.view.velocity.VelocityViewResolver">
        <property name="order" value="0"></property>
        <property name="cache" value="true" />
        <property name="prefix" value="" />
        <property name="suffix" value=".vm" />
    </bean>
    …
```

在 VelocityViewResolver 中设置了 order 为 0， InternalResourceViewResolver 中设置的 order 为 1，表示 velocity 优先级优先于 jsp。 配置了 VelocityConfigurer 的 resourceLoaderPath 为 vm 模板加载的位置，这里将模板放在了/WEB-INF/velocity/目录中，VelocityViewResolver 设置了前缀为空和后缀为.vm。

在 Controller 类中编写处理器方法如下：

```
@Controller
public class HomeController {
    private Log log=LogFactory.getLog(HomeController.class);
    @GetMapping("/home")
    public String home( Model model){
        model.addAttribute("message","hello velocity");
        return "home";
    }
}
```

在控制器类的 home()方法中向 Model 中存储了键为 message，值为 hello velocity 的数据，该数据用于在视图上显示。

编写 Velocity 模板/WEB-INF/velocity/home.vm：

```
<html>
<body>
    <h1>${message}</h1>
</body>
</html>
```

图 14.1　Velocity 视图

Velocity 模板中显示了存储在 Model 中键为 message 的数据。

启动服务器，在浏览器地址栏中输入 http://localhost:9090/home，结果如图 14.1 所示。

14.2 mvc:view-controller

在 Spring MVC 中，通常将视图放在了/WEB-INF 目录中，而放在/WEB-INF 目录中的资源，是不可以直接通过发起请求访问到的，必须经过处理器方法的处理之后，在内部由视图解析器找到/WEB-INF 目录中的模板进行渲染，这样可以有效的“保护”视图资源。

但有时应用需要直接访问 jsp 模板视图而不用经过 Controller，比如登录页面视图就没有必要经过一个处理器方法渲染出视图，此时可以直接请求 jsp，但是 jsp 放在/WEB-INF 目录中不可直接访问，所以 Spring MVC 提供了 mvc:view-controller 的配置，可以将请求直接映射到模板视图上，例如：

/WEB-INF/views/signin.jsp 模板代码

```
<html>
<head>
<meta http-equiv="Content-Type" content="text/html; charset=UTF-8">
<title>用户登录</title>
</head>
<body>
    用户登录页面!
</body>
</html>
```

在 signin.jsp 界面中显示“用户登录界面”，以此来模拟登录界面。

在 Spring 配置文件中配置 mvc:view-controller，将 URL 的请求直接映射到 WEB-INF 目录下的视图文件。

```
<mvc:view-controller path="/signin" view-name="/signin"/>
```

当发起请求 http://localhost:9090/signin (path 指定的路径)的时候，Spring MVC 直接找到对应的视图名/signin(view-name 指定视图名称)，这样最终渲染的就是/WEB-INF/views/signin.jsp 这个视图文件。如果省略 view-name 属性，则表示视图名称与 path 一致，如：

```
<mvc:view-controller path="/signin” />
```

与上面的配置效果是一样的。默认情况下是请求转发，如果需要用到重定向，可以这样配置：

```
<mvc:view-controller path="/" view-name="redirect:/home"/>
```

redirect:是指以重定向方式跳转到视图。如果发出的请求是 http://localhost:9090/，此时这个请求将会重定向到 http://localhost:9090/home 上。

14.3 Spring MVC JSP 标签库

Spring MVC 在使用 jsp 视图的时候，jsp 页面上除了可以使用 JSTL(JavaServer Pages Standard Tag Library)以外，还可以使用 Spring MVC 扩展的标签库。Spring MVC taglib 提供的标签可以与后台组件进行绑定，简化开发，其中主要用到的标签是表单标签，本节主要介绍 Spring MVC 提供的表单标签。

每种标签库都会提供标签描述文件，即 tld 文件，如果以 jar 包的形式提供，那么这个 tld 文件就存放在 jar 包的 META-INF 目录中，Spring MVC 的标签描述文件如图 14.2 所示。

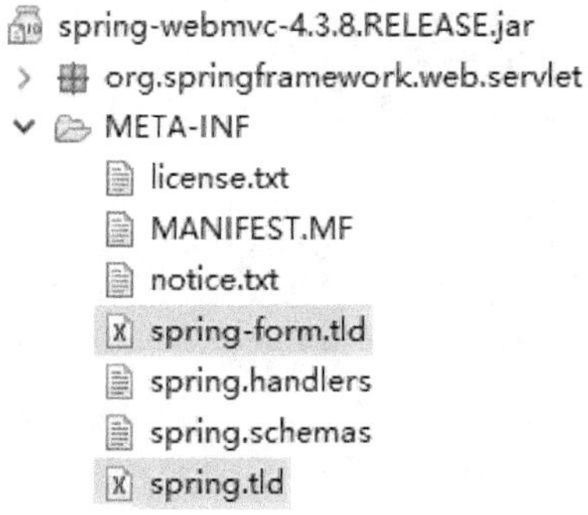

spring-webmvc-4.3.8.RELEASE.jar
org.springframework.web.servlet
META-INF
license.txt
MANIFEST.MF
notice.txt
spring-form.tld
spring.handlers
spring.schemas
spring.tld

图 14.2 Spring MVC JSP 标签描述文件

在任意文本编辑器中打开 spring-form.tld 文件，可以看到该文件的前几行代码如下：

```
<description>Spring Framework JSP Form Tag Library</description>
<tlib-version>4.3</tlib-version>
<short-name>form</short-name>
<uri>http://www.springframework.org/tags/form</uri>
```

标签库的前缀是 form ，uri 是 http://www.springframework.org/tags/form 那么我们在 jsp 页面中就可引入该标签库。为了同时使用 JSTL 核心包，格式化包，函数库包，也需要同时引入相应的标签库。以下是在 jsp 页面中引入的代码。

```
<%@taglib prefix="c" uri="http://java.sun.com/jsp/jstl/core"%>
<%@taglib prefix="fmt" uri="http://java.sun.com/jsp/jstl/fmt"%>
<%@taglib prefix="fn" uri="http://java.sun.com/jsp/jstl/functions"%>
<%@taglib prefix="form" uri="http://www.springframework.org/tags/form"%>
```

Spring-form.tld 文件中的每个 tag 节点都是一个标签的描述，包含了标签的名称，标签所对应的 Java 类名，标签的属性等，表 14.1 中列出了常用的标签。

表 14.1 Spring MVC 常用标签库

标签	说明
form:form	最终渲染成 HTML 的<form> 标签
form:input	最终渲染成 HTML 的<input type='text'>标签
form:checkbox	最终渲染成 HTML 的一个<input type='checkbox'>标签
form:checkboxs	最终渲染成 HTML 的一组<input type='checkbox'>标签
form:radiobutton	最终渲染成 HTML 的一个<input type='radio'> 标签
form:radiobuttons	最终渲染成 HTML 的一组<input type='radio'>标签
form:password	最终渲染成 HTML 的<input type='password'>标签
form:select	最终渲染成 HTML 的<select>标签
form:option	最终渲染成 HTML 的<select>标签中的选项标签<option>
form:textarea	最终渲染成 HTML 的<textarea>标签
form:hidden	最终渲染成 HTML 的<input type='hidden'>标签
form:errors	最终渲染成 HTML 的<span>标签，用来显示错误信息

下面以开发一个学生管理系统为例，实现添加学生信息，根据姓名查询学生信息，根据学号查询学生信息，修改学生信息，删除学生信息。演示如何在视图中使用 Spring MVC 标签库对 Student 实体做 CRUD 操作。

首先定义 Student 实体类，代码如下：

src/main/java/cn.itlaobing.springmvc.entity.Student.java

```
public class Student implements Serializable {
    private String id;//编号
    @Length(min = 2, max = 20, message = "姓名长度在 2 到 20 个字符之间")
    private String name;//姓名
    private Gender gender;//性别
    @DateTimeFormat(pattern="yyyy-MM-dd")
    @NotNull(message="生日不能为空")
    private Date birthday;//生日
    @NotEmpty(message="爱好不能为空")
    private String[] favorite;//爱好
   //省略 getter/setter
}
```

在实体类中使用了自定义的枚举类型 Gender，该枚举表示学生的性别，Gender 的定义如下所示：

src/main/java/cn.itlaobing.springmvc.entity.Gender.java

```java
public enum Gender {
    MALE("男"),FMALE("女");
    private String text; //枚举类型对应的文本，方便在视图中显示
    private Gender(String text){
        this.text=text;
    }
    public String getText(){
        return text;
    }
}
```

接下来定义一个 StudentService 的业务接口，在业务接口中定义实现业务功能需要的业务方法。

src/main/java/cn.itlaobing.springmvc.service.StudentService.java

```java
public interface StudentService {
    //保存实体，此时参数 Student 中没有 id，保存之后有 id
    public Student save(Student student);
    //修改
    public Student update(Student student);
    //删除
    public void delete(String id);
    //按名称查询
    public Collection<Student> findByName(String name);
    //按照 id 查询
    public Student findById(String id);
}
```

在 StudentService 接口中定义了 save()，update()，delete()，findByName()，findById() 共五个抽象业务方法。

定义 StudentService 业务的实现类，业务实现类命名为 StudentServiceImpl，在业务实现类 StudentServiceImpl 中实现业务接口 StudentService 中的抽象方法，代码如下：

src/main/java/cn.itlaobing.springmvc.service.impl.StudentServiceImpl.java

```java
@Service
public class StudentServiceImpl implements StudentService {
    //在内存中保存对象，模拟数据库
    private Map<String,Student> students=new HashMap<>();
    @Override
    public Student save(Student student) {
        //Objects 是 Java8 中新增的类，该方法保证 Student 对象不为 null。
```

```
        Objects.requireNonNull(student);
        //UUID 字符串作为 id
        String id=UUID.randomUUID().toString();
        student.setId(id);
        students.put(id, student);
        return student;
    }
    @Override
    public Student update(Student student) {
        Objects.requireNonNull(student);
        Objects.requireNonNull(student.getId());
        if(students.containsKey(student.getId())){
            students.put(student.getId(), student);
        }
        return student;
    }
    @Override
    public void delete(String id) {
        if(students.containsKey(id)){
            students.remove(id);
        }
    }
    @Override
    public Collection<Student> findByName(String name) {
        if(null==name || "".equals(name)){
            return students.values();
        }
        Collection <Student> list=new ArrayList<>();
        for(Map.Entry<String,Student> entry:students.entrySet()){
            if(entry.getValue().getName().contains(name)){
                list.add(entry.getValue());
            }
        }
        return list;
    }
    @Override
    public Student findById(String id){
        return students.get(id);
    }
}
```

在业务实现类 StudentServiceImpl 中实现了 StudentService 接口中的 save()，update()，delete()，findByName()，findById()业务方法。

接下来定义控制器类，命名为 StudentController，代码如下：

src/main/java/cn.itlaobing.springmvc.web.controller.StudentController.java

```
@Controller
@RequestMapping("/students")
public class StudentController {
    private Log log=LogFactory.getLog(StudentController.class);
    @Autowired
    private StudentService studentService;
    ...
}
```

在控制器类中为业务对象 studentService，通过@Autowired 注解为 studentService 业务对象注入了值。

下面分别针对根据名称查询学生信息，增加学生信息，修改学生信息，删除学生信息来编写处理器方法以及对应的视图页面。

1. 实现根据名称查询功能

在控制器类 StudentController 中定义控制器方法，控制器方法命名为 index，代码如下：

```
public String index(@RequestParam(required=false) String name,Model model){
    model.addAttribute("students", studentService.findByName(name));
    return "students/index";
}
```

该查询功能支持按照 name 进行查询，如果没有 name 参数则查询所有。所以 name 不是必需的参数，这里使用了@RequestParam(required=false)来表明不是必需参数。调用业务对象后返回的结果放到 Model 中，最后在 students/index 视图展现查询结果。

定义查询列表界面，命名为 index.jsp，代码如下：

src/main/webapp/WEB-INF/views/students/index.jsp

```
<body>
    <c:url var="createUrl" value="/students/create" />
    <a href="${createUrl}">添加学生 </a>
    <table border="1" width="50%">
        <tr>
            <th>序号</th>
            <th>姓名</th><th>性别</th>
            <th>生日</th><th>爱好</th>
```

```
            <th>操作</th>
        </tr>
        <c:forEach var="student" items="${students}" varStatus="stat">
        <tr>
            <td>${stat.index+1}</td>
            <td>${student.name}</td>
            <td>${student.gender.text}</td>
           <td><fmt:formatDate value="${student.birthday}" pattern="yyyy-
MM-dd"/> </td>
            <td>${fn:join(student.favorite,',') }</td>
            <td>
                <a href="#">修改</a>
                <a href="#">删除</a>
            </td>
        </tr>
        </c:forEach>
    </table>
</body>
```

使用了 JSTL 标签 c:url 来保存添加界面的地址，在 a 标签上使用 EL 取出添加的地址。使用 c:forEach 来遍历查询的结果，在 Controller 处理器方法中已经添加了 key 为 studetns 的集合。Gender 是一个枚举，添加了一个 text 属性，用来保存显示的文字，所以可以直接使用 EL 取出这个文字。使用 fmt:formatDate 来格式化生日。使用 fn: join 方法将 String[] favorite 中的每个元素使用“,”连接起来。至此，根据名称查询功能已完成。

2. 实现增加学生信息功能

在查询列表界面上放置了一个超链接，指向/studnets/create，点击这个超链接之后，将这个超链接映射到控制器的 new()方法上，然后初始化添加学生信息界面的表单数据，视图呈现出一个输入表单，处理器方法如下：

```
@ModelAttribute
public void preparedDate(Model model){
    model.addAttribute("genders", Gender.values());
    model.addAttribute("favorites",new String[]{"音乐","篮球","看书","编程"});
}
@GetMapping("/create")
public String _new(Model model){
    Student student=new Student();
    student.setGender(Gender.MALE);//给个默认值
```

```
        model.addAttribute("student",student);
        return "students/new";
    }
```

考虑到添加和修改的时候，都需要呈现表单，而表单的性别和爱好需要有初始值供选择，所以可以将这些需要提供的初始值放到单独的方法中，然后使用@ModelAttribute 进行标注。

在_new 处理器方法中新建了一个 student 对象，然后放到 Model 中，之所以要这样做，是因为这个对象需要与 form 标签进行绑定，对象为空是无法绑定的。

定义增加学生信息视图文件，命名为 new.jsp，代码如下：

src/main/webapp/WEB-INF/views/students/new.jsp 视图

```
    <form:form modelAttribute="student">
        <div>
            姓名: <form:input path="name" placeholder="请输入姓名" />
            <form:errors path="name" />
        </div>
        <div>
            性别: <form:radiobuttons items="${genders}" path="gender" itemLabel
="text"/>
            <form:errors path="gender" />
        </div>
        <div>
            生日:<form:input path="birthday" placeholder="请输入生日 yyyy-MM-dd" />
            <form:errors path="birthday" />
        </div>
        <div>
            爱好: <form:checkboxes items="${favorites}" path="favorite" />
            <form:errors path="favorite" />
        </div>
        <div>
            <input type="submit" value="添加">
        </div>
    </form:form>
```

form:form 标签的 modelAttribute 指定的就是 student 对象，这个对象在处理器方法中已经放到 Model 中，表示 form 标签与 student 对象进行了绑定。渲染后的结果如下：<form id="student" action="/students/create" method="post">。

form:form 标签默认使用的是 post 提交方式，还需要指定 action，如果没有指定 action，就将处理器方法映射的路径指定为 action 的路径。

我们发现下面所有表单输入标签上都有一个 path 属性，这个属性指的就是所绑定的对象的属性。标签在处理属性值的时候会与 HTML 标签绑定，也就是说属性中有值，HTML 输入项就会有数据。

姓名的 form:input ，渲染后的结果如下：<input id="name" name="name" placeholder="请输入姓名" type="text" value=""/>。

form:errors 的作用是取出所绑定的属性(path 指定)的错误消息，因为数据提交后会在处理器方法中进行表单数据验证。若验证出错，错误信息依靠 form:error 来显示。如果验证没有错误，则不会生成任何 HTML 代码。

性别的 form: radiobuttons 中 items 是一个集合或者数组。${genders}中 genders 的数据来自于在处理器方法中放到 Model 中的 genders。form:radiobuttons 会把 items 中集合或者数组的每一项都渲染出一个单选按钮，value 值是调用对象的 toString 方法获取，而显示的 label 由 itemLabel 来指定，上面指定的是 text，那么会调用性别枚举的 getText()方法来获取值。因为在处理器方法中为 student 的性别设置了默认值，所以使用 form:radiobuttons 绑定后，“男”就被默认选中了。渲染后的结果为：

```
    <span>
        <input id="gender1" name="gender" type="radio " value="MALE"
checked="checked"/>
        <label for="gender1">男</label>
    </span>
    <span>
        <input id="gender2" name="gender" type=" radio " value="FMALE"/>
        <label for="gender2">女</label>
    </span>
```

最后爱好字段 form:checkboxes 与 form:radiobuttons 一样，因为 items 是字符串，如果是对象，而需要取对象的属性作为 value 和 label，它们分别有 itemValue 和 itemLabel 属性来指明。此外 form:select 的用法与这两个标签相同。

编写增加学生信息的处理器方法如下。

上面的表单最终使用 Post 提交到/students/create 上，此时需要有一个对应的处理器方法，代码如下：

```
    @PostMapping("/create")
    public String create(@ModelAttribute @Valid Student student, BindingResult
bindingResult,RedirectAttributes redirectAttributes){
        if(bindingResult.hasErrors()){
            return "students/new";//返回到视图显示错误信息
        }
        studentService.save(student);
        redirectAttributes.addFlashAttribute("success", "保存成功");
```

```
        return "redirect:/students";//重定向到显示列表
    }
```

可以看到渲染表单的处理器方法映射的 URL 为/students/create，保存表单数据的处理器方法映射的 URL 也是/students/create，但是前者用的是 GET 提交，而后者用的是 POST 方式途径。Create 方法的第一个参数为 student 对象，用@ModelAttribute 进行表示，因为提交的数据需要校验，一旦没有通过校验，是需要返回到表单页面的，而表单页面要与 student 对象绑定，所以需要用@ModelAttribute 将 student 对象放入到 Model 中，这里@ModelAttribute 没有指定 value，那么默认使用的就是将类名首字母小写后的字符串，也就是“student”，这样一旦数据校验没有通过，表单就可以再次与 student 绑定，将先前输入的旧数据再次显示出来。

添加了@Valid 则表示需要对 Student 对象进行验证，最终的结果会放在 bindingResult 中，在下面的代码中调用了 hasErrors()方法来判断是否有错误，一旦有错误，则返回 studnets/new 视图，它对应的是/WEB-INF/views/students/new.jsp 页面，而这个页面使用 form:form 与 student 对象绑定了，此时原先输入的数据都保留下来了，而且错误消息也会显示出来。如果没有错误，则调用业务方法保存，保存后将信息利用 redirectAttributes 闪存起来，然后 redirect 到列表页面后用 ${success} 取出成功消息。

这里需要注意的是生日的输入，假设随便输入了一些字符串，显然这些字符串是不符合日期规定的，此时 Spring MVC 在做数据转换的时候就会出错，这种转换错误也会被放入到 BindingResult 对象中，最终页面显示的是系统默认的英文错误提示。那么针对这种类型转换的错误，如何显示为中文提示呢？

这里首先需要知道当类型转换出错或者校验没有通过的时候，Spring MVC 是如何处理的。在 BindingResult 对象中保存了一堆的 FieldError 对象，就是表单字段对应的错误，这个对象中保存了字段名称，code，默认消息。这个 code 主要是用来做错误消息国际化(I18N)的，默认消息就是在页面上看到的提示信息，就是实体类中我们指定的各种校验的 message。Hibernate validator 中已经预定义了 code 与消息之间的对应关系，如：Hibernate-validator-5.0.2.Final.jar\org.hibernate.validator\ValidationMessage_zh_CN.properties，它是默认的消息：

```
javax.validation.constraints.AssertFalse.message = 只能为 false
javax.validation.constraints.AssertTrue.message = 只能为 true
javax.validation.constraints.DecimalMax.message = 必须小于或等于{value}
…
```

这里的 javax.validation.constraints.AssertFalse.message 就是那个 code，如果我们知道数据类型转换错误的 code，那么只需要在 Spring MVC 应用中配置一个消息文件，用 code 指向消息，这样就可以显示为中文提示了。

当类型转换出错后，数据绑定失败(类型不匹配)会按照以下的规则自动生成如下错误码

(错误码对应的错误消息按照如下顺序依次查找)：

(1) typeMismatch.命令对象名.属性名。

(2) typeMismatch.属性名。

(3) typeMismatch.属性全限定类名(包名.类名)。

(4) typeMismatch。

一般应用中使用第一种 code，因为这样可以更加精准地配置错误消息。上面的生日数据绑定出错后就会生成 typeMismatch.student.birthday，我们需要做的就是在自己的消息文件中为这个 code 配置消息即可。

首先在 Spring 配置文件中配置一个 Bean 对象：

```
<bean id="messageSource"
    class="org.springframework.context.support.ResourceBundleMessageSource">
    <property name="basename" value="messages"/>
</bean>
```

因为 value 配置的是 messages，这表示加载的是 src/main/resources/messages.properties 文件，现在只需要创建这个文件，然后配置消息：

```
typeMismatch.student.birthday= 生日格式不正确
```

注意：消息文件中所有的数据不应该出现双字节的字符，应该使用 JDK 提供的 native2ascii 命令来对中文字符做转换，而通过命令做转换太过烦琐，此时可以为 STS(eclipse) 安装 Properties Edit 插件，让 Properties Edit 插件来替我们做转换。安装 Properties Edit 插件需要点击 STS(Eclipse) 中的 Help 菜单，选择 Eclipse Marketplace...选项，在弹出的对话框中安装 Properties Edit 插件，如图 14.3 所示。

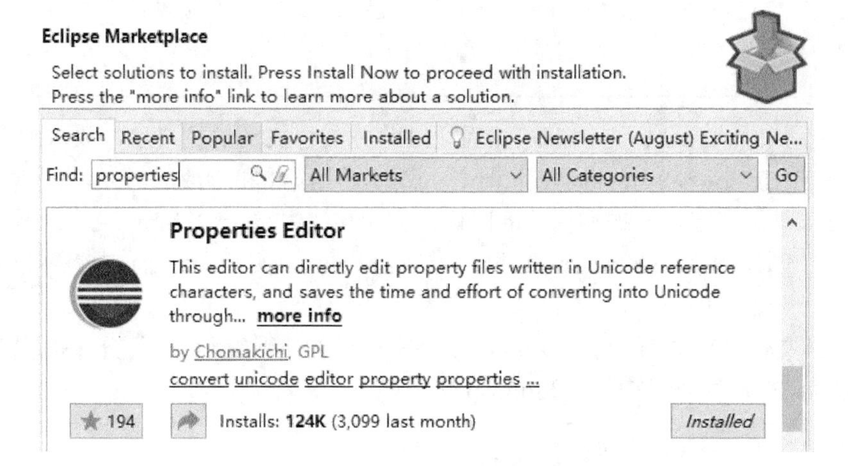

图 14.3 安装 Properties Edit 插件

点击 install 按钮，安装后重启 STS(Eclipse)工具，就可以编辑这个文件了，在编辑器中我们虽然看到的是中文，但实际存储的是 Unicode 编码。

```
typeMismatch.student.birthday= \u751f\u65e5\u683c\u5f0f\u4e0d\u6b63\u786e
```

现在启动服务器，然后输入不正确的数据，提交后，响应的结果如图 14.4 所示。

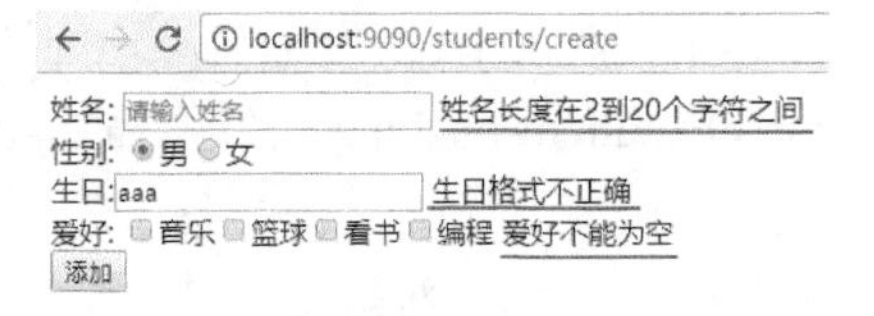

图 14.4　增加学生信息时的数据校验

3. 实现修改学生信息功能

在编辑信息之前，首先要获取到学生信息，并用表单展现出来。首先在列表页上添加编辑按钮的地址：

```
<td>
    <a href="students/${student.id}/update">修改</a>
    <a href="#">删除</a>
</td>
```

编辑前获取学生信息的控制器方法代码如下：

```
@GetMapping("/{id}/update")
public String edit(@PathVariable String id,Model model){
    Student student=studentService.findById(id);
    model.addAttribute("student", student);
    return "students/edit";
}
```

首先获取到 PathVariable 中的 id，然后通过业务类查找到学生对象，放入到 Model 中，然后渲染 /WEB-INF/views/students/edit.jsp。 我们发现添加和修改的时候，都要用到表单，都要与 student 对象绑定，添加和修改的时候，完全可以共享一个 form 表单，所以可以把共享的内容抽取出来，放到 _form.jsp 文件中，然后在 new.jsp 和 edit.jsp 中将 _form.jsp 使用 jsp @include 指令包含即可。

form.jsp 文件名前面有一个下划线，项目中可以约定凡是以“”开头的视图文件，表示是被其他 jsp 文件含入的文件，_form.jsp 代码如下：

```
<form:form modelAttribute="student">
    <div>
```

```
            姓名: <form:input path="name" placeholder="请输入姓名"/>
            <form:errors path="name"/>
        </div>
        <div>
            性别: <form:radiobuttons items="${genders}" path="gender" itemLabel
="text"/>
            <form:errors path="gender"/>
        </div>
        <div>
            生日:<form:input path="birthday" placeholder="请输入生日 yyyy-MM-dd"/>
            <form:errors path="birthday"/>
        </div>
        <div>
            爱好: <form:checkboxes items="${favorites}" path="favorite"/>
            <form:errors path="favorite"/>
        </div>
        <div>
            <input type="submit" value="保存">
        </div>
    </form:form>
```

定义了_form.jsp 文件后，修改 new.jsp 文件，将_form.jsp 文件含入到 new.jsp 文件，修改后的 new.jsp 文件代码如下：

```
    <title>添加学生</title>
    </head>
    <body>
        <%@include  file="_form.jsp" %>
    </body>
```

edit.jsp 的代码如下：

```
    <title>修改学生</title>
    </head>
    <body>
    <%@include  file="_form.jsp" %>
    </body>
```

new.jsp 和 edit.jsp 共享了表单，但是表单提交的 action 地址是不一样的，在 form:form 标签上是不是需要根据情况指定 action 地址呢？如果 form:form 上没有指定 action，默认使用的是映射到处理器方上的地址。添加的时候就是 /students/create，而编辑的时候就是 /studnets/id/update，其中的 id 是被编辑学生的学号。

编辑结束后点击更新数据按钮，提交编辑后的数据。首先根据 id 到系统中获取旧的 student 数据，然后放到 model 中，在处理器方法进行数据绑定的时候，首先从 model 中获取旧 student 对象，然后将请求参数中的数据放到 student 对象中更新数据。这样做的原因是在有些业务场景下，更新的时候只是更新部分字段，其他不更新的字段是不会提交数据的，这样在绑定数据的时候 student 对象中不更新的那部分字段就绑定成空了，此时如果直接保存数据，那么旧的数据就会被覆盖成空。

为此我们需要在编辑前对@ModelAttribute 标注的方法做一些更改：

```
@ModelAttribute
public void preparedDate(@PathVariable(required=false) String id, Model model){
    model.addAttribute("genders", Gender.values());
    model.addAttribute("favorites",new String[]{"音乐","篮球","看书","编程"});
    if(StringUtils.isNotEmpty(id)){
        Student student=studentService.findById(id);
        //加入 model 的时候没有指定 key，默认是将类名首字母小写之后的字符串作为 key，
        //本例的 key 是 student。
        model.addAttribute(student);
    }
}
```

在参数中使用了@PathVariable，将路径中的 id 注入进来。因为这个方法是在每个处理器方法执行之前都会执行的，请求路径中不一定有 id，所以 required=false，然后代码中进行了判断，如果请求路径中有 id 变量，就通过 StudentService 取出 student 对象，然后将它放到 Model 中。控制器更新学生信心的方法如下：

```
@PostMapping("/{id}/update")
public String update(@ModelAttribute @Valid Student student,BindingResult
bindingResult,
        RedirectAttributes redirectAttributes){
    if(bindingResult.hasErrors()){
        return "students/edit";//返回到视图显示错误信息
    }
    studentService.update(student);
    redirectAttributes.addFlashAttribute("success", "更新成功");
    return "redirect:/students";//重定向到显示列表
}
```

更新的代码与添加的代码相似，所不同的地方在于注入的 student 对象是先从 model 中获取旧的数据，然后再做数据绑定，将提交的新的数据 set 到 student 对象中，然后做验证。

4. 编写代码实现删除数据业务

首先更改列表页/WEB-INF/views/students/index.jsp 提交的地址：

```
<td>
    <a href="students/${student.id}/update">修改</a>
    <a href="students/${student.id}/destroy">删除</a>
</td>
```

点击删除超链接时是使用 GET 方法提交的信息，处理器方法代码如下：

```
@GetMapping("/{id}/destroy ")
public String destroy(@PathVariable String id,RedirectAttributes
redirectAttributes){
    studentService.delete(id);
    redirectAttributes.addFlashAttribute("success", "删除成功");
    return "redirect:/students";//重定向到显示列表
}
```

第 15 章　SSM 框架整合

【本章内容】

1. SSM 框架整合思路
2. SSM 框架整合过程

【能力目标】

1. 理解 SSM 框架整合思路
2. 能够整合 SSM 框架
3. 能够在 SSM 框架下进行应用开发

我们已经学习了 MyBatis 框架、Spring 框架、Spring MVC 框架，但是在实际开发中，很少单独使用某一框架，往往会出现多个框架整合使用的情况，本节内容将利用开发工具 STS 对上述三个框架进行整合。

接下来以查询学生信息业务为例，讲解 Spring 框架、Spring MVC 框架、MyBatis 框架的整合开发。

15.1　准备数据库

首先，我们先准备一个学生管理数据库，创建学生表，在学生表中初始化学生信息，添加的学生信息就是被查询的数据。

创建数据库，数据表，初始化学生信息的脚本如下：

```
CREATE DATABASE STUDENTS;
USE STUDENTS;
CREATE TABLE student(
    student_id INT PRIMARY KEY AUTO_INCREMENT,
    student_name VARCHAR(20),
    student_age INT,
    student_gender  VARCHAR(2)
)
```

```
    INSERT INTO student (studentname,studentage,studentgender) VALUES ("林冲",30,
"男");
    INSERT INTO student (studentname,studentage,studentgender) VALUES ("武松",32,
"男");
    INSERT INTO student (studentname,studentage,studentgender) VALUES ("扈三娘",30,
"女");
```

15.2 创建 Spring 项目

第一步：新建 Spring 项目，如图 15.1 所示，点击 File--->New--->Spring Legacy Projet，在填写好项目名称后，我们在名称下方选项中，选择 Simple Spring Maven，如图 15.2 所示，然后点击 Finish 按钮。

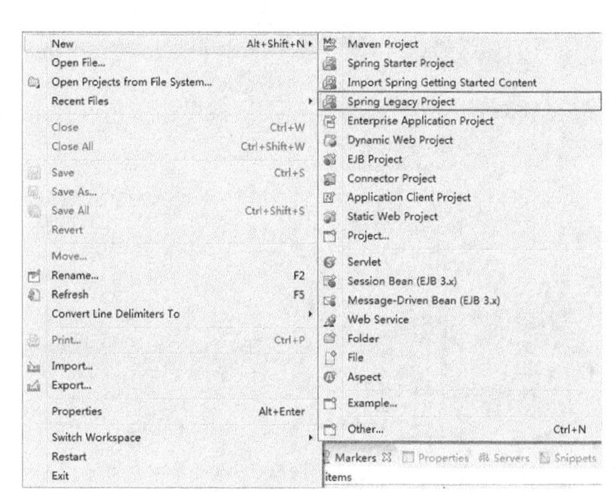

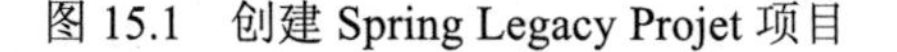

图 15.1 创建 Spring Legacy Projet 项目

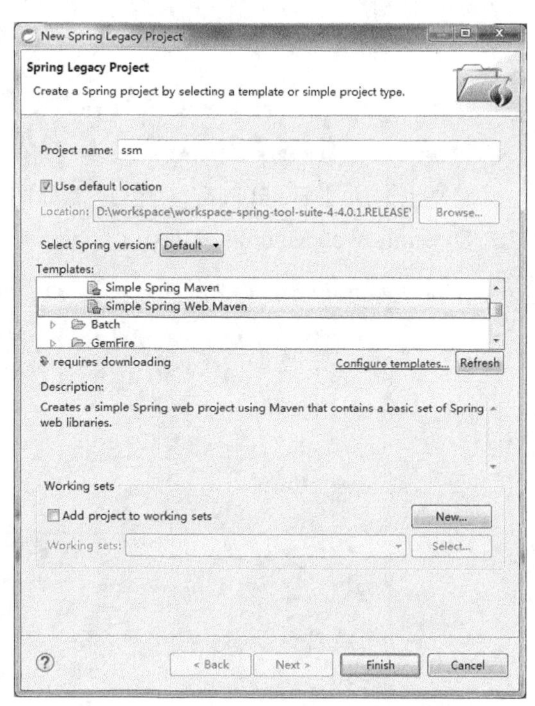

图 15.2 选择 Simple Spring Maven 选项

注意：新建完项目以后，我们需要对工程进行一些配置，该工程才能正常使用。在项目上点击右键 Build Path--->Configure Build Path，进入如图 15.3 所示的界面，我们选择 JRE System Library，然后点击右侧 Edit 按钮，将 Execution Environment 修改为如图 15.3 所示，并点击 Finish。

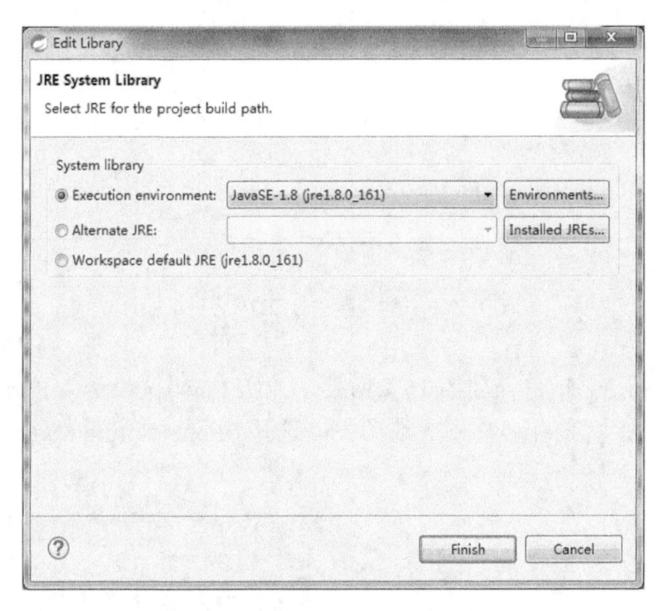

图 15.3　选择 JRE System Library

重复上面所述 Build Path 步骤，进入如图 15.4 所示的界面后选择左侧 Project Facets 选项，勾选 Dynamic Web Module 和 Java 两个选项。

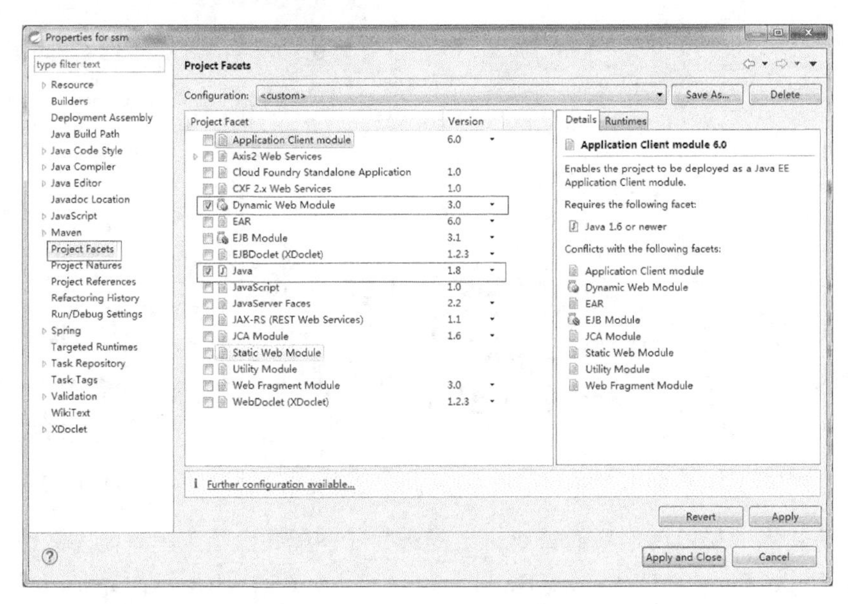

图 15.4　配置 Project Facets

至此，我们的工程已经新建完毕。

15.3 配置依赖的 jar 包

第二步：添加相关依赖的 jar 包，需要依赖的 jar 包如下：

1. spring-context
2. spring-web
3. spring-webmvc
4. spring-jdbc
5. spring-tx
6. mysql-connector-java
7. c3p0
8. mybatis-spring
9. mybatis
10. log4j
11. servlet
12. jstl
13. junit

pom.xml 依赖配置如下所示：

```
<!—单元测试所需 jar 包-->
<dependency>
        <groupId>junit</groupId>
        <artifactId>junit</artifactId>
        <version>4.12</version>
        <scope>test</scope>
    </dependency>
    <!-- spring 所需依赖 -->
    <dependency>
      <groupId>org.springframework</groupId>
      <artifactId>spring-context</artifactId>
      <version>4.3.10.RELEASE</version>
    </dependency>
    <!--spring mvc 所需依赖-->
    <dependency>
      <groupId>org.springframework</groupId>
      <artifactId>spring-web</artifactId>
      <version>4.3.10.RELEASE</version>
    </dependency>
```

```
<dependency>
  <groupId>org.springframework</groupId>
  <artifactId>spring-webmvc</artifactId>
  <version>4.3.10.RELEASE</version>
</dependency>
<!--spring jdbc 所需依赖-->
<dependency>
  <groupId>org.springframework</groupId>
  <artifactId>spring-jdbc</artifactId>
  <version>4.3.10.RELEASE</version>
  </dependency>
  <!--spring 事务依赖-->
<dependency>
  <groupId>org.springframework</groupId>
  <artifactId>spring-tx</artifactId>
  <version>4.3.10.RELEASE</version>
</dependency>
<!--mysql 驱动包-->
<dependency>
  <groupId>mysql</groupId>
  <artifactId>mysql-connector-java</artifactId>
  <version>5.1.41</version>
</dependency>
<!—C3P0 连接池-->
<dependency>
  <groupId>com.mchange</groupId>
  <artifactId>c3p0</artifactId>
  <version>0.9.5.2</version>
</dependency>
<!--mybatis 和 mybatis-spring 整合依赖包-->
<dependency>
  <groupId>org.mybatis</groupId>
  <artifactId>mybatis-spring</artifactId>
  <version>1.3.1</version>
</dependency>
<dependency>
  <groupId>org.mybatis</groupId>
  <artifactId>mybatis</artifactId>
  <version>3.4.5</version>
</dependency>
<!--log4j 日志 jar 依赖-->
```

```
    <dependency>
      <groupId>log4j</groupId>
      <artifactId>log4j</artifactId>
      <version>1.2.17</version>
    </dependency>
    <!-- servlet 依赖 -->
    <dependency>
      <groupId>javax.servlet</groupId>
      <artifactId>javax.servlet-api</artifactId>
      <version>3.0.1</version>
      <scope>provided</scope>
    </dependency>
    <!-- JSTL 依赖 -->
    <dependency>
      <groupId>javax.servlet</groupId>
      <artifactId>jstl</artifactId>
      <version>1.2</version>
    </dependency>
```

15.4 配置数据库连接

第三步：在 resources 目录下新建 db.properties 文件，并写入数据连接信息。

db.properties 代码示例：

```
    url=jdbc:mysql://localhost:3306/students?useSSL=true&useUnicode=true&char
acterEncoding= utf-8
    driver=com.mysql.jdbc.Driver
    user=root
    password=root
```

数据库名称为 students，数据库使用的编码是 UTF-8，JDBC 使用的驱动类是 com.mysql.jdbc.Driver，数据库访问用户名是 root，数据库访问的密码是 root。

第四步：配置 Spring 配置文件。为了方便管理相关框架的配置文件，因此在 resource 目录下新建 Spring 目录，并在其中新建 Spring Bean Configuration File，命名为 spring-config.xml 用于配置数据库连接池（本例将使用 c3p0 连接池）等信息内容如下：

(1) 配置加载数据库信息文件。

(2) 配置扫描类上的注解。

(3) 配置数据源 dataSource。

(4) 配置事务管理器 DataSourceTransactionManager。

(5)配置 SqlSessionFactoryBean 用创建 SqlSession。

(6)配置 MapperScannerConfigurer 用于扫描 Mapper 包下的接口。

spring-config.xml 代码示例：

```
    <!--加载数据库配置文件  -->
    <context:property-placeholder location="classpath:db.properties"/>
    <!-- 配置 Spring 扫描项目中的注解 -->
    <context:component-scan
base-package="cn.itlaobing.service;cn.itlaobing.mapper"/>
    <!-- 配置数据库连接池 -->
    <bean id="dataSource" class="com.mchange.v2.c3p0.ComboPooledDataSource">
      <!-- 基本信息 -->
      <property name="jdbcUrl" value="${url}"></property>
      <property name="driverClass" value="${driver}"></property>
      <property name="user" value="${user}"></property>
      <property name="password" value="${password}"></property>
    <!-- 其他配置 -->
    <!--初始化时获取三个连接，取值应在 minPoolSize 与 maxPoolSize 之间。Default: 3 -->
      <property name="initialPoolSize" value="3"></property>
      <!--连接池中保留的最小连接数。Default: 3 -->
      <property name="minPoolSize" value="3"></property>
      <!--连接池中保留的最大连接数。Default: 15 -->
      <property name="maxPoolSize" value="5"></property>
      <!--当连接池中的连接耗尽的时候 c3p0 一次同时获取的连接数。Default: 3 -->
      <property name="acquireIncrement" value="3"></property>
      <!-- 控制数据源内加载的 PreparedStatements 数量。如果 maxStatements 与
maxStatementsPerConnection 均为 0，则缓存被关闭。Default: 0 -->
      <property name="maxStatements" value="8"></property>
    <!-- maxStatementsPerConnection 定义了连接池内单个连接所拥有的最大缓存 statements
数。Default: 0 -->
    <property name="maxStatementsPerConnection" value="5"></property>
    <!--最大空闲时间，1800 秒内未使用则连接被丢弃。若为 0 则永不丢弃。Default: 0 -->
    <property name="maxIdleTime" value="1800"></property>
    </bean>
    <!--事务管理器-->
    <bean id="transactionManager" class="org.springframework.jdbc.datasource.
DataSourceTransactionManager">
     <property name="dataSource" ref="dataSource"/>
    </bean>
    <!-- 配置 SqlSessionFactoryBean -->
    <bean id="factory" class="org.mybatis.spring.SqlSessionFactoryBean">
```

```
        <property name="dataSource" ref="dataSource"/>
        <!-- 注入 MyBaits 配置文件 -->
        <property name="configLocation" value="classpath:/mybatis-config.xml"/>
        <!--注入 MyBaits 的 Mapper 文件此处使用 Ant 风格配置  -->
        <property name="mapperLocations" value="classpath:mapper/**/*.xml"/>
    </bean>
    <!--配置 mapperScannerConfigurer 用于扫描 Mapper 包下的接口-->
    <bean id="mapperScannerConfigurer" class="org.mybatis.spring.mapper.Mapper
ScannerConfigurer">
        <property name="basePackage" value="cn.itlaobing.mapper"/>
     </bean>
```

15.5 配置 MyBatis

第五步：配置 MyBatis。在 Spring 目录下新建 spring-mvc.xml 配置文件，配置内容如下：

(1)配置扫描 controller 包中的@Controller 注解。

(2)配置 annotation-driven 用于调用 Controller 中定义的方法。

(3)配置页面访问的前后缀。

(4)配置静态资源的访问路径。

spring-mvc.xml 代码示例：

```
    <!--配置 spring mvc 调用 controller 中定义的方法-->
    <mvc:annotation-driven/>
    <!--配置扫描 controller 包-->
    <context:component-scan base-package="cn.itlaobing.controller"/>
    <!--配置页面前缀后缀-->
    <bean id="InternalResourceViewResolver"
       class="org.springframework.web.servlet.view.InternalResourceViewResolver">
        <property name="prefix" value="/WEB-INF/ "></property>
        <property name="suffix" value=".jsp"></property>
    </bean>
    <!--配置静态资源请求路径-->
    <mvc:resources mapping="/css/**" location="/WEB-INF/css/"/>
    <mvc:resources mapping="/js/**" location="/WEB-INF/js/"/>
```

第六步：配置 MyBatis 配置文件。在 resources 目录下新建 mybait-config.xml 配置文件，其中配置内容如下：

MyBaits.xml 代码示例：

```
<configuration>
    <!-- 扫描 model 包，设置实体类对象别名 -->
    <typeAliases>
        <package name="cn.itlaobing.model"/>
    </typeAliases>
</configuration>
```

15.6 启动 Spring 容器

第七步：启动 Spring 容器。在 web.xml 中配置启动 Spring 容器。

在 web.xml 中我们需要配置一个监听器，监听 Context，当 web 容器启动时启动 Spring 容器；配置一个过滤器，用于过滤请求和响应的字符编码；配置一个 Servlet，用于将所有的请求都调度到 DispatcherServlet，由 DispatcherServlet 同一路由请求。

web.xml 代码示例：

```
<!-- 配置 Tomcat 启动时启动 Spring 容器 -->
<listener>
  <listener-class>org.springframework.web.context.ContextLoaderListener</listener-class>
    </listener>
    <context-param>
        <!-- 配置 Spring 配置文件的位置 -->
        <param-name>contextConfigLocation</param-name>
        <param-value>classpath:spring/spring-config.xml</param-value>
    </context-param>
    <!-- 配置 Spring MVC DispatcherServlet-->
    <servlet>
        <servlet-name>dispatcher</servlet-name>
        <servlet-class>org.springframework.web.servlet.DispatcherServlet
</servlet-class>
        <init-param>
            <!-- 配置 Spring MVC 配置文件 -->
            <param-name>contextConfigLocation</param-name>
            <param-value>classpath:spring/spring-mvc.xml</param-value>
        </init-param>
        <load-on-startup>1</load-on-startup>
    </servlet>
    <servlet-mapping>
        <servlet-name>dispatcher</servlet-name>
        <url-pattern>/</url-pattern>
    </servlet-mapping>
```

```
    <!-- 配置字符编码过滤器 -->
    <filter>
        <filter-name>characterEncodingFilter</filter-name>
       <filter-class>org.springframework.web.filter.CharacterEncodingFilter
</filter-class>
        <init-param>
            <param-name>encoding</param-name>
            <param-value>utf-8</param-value>
        </init-param>
        <init-param>
            <param-name>forceRequestEncoding</param-name>
            <param-value>true</param-value>
        </init-param>
        <init-param>
            <param-name>forceResponseEncoding</param-name>
            <param-value>true</param-value>
        </init-param>
    </filter>
    <filter-mapping>
        <filter-name>characterEncodingFilter</filter-name>
        <url-pattern>/*</url-pattern>
    </filter-mapping>
```

以上配置完成以后，我们的三个框架就已经整合完毕，接下来，我们以一个查询功能为例，对开发过程进行梳理。

首先在 Java 目录下新建 cn.itlaobing.controller，cn.itlaobing.service，cn.itlaobing.mapper，cn.itlaobing.model 包。在 Model 包中，我们新建 student 表对应的实体类。

15.7 编写代码

编写 DAO 层的代码。定义 Student 表的实体类，命名为 StudentModel，代码如下：

StudentModel.java

```
public class StudentModel {
    private int studentId;
    private String studentName;
    private int studentAge;
    private String studentGender;
    //省略 get，set 方法
}
```

接下来，我们在 mapper 包下新建接口 IStudentMapper，并标注注解@Repository。

IStudentMapper.java

```
@Repository
public interface IStudentMapper {
    /**
     *查询所有学生
     * @return
     */
    List<StudentModel> findAllStudent();
}
```

在 IStudentMapper 接口中定义了查询所有学生信息的抽象方法 findAllStudent()，返回 StudentModel 的集合对象。

我们还需要在 mapper 目录下新建 IStudentMapper.xml 配置文件，用来编写 SQL 语句，内容如下。

IStudentMapper.xml

```
<mapper namespace="cn.itlaobing.mapper.IStudentMapper">
    <!--查询所有图书-->
    <select id="findAllStudent"
resultType="cn.itlaobing.model.StudentModel">
        SELECT  * FROM STUDENT
    </select>
</mapper>
```

在 IStudentMapper.xml 中配置了 select 元素，用于查询所有学生信息，其 id 为 findAllStudent，返回值类型为 StudentModel。

编写业务层代码。在我们完成 DAO 层以后，我们继续编写业务代码，在 service 包中新建 StudentService.java，调用 mapper 方法，代码如下。

StudentService.java

```
@Service
public class StudentService {
    @Autowired
    private IStudentMapper mapper;
    /**
     *  查询所有学生
     * @return
     */
    public List<StudentModel> findAllStudent(){
```

```
        return mapper.findAllStudent();
    }
}
```

定义了 StudentService 业务类，在该类中定义了 DAO 对象 mapper，并使用@Autowired 注解为该属性注入值，还定义了查询所有学生信息的 findAllStudent()业务方法，该方法返回了 mapper 对象从数据库中查询的学生信息。

编写控制器代码。创建控制器类 StudentController 并将数据在 StudentList.jsp 中显示，代码如下：

StudentController.java

```
@Controller
@RequestMapping("/student")
public class StudentController {
   @Autowired
   private StudentService service;
   @RequestMapping("/AllStudent")
   public String findAllStudent(Map map){
      //调用 Service 方法查询数据
      List<StudentModel> list = service.findAllStudent();
      //将数据存放进 map
      map.put("list", list);
      //跳转页面至 StudentList.jsp
      return "/StudentList";
   }
}
```

在控制器中定义了 service 属性并用@Autowired 注解为 service 对象注入值。定义了查询学生的方法 findAllStudent()，该方法将业务对象查询到的学生信息存储在 Map 集合中，然后调整到视图/StudentList。

创建视图。最后我们在 WEB-INF 目录下新建 StudentList.jsp 页面，对查询的数据进行显示。

StudentList.jsp

```
 <body>
<table align="center" width="800" border="1">
  <thead>
     <tr>
        <td>ID</td>
        <td>姓名</td>
        <td>年龄</td>
```

```
            <td>性别</td>
        </tr>
    </thead>
    <tbody>
        <c:forEach items="${list}" var="item">
            <tr>
                <td>${item.studentId}</td>
                <td>${item.studentName}</td>
                <td>${item.studentAge}</td>
                <td>${item.studentGender}</td>
            </tr>
        </c:forEach>
    </tbody>
  </table>
</body>
```

视图 StudentList.jsp 从控制器中获取了存储学生对象的 Map 集合，并使用 JSTL 和 EL 将学生信息展示在视图上。

15.8 运 行 测 试

接下来，我们启动 Web 服务器，在浏览器地址栏内输入地址如下：http://localhost:8080/student/AllStudent，运行结果如图 15.5 所示。

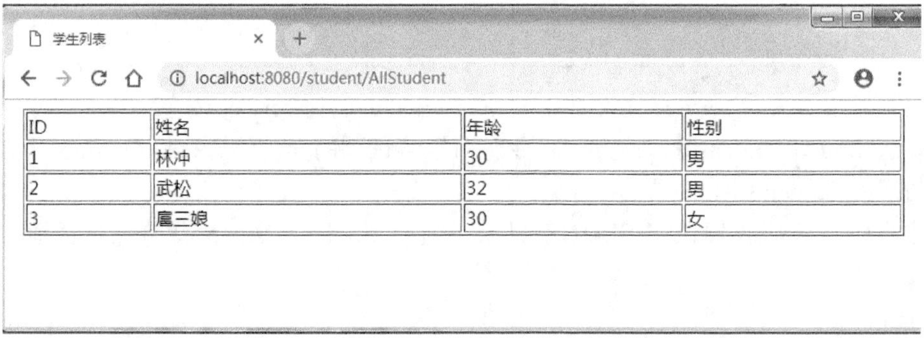

学生列表

localhost:8080/student/AllStudent

ID	姓名	年龄	性别
1	林冲	30	男
2	武松	32	男
3	扈三娘	30	女

图 15.5　运行结果

至此，我们整合了 Sping，Spring MVC，MyBaits 三个框架，并利用整合好的框架进行了数据库查询。

第 16 章　Spring Boot 快速入门

【本章内容】

1. Spring Boot 介绍
2. Spring Boot 示例程序

【能力目标】

1. 能够创建 Spring Boot 项目
2. 能够编写 Spring Boot 程序
3. 能够启动 Spring Boot 项目

16.1　Spring Boot 介绍

Spring 的官网 https://spring.io/projects 展示了 Spring 框架，其中包含 20 多个不同的子项目，涵盖应用开发的不同方面，方便开发人员应用到具体开发场景中。但是每个子项目都有一定的学习曲线，开发人员需要了解这些子项目和组件的具体细节，然后才能将它们整合到具体的项目中。利用 Spring Boot，可以自动配置 Spring 的各种组件，简化配置，同时提供了常见场景的推荐组件配置。

Spring Boot 是由 Pivotal 团队提供的框架，其设计目的是用来简化新 Spring 应用的初始搭建以及开发过程，创建出独立运行和产品级别的基于 Spring 框架的应用。该框架使用了特定的方式来进行配置，从而使开发人员不再需要定义样板化的配置。通过这种方式，大大提升使用 Spring 框架时的开发效率。

Spring Boot 包含如下特性：

(1) 可以将应用打包成独立可运行的 JAR 或 WAR，使用 java -jar 命令来启动应用。

(2) 内嵌 Tomcat 或者 Jetty 服务器，无需独立的应用服务器。

(3) 提供基础的 POM 文件来简化 Apache Maven 配置。

(4) 根据项目依赖自动配置。

(5) 摒弃了 Java Config 代码和 XML 配置文件。

Spring Boot 要求系统环境是 Java 7 和 Spring Framework 4.3.9.RELEASE 及以上版本。本书以 Spring Boot 1.5.4 版本为例讲解 Spring Boot。Spring Boot 1.5.4 版本支持内嵌的 Servlet 容器，Servlet 版本和 Java 版本如表 16.1 所示：

表 16.1 Servlet 版本和 Java 版本的对应关系

名称	Servlet 版本	Java 版本
Tomcat 8	3.1	Java 7 +
Tomcat 7	3.0	Java 6 +
Jetty 9.3	3.1	Java 8 +
Jetty 9.2	3.1	Java 7 +
Jetty 8	3.0	Java 6 +
Undertow 1.3	3.1	Java 7 +

16.2 创建 Spring Boot 项目

可以使用两种方式来创建一个 Spring Boot 项目，一种是 Spring 官方 http://start.Spring.io 站点，它可以在线生成 Spring Boot 项目后下载到本地，导入到 IDE 工具后进行开发，另外一种是使用 IDE 工具直接创建 Spring Boot 项目。

16.2.1 使用 start.spring.io 创建项目

打开 http://start.spring.io/ 如图 16.1 所示。

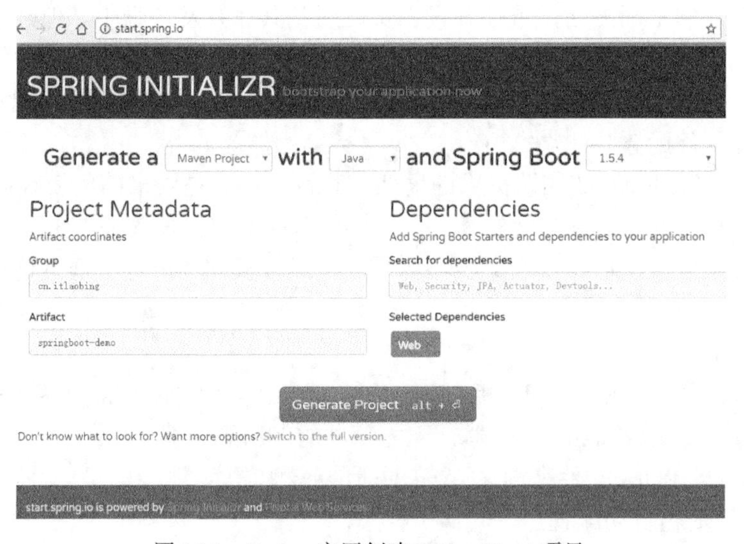

图 16.1 Spring 官网创建 Spring Boot 项目

这是一个 Spring 项目的初始化工具。创建的项目可以是 maven 项目，也可以是 Gradle 项目，在这里我们使用 maven 项目。语言可以选择 Java、Kotlin、Groovy，在这里我们使用 Java，Spring Boot 的版本选择 1.5.4。

Group 与 Artifact 对应的是 maven 中的 groupId 和 artifactId。在 Dependencies 选择框中选择依赖组件，这里选择 web，Spring Boot 就会使用 Spring MVC 来处理 web 请求。点击 Generate Project 按钮即可生成 springboot-demo.zip 压缩文件，保存到本地，解压后可以看到它是一个标准的 maven 项目，目录结构如图 16.2 所示。

- .mvn 目录是 maven 的包装器，是一个小的脚本，它能够确保其他人使用相同版本的 maven 来构建这个应用。
- src/main/java 存放的是 Java 源代码。
- src/main/resources 存放的是应用配置，静态文件（css，js，图片）和模板文件（HTML 模板）。
- src/test/java 存放测试用例 Java 代码。

使用 STS 导入这个 maven 项目。导入 maven 项目后，会自动下载所有依赖的 jar 包，如果是第一次使用，需要一段时间来下载这些 jar 包，jar 包下载后会存储到本地的 maven 仓库，后面再使用的时候不会再下载。导入到 STS 后的项目结构如图 16.3 所示。

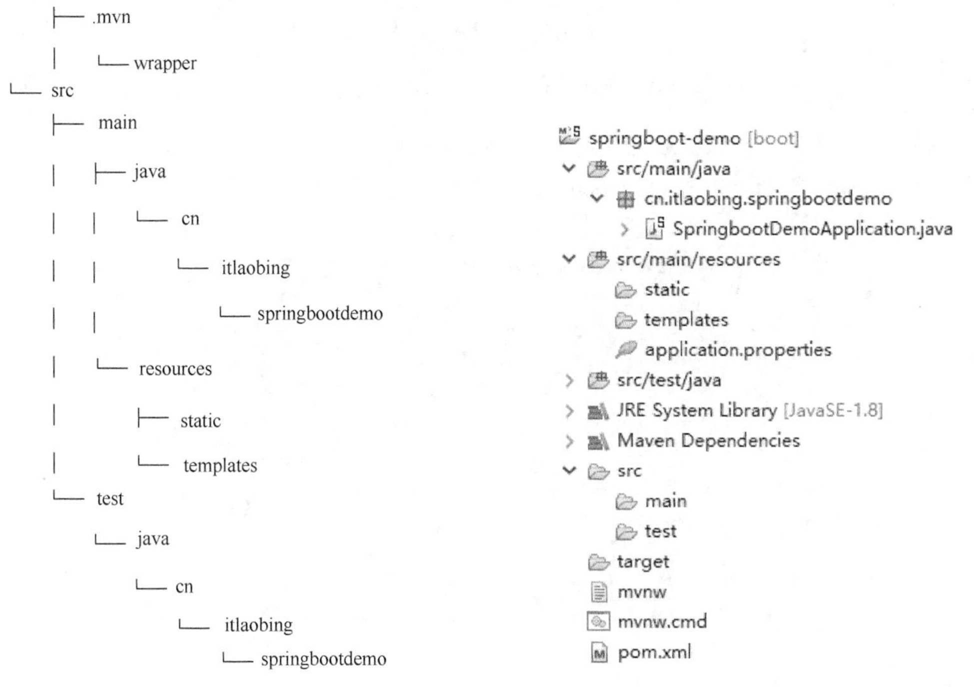

图 16.2 Spring 官网创建的 Spring Boot 项目　　图 16.3 Spring Boot 项目结构

16.2.2 使用 STS 工具创建项目

接下来介绍使用 STS 工具创建 Spring Boot 项目，在 STS 中点击菜单 File/new/Spring Starter Project，如图 16.4 所示。

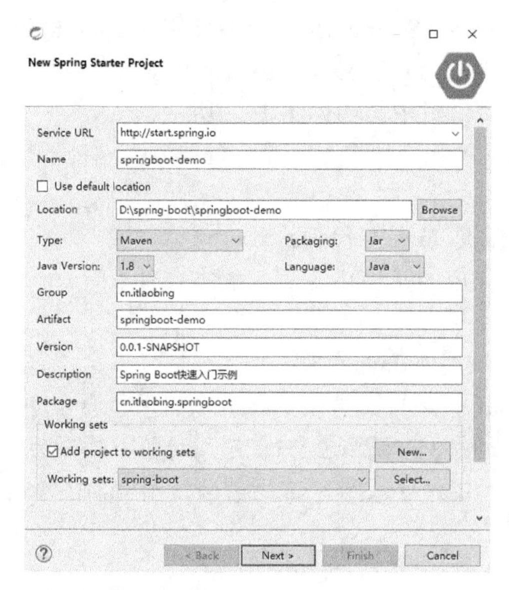

图 16.4 使用 STS 工具创建 Spring Boot 项目

在 New Spring Starter Project 窗口中输入 Spring Boot 项目相关的信息后，点击 Next 按钮，进入到 New Spring Starter Project Dependencies 窗口，如图 16.5 所示。

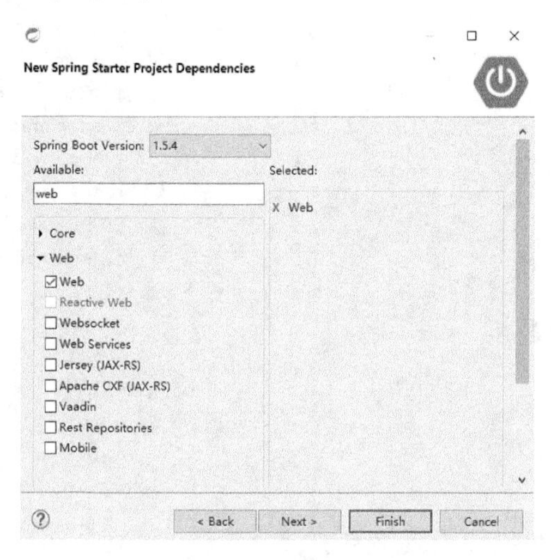

图 16.5 使用 STS 工具创建 Spring Boot 项目

在 New Spring Starter Project Dependencies 窗口中勾选 Web 选项，然后点击 Finish 按钮，完成 Spring Boot 项目的创建。

16.3 Spring Boot 之 Hello World

编写第一个 Spring Boot 示例程序，要求在视图上输出 Hello World。由于在 Spring Boot 中使用了 Spring MVC，所以在 cn.itlaobing.springboot.web.controller 包中新建一个 HelloController 类，代码如下：

```
package cn.itlaobing.springboot.web.controller;
import org.springframework.web.bind.annotation.RequestMapping;
import org.springframework.web.bind.annotation.RestController;
@RestController
public class HelloController {
    @RequestMapping("/hello")
    public String hello(){
        String msg="Hello spring boot!";
        return msg;
    }
}
```

@RestController 注解是 Spring 4.0 中新增的特性，它继承自@Controller，相当于@ResponseBody 和 @Controller 的组合体，它标注在类上，有两个作用：

(1) 标注类为一个 Controller，Spring 容器扫描到由@RestController 注解标注的类时，会将它加入 Spring Bean 容器中进行管理。

(2) 当前类中的所有 handler 方法的返回值将会被 Spring MVC 框架转换成 JSON 字符串返回。

@RequestMapping 注解用当请求地址与控制器方法的映射。本例中当请求地址为/hello 的时候，这个请求将会被 hello() 方法处理，返回一个“Hello spring boot! ”字符串。由于使用了@RestController 注解，所以控制器方法 hello() 会为浏览器返回“Hello spring boot!”字符串。

16.4 Spring Boot 应用启动

Spring Boot 应用可以有多种启动方式来应对不同的使用场景。

1. 使用 main()方法启动 Spring Boot 项目

在创建Spring Boot项目的时候，自动生成了一个名称为SpringbootDemoApplication的类，该类用于启动 Spring Boot，代码如下：

cn.itlaobing.springboot.SpringbootDemoApplication.java

```
@SpringBootApplication
public class SpringbootDemoApplication {
    public static void main(String[] args) {
        SpringApplication.run(SpringbootDemoApplication.class, args);
    }
}
```

这个类中只有一个 main()方法，这个 main()方法中使用了 SpringApplication 类的静态方法 run 来加载整个 Spring 应用。run()方法的第一个参数是 SpringbootDemoApplication.class，第二个是 main()方法传入进来的 args。run()方法执行的时候，会探测到 SpringbootDemoApplication 类上的@SpringBootApplication 这个注解，正是这个注解才做到了自动配置，它会启动 Spring 容器，然后自动扫描加载应用中定义的 Bean，自动配置 Spring MVC，启动内置的 Servlet 容器，默认是 Tomcat。

运行 man()方法后，查看控制台会发现在 8080 端口启动了一个 Tomcat，然后在浏览器中输入 http://localhost:8080/hello 可以看到页面上正确输出了“Hello spring boot!”字符串。

2. 使用 Run as Spring boot App 方法启动 Spring Boot

使用 STS 工具打开 main()方法所在的类 SpringbootDemoApplication，然后使用右键会弹出菜单如图 16.6 所示。

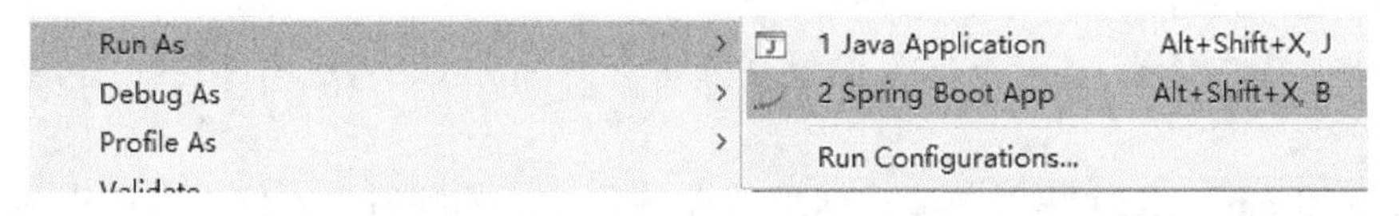

图 16.6 Run as Spring boot App 方法启动 Spring Boot 项目

使用 Run As 中提供的 Sprng boot App 也可以启动应用。STS 工具会主动查找当前 project 中具备 main()方法的类，如果找到一个 main()就启动它，如果找到多个，那么会提示选择一个 main()方法来启动应用。

3. 使用 maven 插件启动 Spring Boot 项目

使用 maven 插件启动 Spring Boot 时，需要选中项目名称，然后点击右键，在弹出菜单中选择 Run As > Maven build…，如图 16.7 所示。

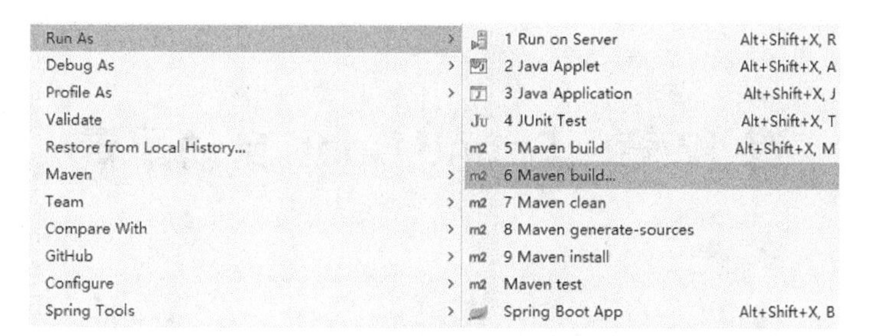

图 16.7　使用 maven 插件启动 Spring Boot 项目

在弹出的对话框的 Goals 右侧文本框中输入spring-boot:run 然后运行也可以启动Spring Boot 应用。此时 STS 工具会执行 maven 命令 mvn spring-boot:run 它会先编译整个工程，然后调用 Spring Boot 的 maven 插件来启动 main()方法，从而启动整个应用。

4. 使用 java -jar 命令启动 Spring Boot 项目

首先使用 maven 的 package 命令将项目打成一个 jar 文件。在项目名称上点击右键，在弹出的菜单中选择“Run As>Maven build ...”，在 Goals 右侧文本框中输入 package，然后运行。这个命令运行后会对应用进行编译，打包，结果都生成到了项目的 target 目录中，如图 16.8 所示。

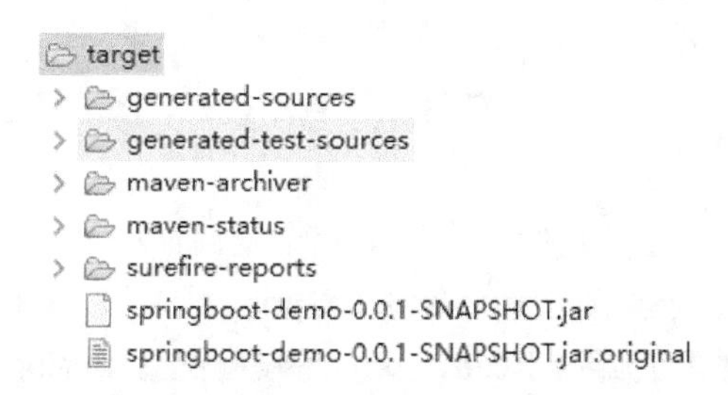

图 16.8　使用 java -jar 命令启动 Spring Boot 项目

打开命令行窗口，然后进入到这个 target 目录，执行 java -jar springboot-demo-0.0.1-SNAPSHOT.jar 即可启动应用，如图 16.9 所示。

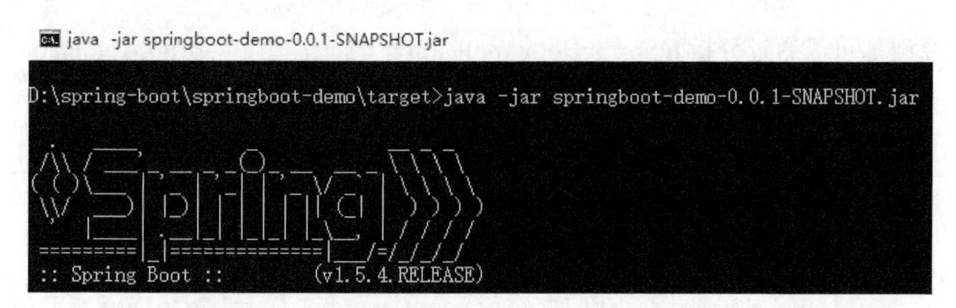

图 16.9　图 16.8 使用 java -jar 命令启动 Spring Boot 项目

第 17 章　Spring Boot 自动配置

【本章内容】

1. Spring Boot 启动过程分析
2. Web 容器的启动过程分析
3. Spring MVC 启动过程分析

【能力目标】

1. 了解 Spring Boot 启动过程
2. 了解 Web 容器启动过程
3. 了解 Spring MVC 启动过程

17.1　Spring Boot 启动

对于 Spring Boot 的启动过程我们会有以下几个疑问：

(1) Spring 容器是如何创建的，为什么没有 Spring 配置文件 Spring 容器也会启动？

(2) Spring 容器中都创建了哪些 Bean，我们并没有配置 Spring 的 component-scan，它是如何扫描到 Controller 类的？

(3) 没有在配置中指定启动 Tomcat，那么 Tomcat 是怎么启动的？

(4) Spring Boot 使用的是 Spring MVC，那么 Spring MVC 的 DispatcherServlet 是如何启动的？整个项目中并没有 WEB-INF/web.xml，这个 Servlet 在哪里被加载的？

这些疑问都可以通过分析@SpringBootApplication 这个注解和 SpringApplication 的 run() 这个静态方法来理解清楚。

首先看看 Spring Boot 应用的启动类：

```
@SpringBootApplication
public class SpringbootDemoApplication {
    public static void main(String[] args) {
        SpringApplication.run(SpringbootDemoApplication.class, args);
    }
```

```
    }
```

可以看到整个 main()方法中只有一个 SpringApplication.run()方法的调用，那么在这个 run()方法中都做了哪些事情？

1. SpringApplication.run()方法

SpringApplication.run()方法返回的是实现了 ConfigurableApplicationContext 接口的对象，这个对象是 org.springframework.context.ApplicationContext 接口的子接口，所以这个 run()方法的主要工作就是创建 Spring 容器。

在 SpringApplication 类中定义了静态的 run()方法和实例的 run()方法，如图 17.1 所示，方法名称前面标注了 S 的方法为静态方法，没有标注 S 的方法为实例方法。

SpringApplication
run(String...) : ConfigurableApplicationContext
S run(Object, String...) : ConfigurableApplicationContext
S run(Object[], String[]) : ConfigurableApplicationContext

图 17.1 SpringApplication 类中静态的 run()方法和实例的 run()方法

在静态的 run()方法中首先会实例化 SpringApplication 类，然后再调用实例的 run()方法来创建 Spring 容器。

2. SpringApplication 对象的初始化

SpringApplication 静态 run()方法会实例化 SpringApplication 对象，SpringApplication 的初始化工作就在它的构造方法中完成，源代码如下：

```
    @SuppressWarnings({ "unchecked", "rawtypes" })
    private void initialize(Object[] sources) {
        if (sources != null && sources.length > 0) {
            this.sources.addAll(Arrays.asList(sources));
        }
        this.webEnvironment = deduceWebEnvironment();
        setInitializers((Collection)
getSpringFactoriesInstances(ApplicationContextInitializer.class));
        setListeners((Collection)
getSpringFactoriesInstances(ApplicationListener.class));
        this.mainApplicationClass = deduceMainApplicationClass();
    }
```

SpringApplication 的初始化完成了如下工作：

(1) 检查当前应用是不是一个 Web 应用，检查的标准就是看 ClassPath 路径中是否有

javax.servlet.Servlet 和 org.springframework.web.context. ConfigurableWebApplicationContext 这两个接口。在创建工程的时候，我们加入了 spring-boot-starter-web 这个 maven 依赖，所以在 classpath 中是有这两个接口的，所以此时判定为 web 应用。

(2) 准备 ApplicationContextInitializer 对象。顾名思义 ApplicationContextInitializer 就是为 Spring 容器做初始化的，ApplicationContextInitializer 可以有多个，那么这里会加载到哪些 ApplicationContextInitializer 呢？查看 Spring-boot-1.5.4.RELEASE.jar 文件，如图 17.2 所示。

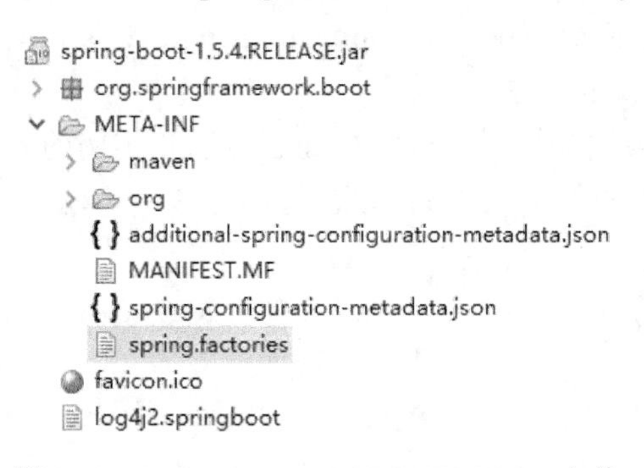

图 17.2 Spring-boot-1.5.4.RELEASE.jar 文件

在 META-INF 目录下，有一个 spring.factories 文件，文件部分内容如下：

```
    ...
    # Application Context Initializers
    org.springframework.context.ApplicationContextInitializer=\
    org.springframework.boot.context.ConfigurationWarningsApplicationContextI
nitializer,\
    org.springframework.boot.context.ContextIdApplicationContextInitializer,\
    org.springframework.boot.context.config.DelegatingApplicationContextIniti
alizer,\
    org.springframework.boot.context.embedded.ServerPortInfoApplicationContex
tInitializer
    ...
```

准备 ApplicationContextInitializer 对象的时候，会读取 spring.factories 文件中的内容，获取到 ApplicationContextInitializer 的实现类，然后保存起来。当需要对 Spring 容器初始化的时候，就调用这些 ApplicationContextInitializer 的 initialize () 方法，并将 Spring 容器对象传入到 initialize () 方法中，来对 Spring 容器对象进行初始化。这些 ApplicationContextInitializer 保存到 SpringApplication 实例中，供后续使用。

(3) 准备 ApplicationListener 对象。ApplicationListener 是 Spring 容器的监听器。Spring 容器会产生一些事件，如 ApplicationContext 初始化或者刷新的时候，ApplicationContext 被关

闭的时候，都会产生事件。如果为 Spring 容器注册一些监听器，那么当容器中事件发生的时候，可以来处理这些事件。那么会注册哪些事件监听呢？与 ApplicationContextInitializer 一样，在 Spring-boot-1.5.4.RELEASE.jar/META-INF/spring. factories 中可以查看到。这些 ApplicationListener 保存到 SpringApplication 实例中，供后续使用。

(4) 保存 Spring Boot 的启动类。将 Spring Boot 启动类的 Class 对象保存到 SpringApplication 实例中，供后续使用。

3. SpringApplication 实例 run()方法

SpringApplication 对象创建并初始化后，调用 run()方法来完成 Spring 容器的创建，这个方法完成了如下工作：

(1) 加载 SpringApplicationRunListener。SpringApplicationRunListeners 对象可以在 SpringApplication 对象的 run()方法执行的不同阶段去执行一些操作，并且这些操作是可配置的。与加载 ApplicationContextInitializer 和 ApplicationListener 一样，加载了什么，就可以从 Spring-boot-1.5.4.RELEASE.jar/META-INF/spring.factories 文件中看到。spring.factories 文件的部分代码如下：

```
...
# Run Listeners
org.springframework.boot.SpringApplicationRunListener=\
org.springframework.boot.context.event.EventPublishingRunListener
...
```

(2) 启动 SpringApplicationRunListener 监听器。一旦 SpringApplicationRunListener 开始启动，就会激发应用程序开始启动的事件，那么先前准备好的 ApplicationListener 中有一个 ConfigFileApplicationListener 便开始工作，加载应用的配置文件，这个配置文件的名称默认为 application.properties 或者 application.yml。

(3) 打印 banner。Spring Boot 启动的时候，会在控制台打印 banner，默认的字样如图 17.3 所示。

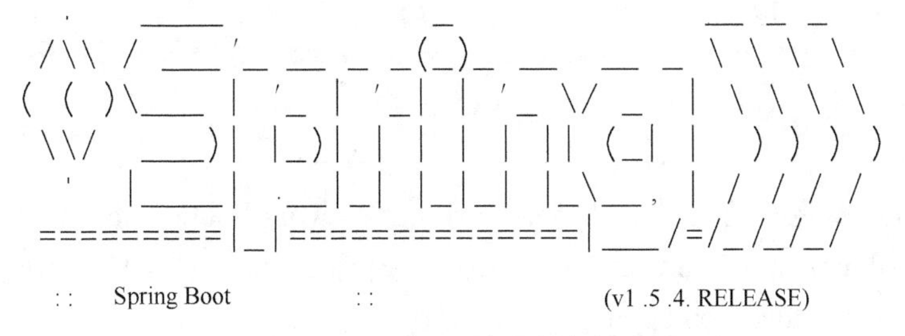

图 17.3 Spring Boot 默认打印的 banner

可以在 src/main/resources 中新建一个 banner.txt 文件，该文件中可以存放 banner 的图案，图案可以在 http://patorjk.com/software/taag 网站在线生成。图 17.4 就是将 itlaobing 设置为自定义的 Spring Boot 的 banner。

```
 /$$   /$$     /$$                           /$$         /$$
|__/  | $$    | $$                          | $$        |__/
 /$$ /$$$$$$  | $$  /$$$$$$   /$$$$$$       | $$$$$$$    /$$ /$$$$$$$    /$$$$$$
| $$|_  $$_/  | $$ |____  $$ /$$__  $$      | $$__  $$| $$| $$__  $$ /$$__  $$
| $$  | $$    | $$  /$$$$$$$| $$  \ $$      | $$  \ $$| $$| $$  \ $$| $$  \ $$
| $$  | $$ /$$| $$ /$$__  $$| $$  | $$      | $$  | $$| $$| $$  | $$| $$  | $$
| $$  |  $$$$/| $$|  $$$$$$$|  $$$$$$/      | $$$$$$$/| $$| $$  | $$|  $$$$$$$
|__/   \___/  |__/ \_______/ \______/       |_______/ |__/|__/  |__/ \____  $$
                                                                     /$$  \ $$
                                                                    |  $$$$$$/
                                                                     \______/
```

图 17.4　自定义的 Spring Boot 的 banner

(4)创建 Spring 容器。根据前面判定是否是 Web 应用来创建 Spring 容器，如果是 Web 应用，则创建的 Spring 容器为 org.springframework.boot.context.embedded. AnnotationConfig EmbeddedWebApplicationContext ，否则为 org.springframework. context. annotation.AnnotationConfigApplicationContext。创建完毕 Spring 容器之后，使用先前的 ApplicationContextInitializer 进行初始化，使用注册的 Listener 对 Spring 容器进行监听，最后将 Spring 容器对象返回。

改写 Spring Boot 应用的 main()方法，使用日志输出来查看一下这个 run()方法创建的 ConfigurableApplicationContext 接口的实现类的类名，代码如下：

```
    @SpringBootApplication
    public class SpringbootDemoApplication {
        private static Log
log=LogFactory.getLog(SpringbootDemoApplication.class);
        public static void main(String[] args) {
            ApplicationContext ctx=SpringApplication.run(SpringbootDemo
Application.class, args);
            log.info("Spring applicationContext className:"+ctx.getClass().getName());
        }
    }
```

重启应用后，发现日志输出的是 org.springframework.boot.context.embedded.Annotation Con figEmbeddedWebApplicationContext，这说明 Spring Boot 创建的 Spring 容器的类型是 AnnotationConfigEmbeddedWebApplicationContext。

17.2 @SpringBootApplication

我们已经分析了 SpringApplication.run()方法，主要的工作都是围绕着创建 Spring 容器展开，最终创建了 AnnotationConfigEmbeddedWebApplicationContext 对象，得到了 Spring 容器，以下 Spring 容器都称为 Spring ApplicationContext。run()方法返回 Spring ApplicationContext 后 main()方法就结束了，那么 Spring ApplicationContext 中都加载了哪些 Bean，什么时候加载的呢？

SpringApplication 的 run()方法中创建了一个空的 AnnotationConfigEmbeddedWebApplicationContext 实例对象之后，会调用 SpringApplication 的 prepareContext()方法来准备 context，在这个方法内部一系列的调用中会得到启动类上的@SpringBootApplication 这个注解，@SpringBootApplication 注解的定义如下：

```
@Target(ElementType.TYPE)
@Retention(RetentionPolicy.RUNTIME)
@Documented
@Inherited
@SpringBootConfiguration
@EnableAutoConfiguration
@ComponentScan(excludeFilters = {
        @Filter(type = FilterType.CUSTOM, classes = TypeExcludeFilter.class),
        @Filter(type = FilterType.CUSTOM, classes =
AutoConfigurationExcludeFilter.class) })
public @interface SpringBootApplication {
    ...
}
```

@SpringBootConfiguration 注解的定义如下：

```
@Target(ElementType.TYPE)
@Retention(RetentionPolicy.RUNTIME)
@Documented
@Configuration
public @interface SpringBootConfiguration {
}
```

@Configuration 注解的定义如下：

```
@Target(ElementType.TYPE)
@Retention(RetentionPolicy.RUNTIME)
```

```
@Documented
@Component
public @interface Configuration {
  ...
}
```

可以看到@SpringBootApplication 实际上就是@EnableAutoConfiguration 注解和@Configuration 注解和@ComponentScan 注解的组合体。正是因为有了这个注解，Spring Boot 才会自动加载一系列的 Bean，最终将这些 Bean 添加到 Spring 容器中。

@EnableAutoConfiguration 这个注解的含义是打开自动配置，解析这个注解的时候，会使用 SpringFactoriesLoader 来加载 ClassPath 下面的所有 jar 文件中/META-INF/spring.factories，比如 spring-boot-autoconfigure-1.5.4.RELEASE.jar/META-INF/spirng.factories，这个 spirng.factories 的定义如下：

```
org.springframework.boot.autoconfigure.EnableAutoConfiguration=\
org.springframework.boot.autoconfigure.admin.SpringApplicationAdminJmxAut
oConfiguration,\
org.springframework.boot.autoconfigure.aop.AopAutoConfiguration,\
org.springframework.boot.autoconfigure.amqp.RabbitAutoConfiguration,\
...
org.springframework.boot.autoconfigure.web.WebMvcAutoConfiguration\
...
```

org.springframework.boot.autoconfigure.EnableAutoConfiguration 后面指定的那些类无一例外上面都会有@Configuration 注解。从 Spring3 开始，加入了 JavaConfig 特性，JavaConfig 特性允许开发者不必在 Spring 的 XML 配置文件中定义 Bean，可以在 Java 类的方法中通过@Bean 配置 Bean，这个 Java 类使用@Configuration 进行标注，所以@EnableAutoConfiguration 自动配置就是从 classpath 中搜寻所有的 META-INF/spring.factories 配置文件，并将其中 org.springframework.boot.autoconfigure.EnableutoConfiguration 对应的配置项通过反射实例化为对应的标注了@Configuration 的 JavaConfig 形式的 IOC 容器配置类，然后汇总并加载到 IOC 容器，比如 WebMvcAutoConfiguration 类就是其中之一，其定义如下：

```
@Configuration
@ConditionalOnWebApplication
@ConditionalOnClass({ Servlet.class,DispatcherServlet.class,
WebMvcConfigurerAdapter.class })
@ConditionalOnMissingBean(WebMvcConfigurationSupport.class)
@AutoConfigureOrder(Ordered.HIGHEST_PRECEDENCE + 10)
@AutoConfigureAfter({ DispatcherServletAutoConfiguration.class,
    ValidationAutoConfiguration.class })
```

```
    public class WebMvcAutoConfiguration {
        ...
        @Bean
        @ConditionalOnMissingBean(HiddenHttpMethodFilter.class)
        public OrderedHiddenHttpMethodFilter hiddenHttpMethodFilter() {
            return new OrderedHiddenHttpMethodFilter();
        }
        ...
    }
```

可以看到其中有很多以@Conditional开头的注解，这些注解表示按条件加载，即满足条件则将Bean加载到Spring容器中，否则不加载。

@ComponentScan是组件扫描注解，即扫描那些使用了@Controller，@Service，@Repository，@Componnet，@Configuration标注的类。Spring Boot在写启动类的时候如果不使用@ComponentScan扫描范围，默认扫描当前启动类所在的包以及子包中的类，扫描后加入到Spring容器中。所以如果应用中有需要Spring容器加载的类，而这个类又不在启动类所在包的子包中，就必须明确指定了。

可以看到@SpringBootConfiguration加载了大量的Bean到Spring容器中，在/META-INF/spring.factories中指定了自动配置，如果不想加载，可以在@SpringBootConfiguration中添加参数排除掉，例如：

```
    @SpringBootApplication(
        exclude={org.springframework.boot.autoconfigure.jms.JndiConnectionFact
oryAutoConfiguration.class,org.springframework.boot.autoconfigure.jms.JmsAuto
Configuration.class}
    )
    public class SpringbootDemoApplication {
        private static Log log=LogFactory.getLog(SpringbootDemoApplication.class);
        public static void main(String[] args) {
            ApplicationContext
ctx=SpringApplication.run(SpringbootDemoApplication.class, args);
            log.info("Spring applicationContext
className:"+ctx.getClass().getName());
        }
    }
```

@SpringBootApplication注解中的exclude指定了需要排除的，不需要交给Spring容器管理的Bean。

17.3 Web 容器启动过程

下面来分析 Web 容器的启动过程，首先来分析 AnnotationConfigEmbeddedWebApplicationContext 类，这个类的继承关系如图 17.5 所示。

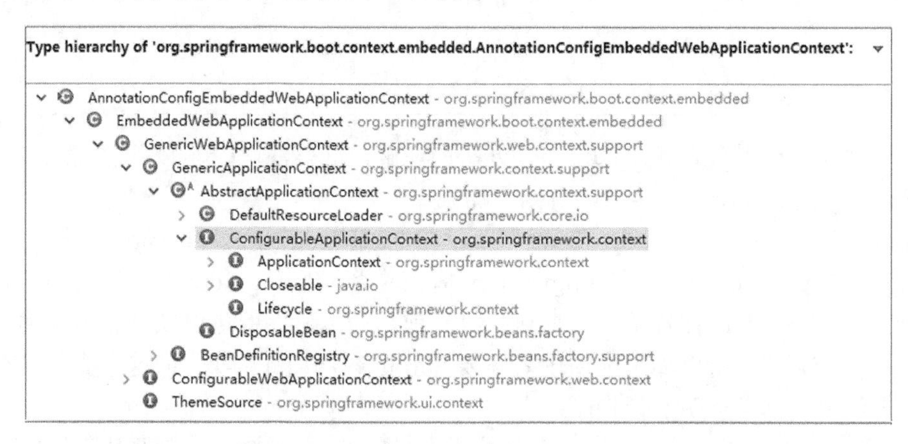

图 17.5 AnnotationConfigEmbeddedWebApplica tionContext 类的构成

AnnotationConfigEmbeddedWebApplicationContext 容器对象创建完毕之后，然后加载会调用容器的 refresh()方法来将创建的 Bean 刷新到 Spring ApplicationContext 容器中，就在此时，Web 容器将会被启动。因为在项目的 pom.xml 文件中配置了 spring-boot-start-web，配置代码如下：

```
<dependency>
    <groupId>org.springframework.boot</groupId>
    <artifactId>spring-boot-starter-web</artifactId>
</dependency>
```

默认情况下 org.springframework.boot.autoconfigure.web.EmbeddedServletContainerAutoConfiguration 这个自动配置会加载 omcatEmbeddedServletContainerFactory 到 Spring 容器中，Tomcat 实例对象就是通过它来创建、配置并启动的。

17.4 Spring MVC 启动过程

DispatcherServlet 是 Spring MVC 的重要入口组件，DispatcherServlet 配置在应用程序的 WEB-INF/web.xml 文件中，当 Servlet Container 启动的时候根据 web.xml 的配置加载 DispatcherServlet。但是 Spring Boot 中并没有 WEB-INF/web.xml 文件，那么 Spring MVC 的

DispatcherServlet 是如何加载的？Spring Boot 中的 TomcatEmbeddedServletContainerFactory 能够创建 Tomcat Servlet 容器，该类的 getEmbeddedServletContainer()方法中完成了 Tomcat 的配置，并配置了 Tomcat 容器的回调接口对象，回调接口的实现完成了 Servlet，Filter，Listener 的注册，这些配置都是需要在 Tomcat 容器启动之前配置好的。

Tomcat 回调接口是 javax.servlet.ServletContainerInitializer，这个接口是 Servlet3.0 规范中定义的。从 Servlet3.0 开始，web.xml 不再是 Java EE 应用必需的，应用中编写的 Servlet，Filter，Listener 等都可以通过@WebServlet，@WebFilter，@WebListener 这些注解来标注，Servlet 容器启动的时候会扫描到这些注解，完成这些组件的初始化。但是这些组件如果在第三方 lib 的 jar 文件中，没有了 web.xml 文件，又无法在这些组件上添加注解，那如何使用它们呢？有两种解决方法：一种方法是使用自定义的类，自定义的类继承需要加载的组件，然后使用注解进行标注。如果这些第三方组件是 final 的类，那这种方式就无法实现了。另外一种方法是使用 ServletContainerInitializer 初始化器。

Servlet3.0 规范中定义了初始化器接口 javax.servlet.ServletContainerInitializer，其定义如下：

```
    public interface ServletContainerInitializer {
        public void onStartup(Set<Class<?>> c, ServletContext ctx) throws
ServletException;
    }
```

Spring Boot 中定义了 org.springframework.boot.context.embedded.tomcat.TomcatStarter 类，该类实现了 ServletContainerInitializer 接口，定义如下:

```
    class TomcatStarter implements ServletContainerInitializer {
        //省略部分代码 ...
        private final ServletContextInitializer[] initializers;
        //省略部分代码 ...
        TomcatStarter(ServletContextInitializer[] initializers) {
            this.initializers = initializers;
        }
        @Override
        public void onStartup(Set<Class<?>> classes, ServletContext servletContext)
                throws ServletException {
            //省略部分代码 ...
        }
        //省略部分代码 ...
    }
```

TomcatStarter 的构造函数传递进来一批实现了 ServletContextInitializer 的接口的对象，这个接口是 Spring Boot 定义的，它们负责对 ServletContext 进行初始化，比如注册 Servlet，Filter，Listener。初始化后 TomcatStarter 对象开始循环调用这些初始化器中的 onStartup 方法。所以向 Web 容器中注册 Servlet，Filter，Listener 这些组件的流程就是：

(1) 创建内嵌 Servlet 容器（Tomcat）。

(2) 创建 ServletContainerInitializer 的实现对象 TomcatStarter，创建 TomcatStarter 的时候，传递一批 ServletContextInitializer 到 TomcatStarter 的构造函数。

(3) 将 TomcatStarter 交给 Servlet 容器，Servlet 容器调用 TomcatStarter 的 onStartup() 方法，在 TomcatStarter 的 onStartup() 方法中循环调用 ServletContextInitializer 对象的 onStartup() 方法完成 Servlet，Filter，Listener 的注册。

ServletContextInitializer 接口都有哪些实现类？如图 17.6 所示。

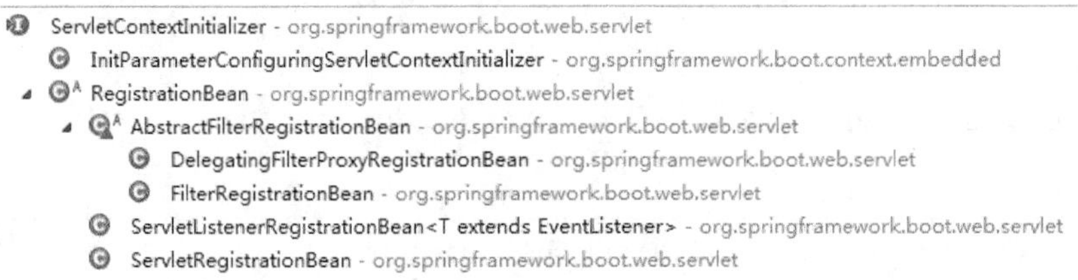

- ServletContextInitializer - org.springframework.boot.web.servlet
  - InitParameterConfiguringServletContextInitializer - org.springframework.boot.context.embedded
  - RegistrationBean - org.springframework.boot.web.servlet
    - AbstractFilterRegistrationBean - org.springframework.boot.web.servlet
      - DelegatingFilterProxyRegistrationBean - org.springframework.boot.web.servlet
      - FilterRegistrationBean - org.springframework.boot.web.servlet
    - ServletListenerRegistrationBean<T extends EventListener> - org.springframework.boot.web.servlet
    - ServletRegistrationBean - org.springframework.boot.web.servlet

图 17.6 ServletContextInitializer 接口的实现类

所以 Spring Boot 应用中，如果要注册 Servlet，只需要创建一个 ServletRegistrationBean，将 Servlet 对象包装起来后，放入到 Spring Context 容器中即可。如果要注册 Filter，只需要创建一个 FilterRegistrationBean，将 Filter 对象包装起来后放入到 Spring Context 容器中。注册 Listener，只需要创建一个 ServletListenerRegistrationBean，包装 Listener 对象后放到 Spring Context 容器中。

那么 DispatcherServlet 是如何注册的呢？@SpringBootApplication 会启动自动配置，其中的一个自动配置项代码如下：

```
//......
public class DispatcherServletAutoConfiguration {
    //......
    protected static class DispatcherServletConfiguration {
        //......
        @Bean(name = DEFAULT_DISPATCHER_SERVLET_BEAN_NAME)
        public DispatcherServlet dispatcherServlet() {
            DispatcherServlet dispatcherServlet = new DispatcherServlet();
            //省略代码
            return dispatcherServlet;
        }
```

```
            //......
        }
        //......
        protected static class DispatcherServletRegistrationConfiguration {
            //......
           @Bean(...)
            public ServletRegistrationBean dispatcherServletRegistration(
                    DispatcherServlet dispatcherServlet) {
                ServletRegistrationBean registration = new ServletRegistrationBean(
                        dispatcherServlet,
this.serverProperties.getServletMapping());
                registration.setName(DEFAULT_DISPATCHER_SERVLET_BEAN_NAME);
                registration.setLoadOnStartup(
                        this.webMvcProperties.getServlet().getLoadOnStartup());
                if (this.multipartConfig != null) {
                    registration.setMultipartConfig(this.multipartConfig);
                }
                return registration;
            }
        }
       //......
    }
```

dispatcherServlet()方法中创建了 DispatcherServlet 对象，使用@Bean 标注后将这个 Servlet 放入到了 Spring Context 容器中。

从 Spring Context 容器中找到 DispatcherServlet 对象，并在调用 dispatcherServletRegistration()方法的时候将其传入。在 dispatcherServletRegistration()方法中创建 ServletRegistrationBean 对象的时候，将 DispatcherServlet 对象包裹到 ServletRegistrationBean 对象中，最后@Bean 标识将创建的 ServletRegistrationBean 放入到 Spring Context 容器中。

这样一来，在创建 TomcatStarter 对象的时候，就可以从 Spring Context 容器中找到这些 XXXRegistrationBean 对象交给 TomcatStarter 对象，Servlet 容器调用 TomcatStarter 的 onStartup()方法，TomcatStarter 的 onStartup()方法中，调用那些在自动配置上放入到 SpringContext 中容器中 XXXRegistrationBean 的 onStartup()方法完成 Servlet，Filter，Listener 的注册。

第 18 章　Spring Boot JSP 视图

【本章内容】

1. Spring Boot 视图
2. 配置错误页面

【能力目标】

1. 能够配置和开发 Spring Boot 视图
2. 能够配置错误页面

Spring Boot Web 可以使用多种视图模板，支持 JSP，Freemark，Velocity，Thymeleaf 等视图模板。本章节以 JSP 视图为例讲解如何在 Spring Boot 中集成 JSP 视图。

18.1　准备项目结构

在 springboot-demo 项目中添加项目的目录。首先在 src/main 目录中新建一个 folder，webapp，然后按照如图 18.1 的结构分别添加 webapp/assets，webapp/WEB-INF，webapp/WEB-INF/views 几个目录。webapp 是 Web 应用的根目录，assets 目录中存放静态资源文件，如 JavaScript、CSS、图片等静态资源文件，所有的 JSP 文件放到 WEB-INF/views 目录中。

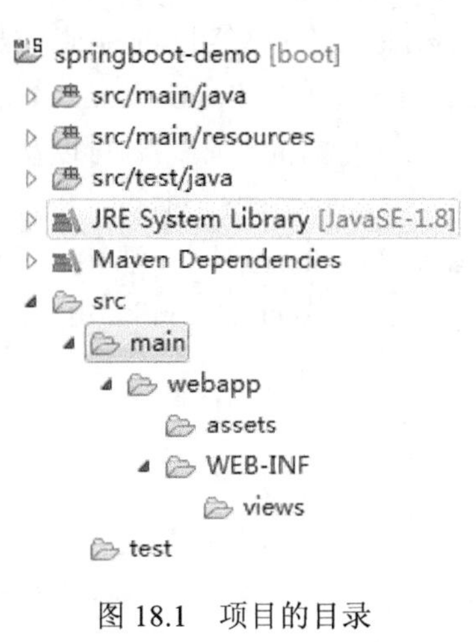

图 18.1　项目的目录

我们需要在 JSP 中使用 JSTL 和 EL 表达式，所以需要加入 JSTL 包。此外还需要加入内嵌 Tomcat 的 JSP 解析器 tomcat-embed-jasper。加入这两个依赖的时候不需要指定版本号，因为 pom 是从 parent pom 中继承过来的，在 parent pom 中已经指定版本号了。

pom 文件部分定义如下：

```
<parent>
    <groupId>org.springframework.boot</groupId>
    <artifactId>spring-boot-starter-parent</artifactId>
    <version>1.5.4.RELEASE</version>
    <relativePath/>
</parent>
<dependencies>
    <dependency>
        <groupId>javax.servlet</groupId>
        <artifactId>jstl</artifactId>
    </dependency>
    <dependency>
      <groupId>org.apache.tomcat.embed</groupId>
      <artifactId>tomcat-embed-jasper</artifactId>
    </dependency>
</dependencies>
```

pom 文件中定义了父节点，添加了 JSTL 和 tomcat-embed-jasper 的依赖。

18.2 Spring Boot 配置视图

Spring Boot 的配置文件支持两种格式，一种是 src/main/resources/application.properties 文件，一种是 src/main/resources/application.yml 文件。

Spring Boot 在启动的时候，会读取配置文件的内容，Spirng Context 容器管理 Bean 的时候，可以将这些配置注入到 Bean 中使用。Spring Boot 的所有配置项在官方文档的“Appendix A. Common application properties”有详细的说明，在官方文档中对配置项进行了分类，在分类“# SPRING MVC”中说明了对 Spring MVC 所有的配置项。下面分别给出 applicaiton.properties 文件和 application.yml 的配置，使用的时候，选择一种即可。

application.properties 配置

```
spring.mvc.view.prefix= /WEB-INF/views/
spring.mvc.view.suffix= .jsp
```

application.yml 配置

```
spring:
  mvc:
    view:
      prefix: /WEB-INF/views/
      suffix: .jsp
```

在编写 yml 配置的时候，注意层级的缩进，冒号后面紧跟一个空格然后才是配置项的值。

上面的配置项配置了视图的前缀和后缀，与 Spring MVC 的 Controller 处理器方法返回的视图名称构成完整的视图路径，假如返回值是 hello，那么完整路径为 /WEB-INF/views/hello.jsp。配置完视图之后，编写 Controller，代码如下：

```
@Controller
public class HelloController {
    @RequestMapping("/hello")
    public String hello(Model model){
        String msg="Hello spring boot!";
        model.addAttribute("msg",msg);
        model.addAttribute("today", new Date());
        return "hello";
    }
}
```

最后编写视图文件，在/WEB-INF/views 中新建一个 jsp 视图，代码如下：

```
<%@ page language="java" contentType="text/html; charset=UTF-8" pageEncoding="UTF-8"%>
<%@ taglib prefix="fmt" uri="http://java.sun.com/jsp/jstl/fmt"%>
<!DOCTYPE html">
<html>
<head>
<meta charset="UTF-8">
<title>hello</title>
</head>
<body>
    msg: ${msg} <br />
    today:<fmt:formatDate value="${today}" pattern="yyyy-MM-dd"/>
</body>
</html>
```

在视图上引入了 JSTL 标签库，使用了 fmt 标签对日期进行了格式化。重新启动应用后，浏览器输入 http://localhost:8080/hello 即可访问。

18.3 错误页面配置

当 Spring Boot 应用出现错误的时候，比如输入一个不存在的路径，会出现如图 18.2 所示的错误提示界面。

```
Whitelabel Error Page

This application has no explicit mapping for /error, so you are seeing this as a fallback.

Tue Jun 27 14:23:56 CST 2017
There was an unexpected error (type=Not Found, status=404).
No message available
```

图 18.2 Spring Boot 错误提示界面

这个错误页面是怎么输出的，我们能不能定制这个页面？在 Spring Boot 进行自动配置的时候，其中有一个自动配置 ErrorMvcAutoConfiguration（STS 中按下快捷键 ctrl+shift+T 键，然后在弹出的输入框中输入 ErrorMvcAutoConfiguration 即可打开这个类的源码），这个配置中做了如下的配置：

（1）定义了一个名称为 DefaultErrorAttributes 的 Bean 对象，这个类实现了 Spring MVC 的 HandlerExceptionResolver 接口，它是一个异常解析器，包含了错误状态，错误码和相关的栈跟踪信息，代码如下：

```
    @Bean
    @ConditionalOnMissingBean(value = ErrorAttributes.class, search =
SearchStrategy.CURRENT)
    public DefaultErrorAttributes errorAttributes() {
        return new DefaultErrorAttributes();
    }
```

（2）定义了一个名称为 BasicErrorController 的 Bean 对象，它是一个 MVC 控制器，负责展现我们看到的错误页面，源代码如下：

```
    @Bean
    @ConditionalOnMissingBean(value = ErrorController.class, search =
SearchStrategy.CURRENT)
    public BasicErrorController basicErrorController(ErrorAttributes
errorAttributes) {
        return new BasicErrorController(errorAttributes,
this.serverProperties.getError(),
                this.errorViewResolvers);
    }
```

(3)定义了一个名称为 BasicErrorController 的类，该类继承了 AbstractErrorController 类，代码如下：

```
@Controller
@RequestMapping("${server.error.path:${error.path:/error}}")
public class BasicErrorController extends AbstractErrorController {
   //省略代码 ...
}
```

这个 Controller 被实例化后放入 Spring Context 容器中。@RequestMapping 中使用了 Spring EL 注入了配置文件中的 server.error.path 这个配置项。还可以使用${error.path:/error}，这依然是一个 Spring EL，意思是注入配置文件中的 error.path，如果没有配置，则使用字符串/error。所以 Spring Boot 启动后，会在日志中看到这个映射：

```
...: Mapped "{[/error]}" onto .BasicErrorController.error(...)
```

(4)定义了默认的错误视图解析器 Bean，代码如下：

```
@Bean
@ConditionalOnBean(DispatcherServlet.class)
@ConditionalOnMissingBean
public DefaultErrorViewResolver conventionErrorViewResolver() {
    return new DefaultErrorViewResolver(this.applicationContext,
            this.resourceProperties);
}
```

(5)定义了错误视图，这个视图的模板内容就是我们看到的 Whitelabel Error Page，代码如下：

```
@Configuration
@ConditionalOnProperty(prefix = "server.error.whitelabel", name = "enabled",
matchIfMissing = true)
@Conditional(ErrorTemplateMissingCondition.class)
protected static class WhitelabelErrorViewConfiguration {
    private final SpelView defaultErrorView = new SpelView(...);
    @Bean(name = "error")
    @ConditionalOnMissingBean(name = "error")
    public View defaultErrorView() {
        return this.defaultErrorView;
    }
    ...
}
```

可以看到如果在配置文件中配置 server.error.whitelabel.enabled = false，那么这个默认的错误视图将不会出现，而是一个没有任何字符的空白页面。如何定义一个自定义的错误页面呢？

- 自定义错误视图模板

默认的视图解析器 DefaultErrorViewResolver 实现了 ErrorViewResolver 接口，它会按照顺序来搜索视图模板。现做如下假设：

①发生了 404 错误。

②视图模板所在的位置为 /WEB-INF/views/。

此时 DefaultErrorViewResolver 解析器会按照顺序，先查找/WEB-INF/views/error/404.jsp，再查找/static/404.html 文件，再查找/WEB-INF/views/errors/4xx.jsp，最后查找/static/error/4xx.html。注意：/static 目录就是 src/main/resources/static，我们可以将应用程序的静态资源存放到这个文件夹中。所以，要想自定义出错页面，只需要按照上面分析的规则，在对应的目录中添加错误处理页面即可。

一般开发只需要处理 4xx ，5xx 的错误状态码，所以可以在 /static/errors 中定义 404.html 或者 4xx.html，500.html 或者 5xx.html，在/WEB-INF/views/errors 中定义 404.jsp 或者 4xx.jsp，500.jsp 或者 5xx.jsp，根据项目的实际情况来决定。

- 自定义 BasicErrorController

BasicErrorController 提供两种返回的错误：一种是页面返回，当页面请求的时候就会返回页面；另外一种是 JSON 请求的时候就会返回 JSON 错误，它是一种全局处理方式。我们完全可以自己编写一个 Controller，继承 BasicErrorController。BasicErrorController Bean 的声明如下：

```
    @Bean
    @ConditionalOnMissingBean(value = ErrorController.class, search =
SearchStrategy.CURRENT)
    public BasicErrorController basicErrorController(ErrorAttributes
errorAttributes) {
        return new BasicErrorController(errorAttributes,
this.serverProperties.getError(),
                this.errorViewResolvers);
    }
```

可以看到这个@ConditionalOnMissingBean 注解，意思就是说只要我们在代码里面定义了自己的 ErrorController.class，这段代码就不生效了。自己定义的 Controller 如下：

```
    @Controller
    @RequestMapping("/error")
    public class ApplicationErrorController extends BasicErrorController {
```

```
    private Log log=LogFactory.getLog(ApplicationErrorController.class);
    public ApplicationErrorController(ErrorAttributes errorAttributes,
         ServerProperties serverProperties,
         List<ErrorViewResolver> errorViewResolvers) {
        super(errorAttributes,serverProperties.getError(),errorViewResolvers);
    }
    @RequestMapping(produces = "text/html")
    @Override
    public ModelAndView errorHtml(HttpServletRequest request, HttpServletResponse response) {
        ModelAndView mv=super.errorHtml(request, response);
        log.info("errorHtml>>>错误....");
        //自定义代码
        return mv;
    }
    @RequestMapping
    @ResponseBody
    @Override
    public ResponseEntity<Map<String, Object>> error(HttpServletRequest
request) {
        ResponseEntity<Map<String, Object>> responseEntity=super.error(request);
        log.info("error>>>错误....");
        //自定义代码
        return responseEntity;
    }
}
```

在启动类 SpringbootDemoApplication 中声明这个 Bean，代码如下：

```
@Bean
public ApplicationErrorController
applicationErrorController(ErrorAttributes errorAttributes,
      ServerProperties serverProperties,List<ErrorViewResolver>
errorViewResolvers ) {
    return new ApplicationErrorController(errorAttributes, serverProperties,
        errorViewResolvers);
}
```

再次启动应用，发现默认的 BasicErrorController 已经被自定义的 ApplicationErrorController 替换掉了。注意 applicationErrorController 方法的三个参数，Spring 会自动注入进来。

- 应用服务器配置

如果应用需要对内嵌的 Tomcat 进行配置，如启动的端口号，上下文路径等进行配置，可以参考 Spring Boot 的官方文档的“Appendix A. Common application properties”章节中的“EMBEDDED SERVER CONFIGURATION”小节，下面给出修改端口号和上下文路径的配置：

src/main/resources/application.prperties

```
server.port=8080 # 服务器启动端口配置
server.context-path= # 应用上下文路径配置
```

- Spring Boot Testing

开发应用程序的时候，需要有明确的目标，而明确目标的最佳方式就是写测试。确定应用程序是否符合预期。如果测试失败，则表示不符合预期，此时需要修改代码，然后不断进行测试，直到测试通过为止。

测试驱动开发(Test-driven Development，TDD)，将每个开发阶段拆分成很小的步骤，为每个步骤编写一个测试，运行这个测试会失败，因为此时业务代码并没有完成。这个测试让我们明确了业务代码要完成的目标，然后完成逻辑代码，让测试通过(测试变成绿色)。期间可以对代码进行重构，但要保证测试是绿色的，TDD 的生命周期如图 18.3 所示。

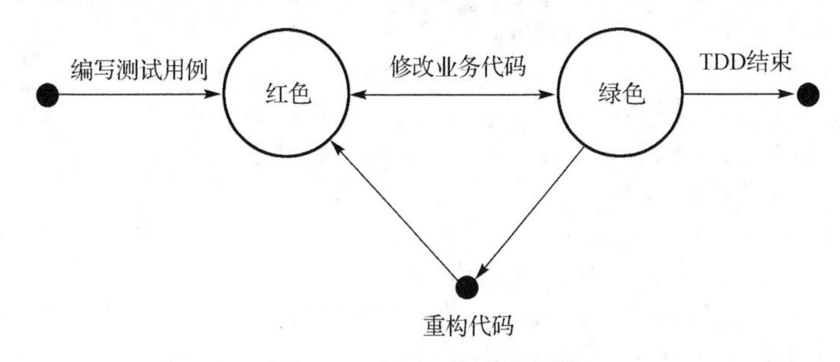

图 18.3 TDD 的生命周期

开发人员可以通过不断测试直到最终完成，因为所编写的代码从一开始就是经过测试的，这样能够确保不会出现问题。

那么 Spring Boot 中如何完成所编写的 Controller 的测试呢，首先在项目 pom.xml 文件中添加测试依赖，这个依赖会自动加入 spirng-test，junit，spring-boot-test，spring-boot-test-autoconfig 的 jar 包，此外还会加入 hamcrest，它是 JUnit 的断言库，还有 mockito，它是一个 Mock 库，在 maven 中添加测试依赖的配置如下：

```
<dependency>
    <groupId>org.springframework.boot</groupId>
    <artifactId>spring-boot-starter-test</artifactId>
    <scope>test</scope>
</dependency>
```

我们需要完成的功能是向服务器地址 http://localhost:8080/hello 发送一个请求，希望 Controller 执行完毕之后，Model 中存在 attributeName 为 msg，attributeValue 值为“Hello Spring Boot! ”的数据，返回的视图名称为“hello”。

明确了目标后，开始编写测试用例。所有的测试代码都存放在 src/test/java 中，控制器的代码如下：

src/test/java/cn/itlaobing/springboot/HelloController.java

```
//省略 import
@RunWith(SpringRunner.class)
@WebMvcTest(HelloController.class)
public class HelloControllerTest {
    @Autowired
    private MockMvc mvc;
    @Test
    public void testHello() throws Exception {
        String url="/hello";
        String viewName="hello";
        String attributeName="msg";
        String attributeValue="Hello spring boot!";
        RequestBuilder request=get(url).accept(MediaType.TEXT_HTML);
        ResultActions resultAction= mvc.perform(request);
        resultAction
        .andDo(print())
        .andExpect(status().isOk())
        .andExpect(view().name(is(viewName)))
        .andExpect(model().attributeExists(attributeName))
        .andExpect(model().attribute(attributeName,attributeValue));
    }
}
```

@RunWith 注解是测试运行器。JUnit 所有的测试方法都是由测试运行器负责运行的。这里由于测试的是 Spring 应用，需要启动 Spring 容器。@RunWith 的参数 SpringRunner.class，指明启动器为 SpringRunner。Spring 使用 SpringJUnit4ClassRunner 来启动 Spring 测试，SpringRunner 简单从 SpringJUnit4ClassRunner 继承，可以认为 SpringRunner 是 SpringJUnit4ClassRunner 的一个别名。测试启动的时候会执行 spring-boot-test-autoconfig.jar 中的自动配置，配置了大量的 Bean 到 Spring Context 容器中。

@WebMvcTest 会自动加载 Spring MVC 的环境配置。测试启动的时候，会在 Spring Context 中创建一个 MockMvc 类型的 Bean。MockMvc 实现了对 HTTP 请求的模拟，能够发送请求给 Spring MVC 的 Controller，Controller 执行之后可以对执行的结果进行验证。

MockMvc 也提供了一套验证的工具，这样可以使得请求的验证统一而且很方便。我们主要用到 MockMvc 对象的 perform()方法。执行一个 RequestBuilder 请求时会自动执行 Spring MVC 的流程并映射到相应的控制器执行处理，最终得到 org.springframework. test.web.servlet. ResultActions 对象，所有的执行结果都包含在 ResultActions 对象中。

使用@Test 来标注 testHello 方法用来启动测试。请求的 URL 为“/hello”，该 URL 被映射到了待测试的 HelloController 类中的 hello()方法。

预期的 HelloController 的 hello()方法返回的视图名称应该为“hello”，这里将预期的视图名称定义成变量，待后面验证结果使用。

预期 Controller 方法执行完毕后，model 中应该存放一个名称为“msg”的 attributeName，这里将预期的 attributeName 定义成变量，待后面验证结果使用。

预期 Controller 方法执行完毕后，model 中 attributeName 为“msg”的值应该为“Hello spring boot!”，这里将预期的 attributeValue 定义成变量，待后面验证结果使用。

org.springframework.test.web.servlet.request.MockMvcRequestBuilders 类是一个抽象类，该类中定义了一些静态方法用来构建不同类型的请求，比如 get 方法用来构建 http Get 请求，post 方法用来构建 http Post 请求。

因为使用了 static import 导入了 MockMvcRequestBuilders 类中的 get 静态方法，所以在这一行中直接使用了 get(url) 来构建了一个 MockHttpServletRequestBuilder 对象，MockHttpServletRequestBuilder 中提供了一些方法来设置请求头，请求参数，甚至可以设置 cookie 和 session。accept()方法就是设置了请求头中的“Accept”为“text/html”，即服务器返回的是一个 html 页面。

RequestBuilder(org.springframework.test.web.servlet.RequestBuilder) 是一个接口，MockHttpServletRequestBuilder 实现了这个接口，表示请求的构建器。

将 RequestBuilder 对象传递个 MockMvc 对象的 perform()方法可以向服务器发起请求。返回 ResultActions 对象，它可以对服务器执行的结果做一系列的动作(action)，比如验证、结果处理、获取执行结果。

利用返回的 ResultActions 做一些验证，验证返回的结果是否是我们期望的结果，如果都能与期望的结果匹配上，则测试通过，否则测试失败。

ResultActions(org.springframework.test.web.servlet.ResultActions)是一个接口，提供了如下几个方法来验证结果：

(1) ResultActions andDo(ResultHandler handler)。andDo()方法可以对服务器执行的结果进行处理。

(2) MvcResult andReturn()。andReturn()方法获取服务器执行的最终结果，其中包含模拟的请求对象，响应对象，ModelAndView 对象，甚至是 intercepter。

(3) ResultActions andExpect(ResultMatcher matcher)。andExpect()方法可以传入一个匹配

器 ResultMatcher，如果执行的结果与所有的匹配器都匹配上则测试通过。那么这些匹配器对象是如何构建出来的呢？我们可以思考一下，对于 Controller 执行的结果，都有哪些需要验证的？

请求结果(RequestResult)即 Controller 执行完毕后向 request scope 中放入那些值是否正确；

执行的那个处理器(Controller 中的那个方法)是否正确；

返回的 View(视图)的名称是否正确；

返回的 Model 中的 attributeName 和 attributeValue 是否正确；

重定向的地址是否正确；

响应码是否正确。

MockMvcResultMatchers(org.springframework.test.web.servlet. result.MockMvcResultMatchers)是一个抽象类，定义了很多静态方法，这些静态方法的返回对象可以构建出要验证的部件的匹配器(ResultMatcher)。以下举例说明：

我们期望 Controller 执行后，响应回来的状态码应该是 200，那么如何做验证呢？首先 MockMvcResultMatchers 类中有一个 status()方法，它返回了专门用来匹配状态码的匹配器 StatusResultMatchers，取得这个匹配器之后，就可以为匹配器设置匹配的条件了。例如 status().isOK() 就要求返回的结果的状态码必须是 200，其他的比如 isFound()就要求返回的状态码是 302。可以看到匹配器中定义的方法返回值其实就是断言，即 ResultMatcher。有了这些断言就可以断定测试究竟通过还是不能通过。

Controller 执行完毕之后，返回的视图名称应该是字符串“hello”，那么如何编写验证呢？首先到 MockMvcResultMatchers 类中找哪些匹配器是与 view()方法相关的，view()方法返回的是 ViewResultMatchers，即视图结果匹配器。然后再到这个匹配器类中找断言的方法，ViewResultMatchers 类的大纲如图 18.4 所示。

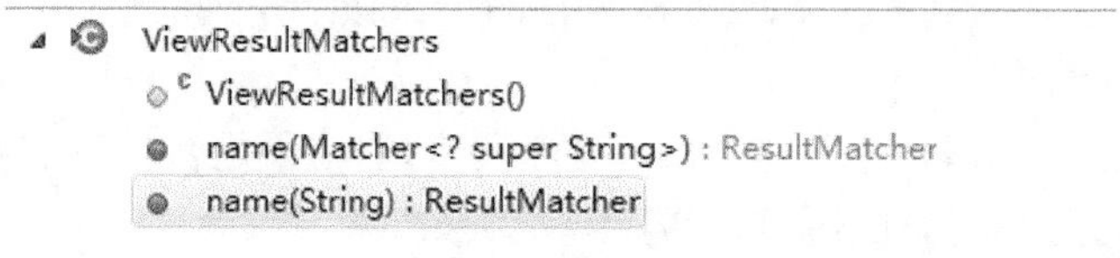

图 18.4 ViewResultMatchers 类的大纲

我们发现只有 name 方法，它就可以返回断言，可以使用 name("hello")，它返回的 ResultMatcher 就要求视图的名称必须是“hello”才能通过验证。但是如果要求视图的名称中只要包含“hello”子字符串，那么就得使用 name(Matcher matcher)方法了，那这里的 Matcher 又是干什么的？

Matcher(org.hamcrest.Matcher)类是 hamcrest 库中定义的，而 hamcrest 是一个断言库，库

中提供了一个类 org.hamcrest.Matchers，这个类中定义了各种静态方法，这些静态方法返回都是断言对象(org.hamcrest.Matcher)。例子中使用了 org.hamcrest.Matchers 类中 is 静态方法。*is*("hello") 返回的断言意思就是完全匹配"hello"字符串，如果需要模糊匹配，则可以使用 containsString("hello")，返回的断言就是包含字符串"hello"。可以见到 hamcrest 库提供的断言可读性更好。

例子中的 Controller 执行完毕之后，model 中应该存在 atrributeName 为"msg"，对应的 atrributeValue 为"Hello spring boot!"的值。那么如何验证呢？还是到 MockMvcResultMatchers 类中找那些匹配器是与 model 相关的，找到 model()方法，返回的是 ModelResultMatchers，即 model 结果匹配器，这个匹配器中，提供了 attributeExists 与 attribute 两个断言方法用来判断是否存在 attributeName，和 attribute 键值对。

如果还有其他需要验证的信息，可以按照上面的思路写出对应的测试用例。

第 19 章　Spring Boot 数据访问

【本章内容】

1. Spring Boot 访问数据库
2. Spring Boot starter
3. Spring Boot starter jdbc
4. Mybatis Spring Boot starter

【能力目标】

1. 能够使用 starter 开发数据库程序
2. 能够在 starter 中使用连接池
3. 能够使用 starter 开发 MyBatis 程序

19.1　Spring Boot starter

Spring Boot 中定义了很多的 starter，starter 是一种服务，starter 使得使用某个功能的开发者不需要关注各种依赖库的处理，不需要具体的配置信息，由 Spring Boot 自动配置，由 Spring Boot 到 classpath 路径下发现需要的 Bean，并将这些 Bean 加入到 Spring Context 容器中。举个例子，spring-boot-starter-jdbc 这个 starter 的存在，使得我们只需要在其他 Bean 中用 @Autowired 引入 DataSource 的 Bean，Spring Boot 会自动创建 DataSource 的实例。

表 19.1 中列出了 Spring Boot 中定义的 starter。

表 19.1　Spring Boot 中定义的 starter

spring-boot-starter	这是 Spring Boot 的核心启动器，包含了自动配置、日志和 YAML
spring-boot-starter-actuator	帮助监控和管理应用
spring-boot-starter-amqp	通过 spring-rabbit 来支持 AMQP 协议(Advanced Message Queuing Protocol)
spring-boot-starter-aop	支持面向切面的编程，即 AOP，包括 spring-aop 和 AspectJ
spring-boot-starter-batch	支持 Spring Batch，包括 HSQLDB 数据库
spring-boot-starter-cache	支持 Spring 的 Cache 抽象
spring-boot-starter-data-elasticsearch	支持 ElasticSearch 搜索和分析引擎，包括 spring-data-elasticsearch
spring-boot-starter-data-jpa	支持 JPA(Java Persistence API)，包括 spring-data-jpa、spring-orm、Hibernate
spring-boot-starter-data-rest	通过 spring-data-rest-webmvc，支持通过 REST 暴露 Spring Data 数据仓库

续表

spring-boot-starter-freemarker spring-boot-starter-velocity spring-boot-starter-thymeleaf	支持 FreeMarker,velocity,thymeleaf 模板引擎
spring-boot-starter-jdbc	支持 JDBC 数据库
spring-boot-starter-jta-atomikos	通过 Atomikos 支持 JTA 分布式事务处理
spring-boot-starter-mail	用于发送邮件
spring-boot-starter-redis	支持 Redis 键值存储数据库，包括 spring-redis
spring-boot-starter-security	支持 spring-security
spring-boot-starter-test	支持常规的测试依赖，包括 JUnit、Hamcrest、Mockito 以及 spring-test 模块
spring-boot-starter-web	支持全栈式 Web 开发，包括 Tomcat 和 spring-webmvc
spring-boot-starter-websocket	支持 WebSocket 开发
spring-boot-starter-ws	支持 Spring Web Services

实际项目中，根据需要在 pom.xml 文件中引入这些 starter 就会自动加入相关的 jar 文件和自动化配置，使用起来非常方便。

19.2 Spring-boot-starter-jdbc

Spring-boot-starter-jdbc 加入后，我们便可以使用 Spring JDBC 组件中的 JdbcTemplate 来对数据库进行操作。

下面以课程管理为例，将课程分为多个阶段，在 Spring-boot-starter-jdbc 中管理各阶段的课程。先在 MySQL 中准备一个数据库表，数据库命名为 itlaobing，在 itlaobing 数据库中创建 course 表，数据库脚本如下：

```
CREATE TABLE `course` (
`id` int(11) NOT NULL AUTO_INCREMENT COMMENT '编号',
 `phase` varchar(15) NOT NULL COMMENT '阶段(section1,section2,section3,section4)',
 `name` varchar(30) NOT NULL COMMENT '课程名称',
  PRIMARY KEY (`id`)
) ENGINE=InnoDB DEFAULT CHARSET=utf8
```

在 course 表中初始化如图 19.1 所示的课程阶段和课程名称。

▲ id	phase	name
1	section1	前端UI基础
2	section1	Java编程基础
3	section1	Java面向对象
4	section1	Java持久化技术

图 19.1　course 表中初始化的数据

19.2.1 pom.xml 文件中加入依赖

```
<dependencies>
    <!-- MySQL 数据库驱动程序-->
    <dependency>
         <groupId>mysql</groupId>
         <artifactId>mysql-connector-java</artifactId>
      </dependency>
      <!-- jdbc starter -->
    <dependency>
        <groupId>org.springframework.boot</groupId>
        <artifactId>spring-boot-starter-jdbc</artifactId>
    </dependency>
    <!-- test starter -->
    <dependency>
        <groupId>org.springframework.boot</groupId>
        <artifactId>spring-boot-starter-test</artifactId>
        <scope>test</scope>
    </dependency>
</dependencies>
```

在 pom 中配置了 MySQL 数据库驱动依赖，配置了 spring-boot-starter-jdbc 依赖和 spring-boot-starter-test 依赖。Spring-boot-starter-jdbc 这个 starter 加入后，便可以使用 Spring JDBC 组件访问数据库。

19.2.2 配置

Spring Boot 应用中的配置文件可以是 src/main/resources/application.properties，也可以是 src/main/resources/application.yml，使用任何一种都可以。在 application.properties 文件或者 application.yml 文件中加入数据库访问的配置信息。这里分别给出两种配置中关于数据库访问的写法：

application.yml 配置数据库访问信息：

```
spring:
   datasource:
     driver-class-name: com.mysql.jdbc.Driver
     url: jdbc:mysql://127.0.0.1:3306/itlaobing?characterEncoding=utf8
     username: root
     password: "root"
```

application.properties 配置数据库访问信息：

```
spring.datasource.driver-class-name=com.mysql.jdbc.Driver
spring.datasource.url=jdbc:mysql://127.0.0.1:3306/itlaobing?characterEnco
ding=utf8
spring.datasource.username=root
spring.datasource.password=root
```

19.2.3 编写测试用例验证是否正确

在 src/test/java 下新建 cn.itlaobing.springboot 包，将测试用例类定义在这个包中，下面是测试用例代码：

src/test/java/cn/itlaobing/springboot/SpringbootJdbcStarterTest.java

```
@RunWith(SpringRunner.class)
@SpringBootTest
public class SpringbootJdbcStarterTest {
    @Autowired
    private JdbcTemplate jdbcTemplate;
    @Test
    public void testFindCourse() {
        String sql="select * from course";
        List<Map<String,Object>> listMap= jdbcTemplate.queryForList(sql);
        //数据库中有 4 条记录,使用断言判断是否是 4 条记录
        assertThat(listMap.size(),is(4));
        //取第一条数据
        Map<String,Object> firstRecord=listMap.get(0);
        assertThat(firstRecord,hasEntry("id",1));
        assertThat(firstRecord,hasEntry("phase","section1"));
        assertThat(firstRecord,hasEntry("name","前端 UI 基础"));
    }
}
```

注解@RunWith(SpringRunner.class)和注解@SpringBootTest 用于启动 Spring Boot，这里使用了 Junit 进行测试。

因为定义了 spring-boot-starter-jdbc 这个 starter，Spring Boot 会做自动配置，自动创建 Spring JDBC 的 JdbcTemplate 实例对象，使用@Autowired 注解为 JdbcTemplate 对象注入值。

使用 jdbcTemplate 对象执行 SQL 语句后，返回的结果是一个 list 集合，而 list 中的每个元素都是一个 Map，这个 Map 中保存着某一行记录的所有字段名与值之间的映射。

assertThat()是一个静态方法，方法全名为 org.junit.Assert.assertThat()。assertThat()是断言，它需要配合 org.hamcrest.Matcher 使用。本例中 assertThat(listMap.size(),is(4))断言查询结果是否是 4 条记录，第一个参数是实际的结果值，第二个参数是一个 matcher 对象，表示

一个匹配器。这个对象可以调用 org. hamcrest.Matchers 类中的静态方法来获取。org.hamcrest.Matchers 中定义了大量的匹配器，这里的 is(4) 意思就是第一个参数的值是不是 4。assertThat(firstRecord,hasEntry("id",1))断言查询结果中是否包含 id 为 1 的记录，assertThat(firstRecord,hasEntry("phase","section1"))断言查询结果中是否包含phase为section1的记录，assertThat(firstRecord,hasEntry("name","前端 UI 基础"))断言查询结果中是否包含name 为前端 UI 基础的记录。

19.2.4 使用 Druid 连接池

为什么引入了 spring-boot-starter-jdbc 这个 starter 后，仅仅在 application.yml 中做了简单的配置就可以在程序中直接注入 JdbcTemplate 来操作数据库呢？下面来分析一下原因。

首先找到 spring-boot-autoconfigure-x.x.x.RELEASE.jar 这个包，这个包是 Spring Boot 用来做自动化配置的。在这个 jar 包中的 org.springframework.boot.autoconfigu re.jdbc 包中有一个 DataSourceProperties 类。在 application.yml 中做的配置信息就被这个类加载了，查看这个类的源码，可以发现更多的配置项，该类的源代码如下：

```
@ConfigurationProperties(prefix = "spring.datasource")
public class DataSourceProperties
        implements BeanClassLoaderAware, EnvironmentAware, InitializingBean {
        //配置项
        ...
}
```

我们知道在 Spring JDBC 中使用 JdbcTemplate 的时候需要 DataSource 对象才能够工作，我们之所以能够在代码中注入 JdbcTemplate 就可以做数据库访问，是因为 Spring Boot 通过读取数据库配置信息后，创建了 DataSource 这个 Bean 放到了 Spring IOC 容器中，然后创建 JdbcTemplate 这个 Bean，为这个 Bean 注入 DataSource 后，JdbcTemplate 的 Bean 也存在于 Spring IOC 容器中，这样就能够在代码中注入 JdbcTemplate 对象了。这些创建 Bean 的工作都由 org.springframework.boot.autoc onfigure.jdbc.DataSourceAutoConfiguration 这个类来自动完成配置。

Druid 是阿里巴巴推出的国产数据库连接池，如果我们需要在 Spring Boot 中使用这个连接池该如何进行配置呢？在 DataSourceProperties 中看到有一个 type 属性，其类型是 Class<? extends DataSource>，只需要在配置文件中将 type 配置为 com.alibaba.druid.pool. DruidDataSource 即可，这样就替换掉了 Spring Boot 默认使用的连接池了。需要注意的是需要首先将 Druid 的 jar 文件引入到项目的 Classpath 中，在 pom.xml 中引入 Druid 的配置如下：

```
<!--druid 连接池  -->
<dependency>
```

```
    <groupId>com.alibaba</groupId>
    <artifactId>druid</artifactId>
    <version>1.1.3</version>
</dependency>
```

在 application.yml 文件中指定类型如下：

```
spring:
    datasource:
      type: com.alibaba.druid.pool.DruidDataSource
      driver-class-name: com.mysql.jdbc.Driver
      url: jdbc:mysql://127.0.0.1:3306/itlaobing?characterEncoding=utf8
      username: root
      password: "root"
```

当再次启动测试的时候，可以在控制台上看到使用的 DataSource 已经是 Druid 连接池了，控制台上输出的连接池信息如下：

--- [main] com.alibaba.druid.pool.DruidDataSource : {dataSource-1} inited

19.3 mybatis-spring-boot-starter

Spring Boot 中并没有为 MyBatis 提供 starter，但是 MyBatis 开发团队为 Spring Boot 提供了 MyBatis-Spring-Boot-Starter。这样就可以在 Spring Boot 中方便地使用 MyBatis 访问数据库了。

19.3.1 在 pom 中加入依赖

在 Spring Boot 中使用 MyBatis 只需要将 spring-boot-starter-jdbc 的配置替换成 mybatis-spring-boot-starter 即可，所有依赖配置如下：

```
<dependencies>
     <!-- MySQL 数据库驱动程序 -->
     <dependency>
         <groupId>mysql</groupId>
         <artifactId>mysql-connector-java</artifactId>
     </dependency>
     <!--mybatis-spring-boot-starter -->
     <dependency>
         <groupId>org.mybatis.spring.boot</groupId>
         <artifactId>mybatis-spring-boot-starter</artifactId>
         <version>1.3.1</version>
     </dependency>
```

```
        <!--druid 连接池 -->
        <dependency>
            <groupId>com.alibaba</groupId>
            <artifactId>druid</artifactId>
            <version>1.1.3</version>
        </dependency>
        <!-- test starter -->
        <dependency>
            <groupId>org.springframework.boot</groupId>
            <artifactId>spring-boot-starter-test</artifactId>
            <scope>test</scope>
        </dependency>
    </dependencies>
```

这个依赖引入后，发现新加入了以下几个 jar 文件：

- mybatis-spring-boot-starter-1.3.1.jar；
- mybatis-spring-boot-autoconfigure-1.3.1.jar；
- mybatis-3.4.5.jar；
- mybatis-spring-1.3.1.jar。

可以看到 MyBatis 与 Spring 整合需要的所有 jar 文件现在都已经齐全了，mybatis-spring-boot-autoconfigure-1.3.1.jar 这个文件就是 Spring Boot 中自动配置 MyBatis 的。这个自动配置都做了什么事情呢？Spring 与 MyBatis 整合后，我们可以在业务代码中直接注入各种 Mapper 来完成工作，Mapper 对象被 Spring 容器管理，Mapper 工作的时候需要为其注入 SqlSessionFactory，而 SqlSessionFactory 又需要为其注入 DataSource，所以 mybatis-spring-boot-autoconfigure 完成的工作就是将这些类的对象放置到 Spring IOC 容器中。

19.3.2 配置

Spring Boot 应用中，配置都是在 application.yml 或者 application.properties 中，那么 MyBatis 都需要配置哪些内容呢？查看 mybatis-spring-boot-autoconfigure-1.3.1.jar 文件中的 MybatisProperties 这个类，在这个类上我们看到前缀的名称是 Mybatis，类中的属性就是其配置项，表 19.2 给出了配置项的说明。

表 19.2　Spring Boot 中 MyBatis 配置项

属性	描述
config-location	MyBatis 框架的配置文件.一般我们将所有的配置都配置在 application.yml 中了，如果是这样，那么就没有必要配置这个了。如果要配置到 MyBatis 自身的 xml 配置文件中，可以使用这一项
mapper-locations	映射文件所在的路径，如：classpath:cn/itlaobing/mybatis/mapping/*.xml

续表

属性	描述
type-aliases-package	类型别名所在的包，如：cn.itlaobing.entity
type-handlers-package	类型处理器所在的包
configuration	MyBatis 框架配置，如：map-underscore-to-camel-case、default-fetch-size、default-statement-timeout 等

src/main/resource/application.yml 文件中的配置：

```
spring:
  datasource:
    type: com.alibaba.druid.pool.DruidDataSource
    driver-class-name: com.mysql.jdbc.Driver
    url: jdbc:mysql://127.0.0.1:3306/itlaobing?characterEncoding=utf8
    username: root
    password: "root"
mybatis:
  type-aliases-package: cn.itlaobing.springboot.entity
  mapperLocations: classpath:mapper/*.xml
  configuration:
    map-underscore-to-camel-case: true
    default-fetch-size: 100
    default-statement-timeout: 30
```

Spring Boot 会自动加载 spring.datasource.* 相关配置，数据源就会自动注入到 sqlSessionFactory 中，sqlSessionFactory 会自动注入到 Mapper 中。

我们将数据库对应的实体类放到了 cn.itlaobing.springboot.entity 包中，将 xml 格式的映射文件放在了 src/main/resource/mapper 文件夹中，因为 resource 将来编译后所有的文件都被编译到了 classpath 中，所以配置 mapperLocations 的时候就让它到 classpath:mapper/*.xml 中查找配置文件。

19.3.3 实体类与映射器接口以及映射文件

图 19.2 展示了项目文件的组织结构，发现实体类 Course 被定义在 entity 包中，CourseMapper 接口被定义在 mapper 包中，courseMapper.xml 配置文件被定义在 resource 目录下的 mapper 目录中。

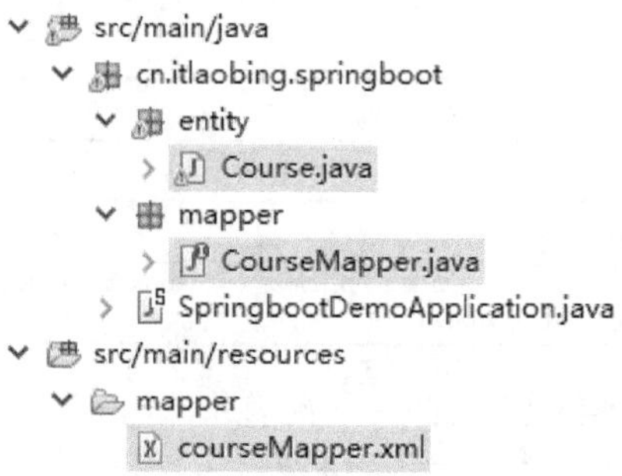

src/main/java
cn.itlaobing.springboot
entity
Course.java
mapper
CourseMapper.java
SpringbootDemoApplication.java
src/main/resources
mapper
courseMapper.xml

图 19.2 项目文件的组织结构

实体类 Course 的定义如下所示：

src/main/java/cn.itlaobing.springboot.entity.Course

```
public class Course implements Serializable {
    private Integer id;//编号
    private String phase;//阶段(section1,section2,section3,section4)
    private String name;//课程名称
    //省略 getter/setter
}
```

映射器接口的定义如下所示：

src/main/java/cn.itlaobing.springboot.mapper.CourseMapper

```
public interface CourseMapper {
    public Course selectByPrimaryKey(Integer id);
}
```

映射文件的配置如下所示：

src/main/resources/mapper/courseMapper.xml

```
<?xml version="1.0" encoding="UTF-8"?>
<!DOCTYPE mapper PUBLIC "-//mybatis.org//DTD Mapper 3.0//EN"
"http://mybatis.org/dtd/mybatis-3-mapper.dtd">
<mapper namespace="cn.itlaobing.springboot.mapper.CourseMapper">
  <resultMap id="BaseResultMap"
type="cn.itlaobing.springboot.entity.Course">
    <id column="id" jdbcType="INTEGER" property="id" />
    <result column="name" jdbcType="VARCHAR" property="name" />
    <result column="phase" jdbcType="VARCHAR" property="phase" />
  </resultMap>
  <sql id="Base_Column_List">
```

```
    id, name, phase
  </sql>
  <select id="selectByPrimaryKey" parameterType="java.lang.Integer"
resultMap="BaseResultMap">
    select
    <include refid="Base_Column_List" />
    from course
    where id = #{id,jdbcType=INTEGER}
  </select>
</mapper>
```

19.3.4 映射器扫描

我们在配置文件中配置了映射文件所在的目录，但是映射器接口对于 Spring Boot 来说依然是未知，必须让 Spring Boot 能够扫描到映射器接口，只有这样才能在业务类中注入映射器对象完成所要做的数据操作。为此，mybatis-spring 包提供了@MapperScan，通过它指定映射器接口所在的包，这样映射器接口就能够被 Spring IOC 容器托管了。我们将这个注解与@SpringBootApplication 放在一起即可。

SpringbootDemoApplication 启动类代码如下：

src/main/java/cn.itlaobing.springboot/SpringbootDemoApplication

```
@SpringBootApplication
@MapperScan("cn.itlaobing.springboot.mapper")
public class SpringbootDemoApplication {
    public static void main(String[] args) {
        SpringApplication.run(SpringbootDemoApplication.class, args);
    }
}
```

19.3.5 编写测试用例

编写测试用例，定义 SpringbootMybatisStarterTest 类，在该类中完成测试，代码如下所示。

src/test/java/cn.itlaobing.springboot.SpringbootMybatisStarterTest

```
import org.junit.Test;
import org.junit.runner.RunWith;
import org.springframework.beans.factory.annotation.Autowired;
import org.springframework.boot.test.context.SpringBootTest;
import org.springframework.test.context.junit4.SpringRunner;
import static org.hamcrest.Matchers.*;
```

```java
import static org.junit.Assert.assertThat;
import cn.itlaobing.springboot.entity.Course;
import cn.itlaobing.springboot.mapper.CourseMapper;
@RunWith(SpringRunner.class)
@SpringBootTest
public class SpringbootMybatisStarterTest {
    @Autowired
    private CourseMapper courseMapper;
    @Test
    public void testSelectByPrimaryKey(){
        Integer id=1;
        Course course=courseMapper.selectByPrimaryKey(id);
        assertThat(course, notNullValue());
        assertThat(course.getName(), is("前端 UI 基础"));
        assertThat(course.getPhase(), is("section1"));
    }
}
```

执行测试用例后，显示测试通过，如图 19.3 所示。

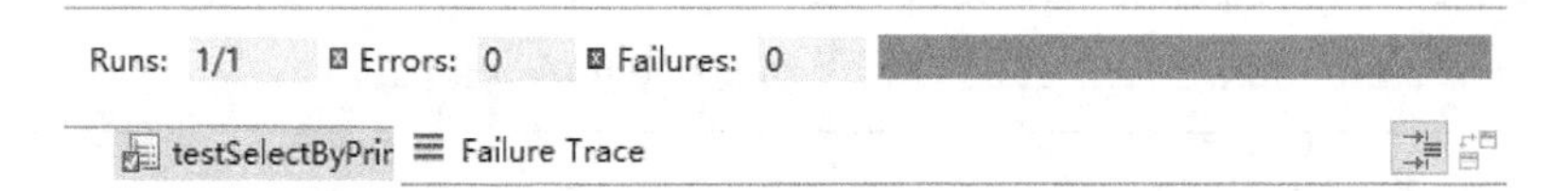

图 19.3　测试结果

参考文献

Craig Walls. 2020. Spring 实战. 第 5 版. 北京：人民邮电出版社.

Paul Deck. 2017. Spring MVC 学习指南. 第 2 版. 北京：人民邮电出版社.

徐郡明. 2017. MyBatis 技术内幕. 北京：电子工业出版社.